사피엔스 존망의 비탈길

생명의 위기와 인구의 위기

사피엔스 존망의 비탈길

생명의 위기와 인구의 위기

정노팔 · 이명희 지음

2024년도 대한민국학술원 선정
교육부 우수학술도서

연세대학교 출판문화원

사피엔스 존망의 비탈길

2023년 9월 20일 초판 1쇄 발행
2024년 10월 22일 초판 2쇄 발행

지은이 정노팔 · 이명희
펴낸곳 연세대학교 출판문화원
주소 서울특별시 서대문구 연세로 50
등록 1955년 10월 13일(제9-60호)
전화 02) 2123-3378~80
팩스 02) 2123-8673
전자우편 ysup@yonsei.ac.kr
홈페이지 http://press.yonsei.ac.kr
인쇄 네오프린텍(주)

ISBN 978-89-6850-755-7 (93470)

값 19,500원

머리말

인류는 2020년 초부터 3년 이상 인류 역사상 가장 심각한 팬데믹으로 평가받는 코로나19로 고통을 받았다. 세계보건기구(WHO)가 2023년 6월 마침내 코로나19에 대한 국제 공중보건 비상사태 종료를 발표할 때까지 전 세계 인구의 8.5%가 코로나 바이러스에 감염되었고 약 700만 명이 희생되었다. 바이러스는 태초 지구에 생명체가 탄생하기 전, RNA 세계에서 화학적 진화를 거쳐 생겨난 것으로 생각된다. 바이러스가 생명체인가 아닌가는 논란이 있기도 하나, 무생명에서 생명에 이르는 하나의 스펙트럼에서 볼 때 바이러스는 생명에 가장 가까운 형태로서 생물학이 취급하고 있다. 바이러스가 무엇일까? 1장에서 바이러스 질병의 범유행을 논의하면서 선한 바이러스도 소개한다. 미생물 전염병이 함께 소개되면서 2장은 자연스럽게 질병균 미생물과 고마운 미생물 이야기로 이어진다. 미생물 하면 박멸해야 할 더러운 세균이 먼저 떠올려지지만, 사실 미생물은 인간의 건강과 문명에 매우 중요하다는 점을 강조하였다. 요즘 장내 미생물 군집인 마이크로바이옴의 중요성이 부각되고 그것을 돕는 식품 '프로바이오틱스'가 인기를 끄는 등 미생물에 대한 인식 변화가 조금씩 보이는 것은 다행이다. 지구상 동식물 전체는 태초부터 미생물과 함께 진화해 왔고 앞으로도 공존해야 함도 설명하였다.

3장은 태초에 생겨난 생명을 오늘까지 연속시킨 유전자에 대한 이야기를 하고, 최근에 부상한 빅데이터 생물학 분야인 '유전학 너머(epi-genome)'의 '후성유전학'도 소개한다. 침팬지와 인간의 유전체 염기서열의 차이는 1.5%밖에 안되는데, 그것으로는 인간이 침팬지와 왜 그렇게 다른지 설명하기 어렵다. 후성유전학은 유전자 발현의 조절이 제2의 유전 정보 시스템이라고 본다.

하나의 수정란에서 어떻게 여러 기관을 가진 태아가 만들어지는지, 애벌레가 어떻게 똑같은 유전자를 가지고 형태나 습성이 전혀 다른 나비가 되는지, 모두 후성유전학이 연구하는 주제다. 유전의 마지막 주제로 2022년 노벨생리의학상이 수여된 '고유전체학' 분야를 빼놓을 수 없다. 수만, 수십만 년 된 고대 인류의 뼛조각에서 DNA를 추출하여 전체 게놈 서열을 분석해 내고 인류의 진화를 연구하는 새로운 학문이 태동하여 인류에 대해 놀라운 사실들을 빠르게 밝혀내고 있다.

4장은 21세기 최고 과학 과제의 하나인 유전공학과 생명공학의 선용과 우려를 모두 살펴본다. 1953년 DNA의 이중나선 구조가 밝혀지고 불과 50여 년 만에 인간의 게놈 염기서열이 완전히 결정되었으며, 그 후 유전공학 기술이 비약적으로 발전하였다. 오늘날 학계와 산업체에서 활발히 이루어지고 있는 크리스퍼 가위 기술, GM 작물, 동물복제, 줄기세포, 노화와 암 관련 첨단 연구들을 소개한다. 이런 과학 기술이 인간 사회에 가져올 문제와 충격에 대해서도 생각해 본다. 인간이 동식물의 유전자를 인간의 편의대로 취향대로 조작하고 뒤섞을 권리가 있는가? 인간 복제는 어떤 법적, 정서적 문제를 야기할까?

5장과 6장에서는 생명체의 일반적인 특성, 다양한 생명체의 출현 과정, 그리고 생물종 및 분류체계를 살펴보면서 다양한 생명체들은 자연환경과 분리될 수 없는 존재임을 강조하고, 인류에 의한 환경파괴의 실상을 고발한다.

전반에서 취급한 바이러스, 미생물, 유전자는 육안으로 볼 수 없다. 인간은 인간 유전자에 의해서 인간이 되었으며, 바이러스, 미생물, 다른 동식물과 적대적 관계이든 공생 관계이든 지구 환경 안에서 서로 접촉하고 상호작용하며 생존하고 있다. 따라서 적일 수도, 지구 행성의 동반자일 수도 있는 이들에 대해 알아보고, 인류의 출현과 진화, 그리고 인간 자신의 유전적, 생리적 특성을 이해한 후, 우리의 내면을 살펴보는 것은 자연스러운 인지상정일 것이다.

물리학자 에르빈 슈뢰딩거(Erwin Schrodinger)는 그의 저서 『생명이란 무엇인가』에서 생명은 질서 있게 행동한다고 보고 생명의 질서의 근원을 두 가지로 보았다. 하나는 생물의 정보가 세대를 거쳐 전달되는 질서인 '유전 메커니즘'이고, 다른 하나는 생물이 환경에 무질서(엔트로피)를 생산하고 자신의 내부에는 질서를 유지하는 '생명의 열역학'이다. 2001년 노벨 생리의학상을 받은 생물학자 폴 너스(Paul Nurse)는 생명을 정보를 관리해서 자기 활동에 질서를 부여하는 하나의 '시스템'으로 보았다. 생명 시스템은 상태 변화를 감지하고 그에 맞추어 행동을 끊임없이 수정해 나가면서 변화하고 진화한다는 것이다. 그런가 하면 '공생 진화론'을 제창한 린 마굴리스(Lynn Margulis)는 생명을 생물과 환경이 함께 이루는 '생물권'으로 확장할 것을 제안하고 생물권에서 유지되는 '질서' 자체가 생명이라고 하였다. 그리고 "생명은… 폭포에 걸린 무지개처럼, 불꽃처럼 물질을 통해 전달되는 하나의 현상"이라는 토마스 만(Thomas Mann)의 시적인 표현을 인용하기도 하였다. 우주와 생명에 관해 가장 앞서가는 시각을 가진 과학자의 한 사람으로 꼽히는 스튜어트 카우프만(Stuart Kauffman)은 생명은 물질로부터 얼마든지 자발적으로 생겨날 수 있고 진화적 다양성이 폭발할 수 있다고 말하며, 그 근원을 복잡성 이론(Complexity Theory)의 '창발성' 개념으로 설명하였다.

안타깝게도 그렇게 긴 역사를 통해 지구에서 진화 한 다양한 생물 개체군들이 최근에 와서 인류가 쏟아낸 오염물질과 환경파괴로 빠르게 소멸되어 가고 있다. 세계자연기금(WWF)이 2022년 10월 발간한 보고서에서 1970년~2018년 사이 **지구 생물종의 69%가 소멸**되었다고 폭로하였는데 이것은 생명체에 대한 인간의 죄악이 아닌가 싶다. 환경파괴를 멈추는 것 이상으로 환경 회복 활동이 요구되며, 여기에 사회 경제 생산체계 전반에 걸쳐 우리의 의식, 운영·생산체계의 대전환이 일어나야 하는 난제가 겹쳐 있는 상황이다.

"우리는 어디서 왔는가? 우리는 무엇인가? 우리는 어디로 가는가?" 폴 고갱은 타히티를 그린 그림 한구석에 이런 글을 써넣었다. 우리는 자신의 존재의 근원에 대해 생각하는 동물이다. 그 답을 구하면서 수많은 신화가 쓰였고, 종교가 만들어졌을 것이다. 138억 년 전 빅뱅으로 시작된 우주에 46억 년 전 지구가 태어났으며 5억 년이 지나자 여기에 생명이 탄생하였다. 단세포에서 시작한 생명체는 다세포생물로, 이어서 척추동물로 진화하였고, 여기서 작은 가지 하나가 포유류로 진화하였다. 그리고 30만 년 전쯤 오늘날의 인류와 매우 비슷한 현생 인류가 진화하였다.

이렇게 출현한 사피엔스는 과학·기술·의술·예술까지 엄청난 발전을 가져왔지만, 불행히도 그 이면에서는 자신의 실존을 위협하는 요인들을 쌓아왔다. 16, 17세기 시작된 과학혁명 이후 600여 년간 인류가 이룬 과학의 성취는 전반부에서 21세기 생명과학의 시대 첨단 연구들을 통해 일별할 수 있을 것이다. 엄청난 과학 기술 문명이 가져온 21세기의 생태계 위기, 기후 위기 현황은 5장~6장에서 하나씩 짚어보고 **탄소중립 대책, 원자력 에너지의 폭발성과 선용** 등의 노력을 알아본다. 생태학적 위기와 기후 위기는 동전의 양면이다.

자연에는 다윈이 이야기한 약육강식, 적자생존의 투쟁과 경쟁만 있는 것이 아니라 오히려 공생과 협동의 예가 더 많음을 오늘날의 생물학자들은 거듭 발견하고 있다. 같은 종 내에서뿐 아니라 다른 종들 사이에서도 협력과 공생으로 서로 생존의 이익을 도모하는 경우가 흔하다. 하나의 개체를 보아도, 인체를 이루는 60조 개의 세포들은 소화계, 호흡계 등 여러 전문 체계들로 조직화되어 각기 고유한 기능을 하되, 전체 속에 통합되도록 자신을 조율한다. 항상성을 유지하는 기능이 신경계와 내분비계의 연합과 유기적으로 통합되어 하나의 전체로서 작용한다. 우리의 뇌도 좌뇌와 우뇌가 기능을 분담하지만 단단히 연결되어 상호보완하면서 정신 활동이 이루어진다. 발달된 연합중추와 언어중추의 연합 작용으로 인간이 언어 활동, 문자 발명, 독특한 문화를 창조하게 되었음도 설명하였다(7~8장).

현재 유전공학, 생체공학, 나노공학, 기초의생명과학에서는 생명 연장 또는 영생까지 연구하고 있다. 그러나 이러한 성취도 소행성이 지구에 충돌하거나 혹은 궤도가 변경되기라도 하면 대혼란이 초래되고 모두 물거품이 될 수 있다. 작년말에 수행한 지구 방어 프로젝트는 일단 성공하였으며 대단한 성과라고 할 수 있다. 인류의 역사에서 개인과 국가 사이에는 언제나 경쟁과 분쟁이 있었고 앞으로도 있을 것이다. 그러나 우리 모두의 거주지 지구가 어떻게 중환자가 되었는가 하는 공동의 난제에는 함께 머리를 맞대야 한다. 인간은 신이 아닌 사피엔스라는 일개 존재로서, 먼 옛날 인류의 조상들이 가족을 이루고 모여 살기 시작하면서 보여준 협동과 상호 존중의 정신으로 공조하여야 할 것이다. 한편 세계 인구는 꾸준히 증가하는데 정반대로 **한국의 인구 위기**는 심각하므로 국가적으로 시급히 대처해야 할 난제로서 파격적으로 새로운 대응이 필요함을 강조하면서 몇가지 방안을 제시하였다(9~10장).

개체보다 더 작은 수준을 보아도 유전체(게놈)은 수많은 유전자들이 모여서 전체적으로 일관성 있는 생명 현상을 나타내고 정보를 다음 세대로 전달한다. 유전자에서 세포, 개인, 동물과 식물, 다양한 생물종이 상호작용하여 이루는 생물군집에 이르기까지, 모두 개체의 이익을 추구하면서도 통합된 전체를 위해 유기적으로 협동하는 것이 자연계의 질서이다. 인체에서는 협력 체제를 벗어나 멋대로 사익을 취하는 세포가 생긴다면 종양 덩어리가 생기어 조절력을 상실하고 낭패에 이르게 된다. 한편 인간이 발전시킨 **인공지능은 핵에너지의 위험**보다 더 위협적이라는 경고도 잇따르고 있다. 물질적 번영과 복지의 정점에서 **사피엔스는 존망의 비탈길**에 들어서는 것이 아닌지 우려의 목소리가 크다. 이러한 시기가 닥칠수록 생물계의 공존공생 원리에 의한 초인류적 협력만이 오늘의 환경 기후 난제들과 국가간 분쟁들을 해결하게 해줄 것임을 마지막으로 강조하였다.

본서의 전반부는 이명희, 후반부는 정노팔이 집필하였다. 특히 **저출산 문제 해결방안**을 본서에 게재할 수 있도록 선처하여 주신 이양호 박사님께 충심으로 감사의 말씀을 드리는 바이다. 여러가지 어려운 여건 속에서도 출판을 맡아주신 연세대학교 출판문화원 송민 원장님과 편집부 김성수 선생님, 심영주 선생님, 전혜민 선생님의 헌신적인 노고에 심심한 사의를 표한다. 일취월장하는 생명과학의 기본개념과 최근의 발전상에 대한 하나의 길잡이가 되기를 바라면서, 사피엔스가 당면한 난제들도 공유하고자 하였다. 독자들의 많은 편달과 성원을 바라는 바이다.

2023년 8월 저자

차례

3장 생명을 연속시키는 유전자

6장 생태계와 환경보존

9장 영생에의 염원과 영생의 연구

10장 사피엔스라는 존재로서의 각성

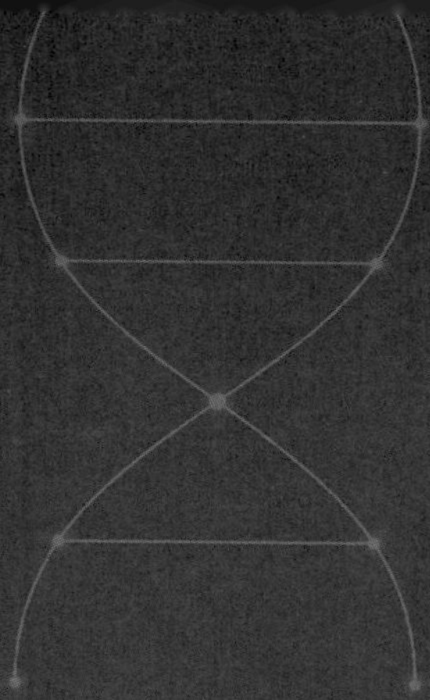

1장

악당 바이러스와 착한 바이러스

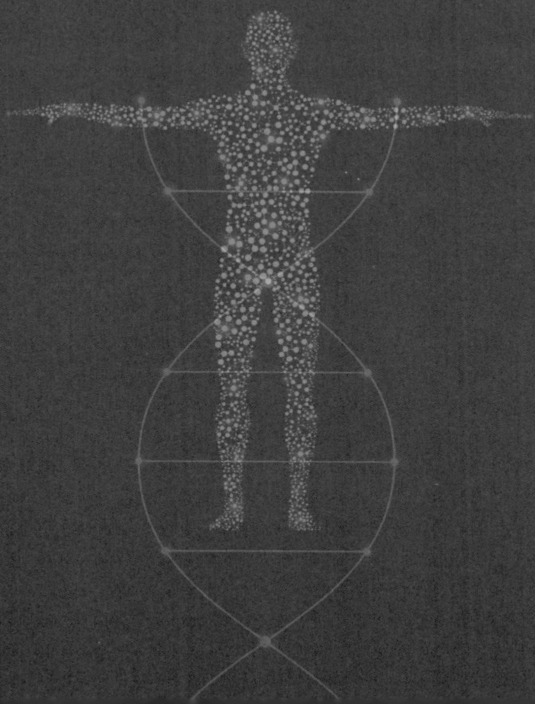

사스 코로나(SARS-CoV-2)라는 신종 바이러스가 일으키는 중증 호흡기 증후군을 코로나19(공식 명칭 Covid19)라고 한다. 2019년 중국 우한시에서 처음 발생한 이후 전 세계로 확산되어 유행병이 되었고, 2023년 6월 기준으로 전 세계 누적 확진자 수 6억 8천만 명을 기록하고 3년 4개월 만에 세계보건기구(WHO)에 의해 코로나19 비상사태가 해제되었다. 한국은 누적 확진자 수 3200만 명, 사망자 수 3만 2천 명으로 사망률은 0.11%이다. 코로나19대응을 위해 우리 정부가 지출한 비용은 총 8조 원에 가까운 것으로 집계되었다. 그동안 백신과 치료제 개발, 예방 조치 등의 노력으로 대유행에서 벗어나기는 했으나 코로나19의 위협이 완전히 사라진 것은 아니며 개인적인 방역 수칙과 백신 접종은 여전히 필요하다. 코로나19 바이러스는 계절적으로, 지역적으로 유행하는 감기와 같은 인류의 일상적인 감염병이 되어 인류와 함께 할 것이다. 그러다가 새로운 바이러스 변이 주가 등장하고, 백신 부족, 방역 문제 등이 발생하면 상황은 언제든지 바뀔 수 있다.

코로나19가 시작되면서 바이러스, DNA, RNA, PCR 등의 전문 과학 용어가 일상에서 쓰이는 말이 되었다. 반면에 바이러스는 질병을 일으키는 끔찍한 병원체라는 인식을 굳히게 된 것은 안타깝다. 코로나 이전에 21세기에 들어서 유행한 조류독감, 에볼라 바이러스, 에이즈 바이러스 등의 무서운 전염병들 역시 익숙한 용어가 되었다. 사실 바이러스는 종류가 엄청나게 많고 그중에서 우리에게 병을 일으키는 것은 극히 일부에 불과하다. 바이러스는 오히려 인간과 생명의 진화에서 큰 역할을 해왔다. 과학자들은 바이러스가 다른 동식물이나 미생물과 긴밀한 관계를 맺고 혜택을 주는 예들을 계속 발견하고 있다. 일부 바이러스는 인간의 건강을 지키는 도구로 이용되기도 한다. 최근에는 바이러스가 유전자 발현에 영향을 주면서 후성유전에도 관여되어 있음이 밝혀졌다. 바이러스는 악당이라는 이미지는 뱀 중에 독사는 극히 일부인데 뱀은 모두 위험하다고 생각하는 것에 비유되기도 한다.

전염병이라고 하면 일반적으로 공중 보건과 위생 상태가 불량한 제3세계의 빈국을 떠올리기 마련이다. 그런데 전 세계 인구의 1/2이 개발된 도시에서 살고 있는 오늘날 왜 선진국에서도 전염병이 도는 것일까? 코로나19 팬데믹으로 현대 산업화 사회의 모순이 급조명을 받고 있다. 코로나19 팬데믹은 갑자기 운 나쁘게 일어난 일이 아니라는 것이다. 홍수나 지진 같은 자연재해가 아니라 사회적 상황이 딱 맞아떨어져 일어난 일, 말하자면 산업화와 자본주의 사회에 예고된 일이라고 의학역사학자들이 지적한다. 인간이 전염병이 확산되기 좋은 문명과 사회 여건을 만들어 왔다는 진단은 바이러스 질병뿐 아니라 모든 유행성 질병에 해당된다. 우선 바이러스의 기본적인 특성을 간단히 소개하고 인간에게 골치 아픈 악당 바이러스와 착한 바이러스를 차례로 이야기해 나간다.

1 바이러스란 무엇인가

바이러스는 일반 생명의 정의에 부합하지 않는 점들이 많이 있어 생명과 무생명 중간 단계에 있다고 이해되기도 한다. 바이러스가 성장, 증식, 진화라는 생명의 고유한 속성을 스스로 보일 수 없고 반드시 살아있는 세포 안에 들어가 그 세포의 모든 것을 이용해야 하기 때문이다. 세포 밖에 있을 때 바이러스는 아무 생명의 특성을 나타내지 않는 무생명 화학 물질에 불과하다. 그러나 주변에 있는 무수히 많은 세균류와 식물, 인간을 포함하는 동물을 만나면 바이러스는 본성을 발휘한다.

1892년 처음 발견된 **담배 모자이크 바이러스(tobacco mosaic virus, TMV)는** 광물처럼 결정화된 상태로 분리되었다. 그런데 이 결정으로 담뱃잎을 감염하면 식물 세포 안에서 증식을 하고 식물에 질병을 일으켰다. 결정화되는 물질에 불과한 것이 질병이라는 생명 현상을 일으킨다는 발견은 바이러스학에서 이정표가 되는 일이었다. 생명의 본질인 유전 물질을 가지고 있으면서 숙주 세포에 의존하기는 하지만 명백하게 자신을 복제하며 다른 생물들과 다양하게 상호작용을 하기 때문에 바이러스는 생명과학에서 중요하게 다루어진다.

1.1 기본 유전 정보만 담고 있는 가장 작은 생명

바이러스는 일반적으로 세균이라고 하는 미생물보다도 10~1,000배 정도 작다(그림 1-1). 너무나 작아서 일반 생물학적 방법으로는 검출되기 어렵고, 일반 현미경으로는 보이지 않고 전자현미경으로만 볼 수 있다. 최초로 발견된 바이러스인 TMV도 1939년이 되어 전자현미경을 통해서 긴 막대 모양이 확인되었다. 광우병을 일으키는 단백질인 '프라이온'이나, 단백질 껍질을 가지고 있지 않으면서 번식을 하고 질병을 일으키는 '바이로이드'를 빼면 가장 최근에 발견된 생물이라고 할 수 있다. 바이러스 학자 네이선 울프(Nathan Wolf)는 프라이온, 바이로이드, 바이러스를 묶어서 '비세포생물'이라고 지칭하는데 본서에서는 모두 병원체로 지칭한다.

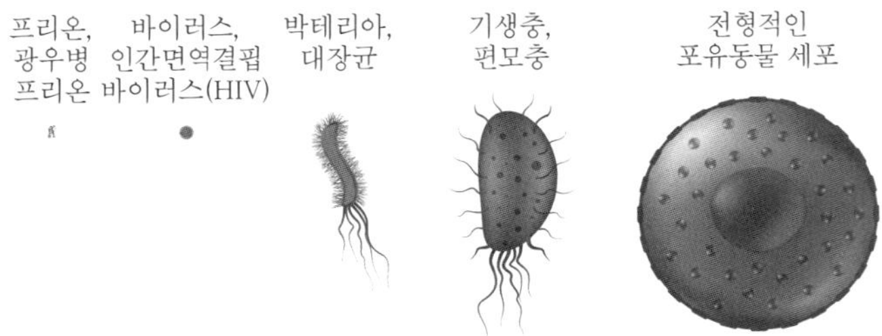

그림 1-1 세포, 박테리아, 바이러스, 프라이온의 상대적 크기 비교

글상자 1-1. 프라이온(prion)과 바이로이드(viroid)

프라이온은 단백질성 감염 입자(proteinaceous infectious particle)이며 바이러스는 아니다. 소의 **광우병**, 양의 스크레이피, 크로이츠펠트-야코크병(CJD), 사람의 쿠루병이 바이로이드에 의한 질병으로 알려져 있다. 프라이온 단백질은 세포막의 정상 단백질이 고도로 구조화된 아밀로이드 형태로 변형된 것이다. 아밀로이드가 뇌세포에 쌓이면 뇌조직에 구멍이 생겨 스펀지 모양이 되고 신경퇴행성 질환을 야기한다. 유전물질 핵산이 없이도 단백질이 증식된다는 사실은 유전정보는 핵산에서 단백질로 흐른다는 분자생물학의 중심 학설(central dogma)에 정면으로 배치되어 과학자들 사이에서 논란이 컸다. 그러나 프루지너(Stanley Prusiner)가 바이로이드가 킬러 단백질임을 확실히 증명하였고 1998년 노벨상을 수상하였다. 프라이온이 증식하는 방법은 정상 단백질과 결합하여 정상 단백질을 프라이온으로 변형시켜 나가는 식이다. 프라이온 질병은 병에 걸린 동물의 사체나 육류를 먹으면 전염된다. 그래서 얼마 전 영국과 이집트에서 소 광우병이 발생한 후 대부분의 국가에서 영국산 소고기 수입을 금지하고 있다. 프라이온은 열, 자외선, 소독약 등으로 쉽게 불활성화되지 않는다.
바이로이드는 단백질 캡시드가 없는 바이러스처럼 보여 바이로이드라 부른다. 300-400개 염기 정도의 짧의 원형 단일가닥 RNA가 노출된 상태이며 RNA에는 아무 단백질 암호가 없다. 약 33 종류가 식물에서 발견되었다. 바이로이드에 감염된 식물은 생육이 안되는 등의 해를 입는데 병을 일으키는 기작에 대해서는 아직 모른른다. 인간을 감염하는 바이로이드는 아직 발견되지 않았다.

바이러스는 매우 작고 단순한 형태이다. 구조는 바이러스 증식을 위한 정보만을 저장한 최소의 유전물질 핵산과 그것을 둘러싸 보호하는 단백질 껍질 '캡시드'로만 이루어져 있다. 바이러스에 따라서는 단백질 껍질을 지질 성분의 막이 싸고 있는 것도 있다. 이 막은 바이러스가 만든 것이 아니고 숙주세포 안에서 증식한 후 세포를 빠져나올 때 세포막에서 얻은 것이다. 세포막은 화학적으로 지질막이기 때문에 손상이 되기 쉽다. 따라서 막을 가진 바이러스들은 세포 밖 환경에서 안정성이 약하다. 에이즈 바이러스나 코로나19 바이러스도 막을 가지고 있는 바이러스에 속한다.(그림 1-2)

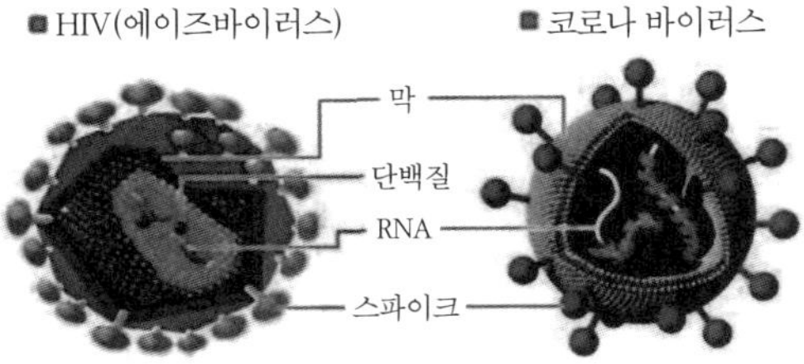

그림 1-2 에이즈 바이러스와 코로나 바이러스의 구조

크게 보아 RNA게놈, 캡시드, 지질막 3가지로 이루어져 있다.
막의 돌기(스파이크)가 인체의 면역계와 작용하는 부분이다.

유전체는 DNA나 RNA 형태로 가지고 있고, DNA, RNA 둘 다 있는 경우는 없다. 핵산에 따라 DNA 바이러스, RNA 바이러스로 분류된다. 바이러스를 제외한 모든 동식물, 미생물의 유전체는 DNA로 되어 있지만 바이러스에는 RNA 바이러스가 많다. 바이러스의 핵산은 작기 때문에 유전자의 수 역시 수개에서 수백 개 정도로 적다. 참고로, 인간의 유전자 수는 약 22,000여 개, 인플루엔자 바이러스의 유전자 수는 11개다. 바이러스는 유전 정보 저장체로서 살아있는 세포 안에 들어가야만 그 정보가 해독될 수 있다는 점에서 컴퓨터의 USB 저장 장치와 비슷하다. DNA, RNA 핵산은 쌍가닥으로 된 것도 있고, 외가닥인 것도 있다. 핵산은 유전자를 이루는데, 유전자의 생물학적 정의는 '단백질을 만드는 암호'이다. 한 생물이 가진 다양한 유전자 전체는 유전체 혹은 **게놈**(genome)이라고 한다. 바이러스의 게놈의 형태는 직선인 것, 끝과 끝이 맞물린 원형인 것, 하나로 된 것, 여러 조각으로 나뉘어 있는 것 등 다양하다.

캡시드 바깥의 지질막은 숙주 세포에서 온 것이지만 이 막에는 바이러스가 만든 단백질인 **돌기**들이 박혀있다. '스파이크(spike)'라고도 하는 이 돌기들은 동식물을 감염하였을 때 면역계가 인지하는 항원이 되기 때문에 의학적으로 중요하다.

1.2 빠른 증식과 빠른 진화

바이러스는 감염한 숙주 세포 안에서 필요한 기능과 자원을 도용해서 증식한 후 세포 밖으로 나온다. 불과 8시간이면 하나의 감염된 세포에서 많게는 바이러스 수백만 개가 증식되어 나올 수 있다. 8시간에 수백만 자손이 생산되는 것이므로 바이러스가 감염하는 동식물에 비할 바 없이 빠르게 번식하고, 따라서 빠르게 진화한다.

특히 RNA 바이러스의 게놈은 변화가 더 잘 일어난다. 코로나19 경우도 오미크론(세부변이 BA.5), 켄타우로스(BA.2.75, BA.2.75.2), BF.7, BF.5 등의 하위 변이들이 계속 나타나 기존의 백신을 무력화시켜 상황이 쉽게 종료되지 않고 있다. RNA는 화학적으로 안정성이 적고 또 복제 과정에서 실수가 DNA 복제보다 많아 돌연변이율이 크다. 최근에 나타나는 새로운 질병 바이러스들은 대개 RNA 바이러스인 이유도 높은 돌연변이율과 관련이 있다. 아직도 코로나19는 경계의 대상이 되고 있다.

1.3 바이러스마다 다양한 증식 과정

바이러스는 세포막의 특정 단백질에 부착한 후 주로 게놈만 세포 안으로 주입한다. 세포 안에 들어온 게놈 DNA나 RNA의 유전자 암호로부터 바이러스 증식에 필요한 단백질이 만들어지고 마지막으로 게놈이 **캡시드**(capsid) 단백질에 포장되어 세포막을 뚫고 밖으로 나간다. 그동안 숙주 세포는 정상 기능을 못하고 병 증상을 나타내게 된다.

바이러스가 살아있는 세포에 침입하기 위해서는 세포의 외벽인 세포막을 뚫고 세포 안으로 들어가는 기작을 가지고 있어야 한다. 바이러스마다 그 전략이 다른데 일반적으로 세포막에 돌출해 있는 특정 단백질에 부착하는 것이 시작이다. 바이러스는 이 단백질의 모양에 딱 맞는 단백질을 바이러스 입자 외부 막에 가지고 있다. 이 돌기 단백질은 바이러스의 증식에 매우 중요하고 따라서 질병 예방과 백신 개발에 이용된다.

입자 바깥쪽에 가지고 있는 바이러스는 세포에 침입할 때 이 막을 숙주 세포막과 융합시키면서 바이러스 입자 전체가 세포 안으로 들어간다. RNA 바이러스 중에서 레트로바이러스(retrovirus)는 예외적으로 캡시드 안에 RNA로부터 DNA를 복제하는 **역전사효소**를 가지고 있다. 스스로 만든 효소를 바이러스 입자 안에 가지고 다니는 이유는 숙주 동식물은 DNA로부터 RNA를 복제하는 효소는 가지고 있지만 RNA로부터 DNA를 복제하는 역전사효소는 가지고 있지 않기 때문이다. 이 효소는 RNA 바이러스의 증식 마지막 단계에서 캡시드 안에 RNA 게놈과 함께 포장된다.

역전사효소에 의해 두 가닥 DNA로 변환된 바이러스 게놈은 세포의 DNA 안에 삽입된다. 세포의 RNA 전사효소에 의해 RNA가 전사되면 이로부터 바이러스 캡시드 단백질이 생산된다. 캡시드 단백질이 조립되면서 RNA를 포장하고, 수많은 바이러스 입자가 만들어지면 세포막에 둘러싸여 세포 밖으로 방출된다.

1.4 모든 생물을 감염하고 특정 세포만 감염

바이러스는 지구상 깊은 땅속, 깊은 바닷속, 공기 속, 어디나 있다. 그리고 이 세상 모든 생물은 식물, 동물, 미생물 할 것 없이 다 바이러스에 감염되어 있다고 보면 된다. 곰팡이도, 대장균도 바이러스에 감염되어 병 걸려 죽는 일이 다반사다. 박테리아를 감염하는 바이러스를 박테리오파지라고 한다. 그런데 한 종류의 바이러스가 감염할 수 있는 숙주 생물이나 세포 종류는 정해져 있다. 식물 바이러스는 식물만 감염하고, 동물 바이러스는 동물만, 박테리아 바이러스는 박테리아만 감염할 수 있다. 동물 바이러스 중에서도 조류 독감 바이러스는 조류만 감염할 수 있고, 호흡기 바이러스는 호흡기 세포만 감염할 수 있고, 신경계 바이러스는 신경세포만 감염할 수 있다. 그 일차 이유는 바이러스가 세포막에 부착하기 위해서 필요한 세포막 단백질이 바이러스마다 특정하기 때문이다. 이것을 **종 장벽**(interspecies barrier)라고 하는데, 이것을 넘어 동물 바이러스가 인간을 감염할 수 있게 되면 심각한 증상을 일으키는

새로운 질병이 될 수 있다.

가축이나 야생동물의 바이러스가 빠르게 변하여 인간을 감염할 수 있게 되면 이 바이러스에 면역력이 없는 사람들 사이에서 큰 전염병으로 번지게 된다. 인플루엔자(독감, influenza)나 코로나19가 그러한 예다. 코로나19 팬데믹을 겪으면서 사회적으로 바이러스와 전염병에 대한 관심이 부쩍 커졌다.

2 악당 바이러스

바이러스에 대한 연구는 19세기에 먼저 시작된 미생물 연구에서와 같이 질병의 원인으로서 연구되기 시작하였다. 기원전부터 21세기 오늘날까지 인류는 바이러스 질병을 수없이 겪어왔다. 천연두에서 시작하여, A형 간염, B형 간염, 인플루엔자, 일본뇌염, 홍역, 볼거리, 풍진, 소아마비, 광견병, 로타바이러스, 수두, 대상포진, 헤르페스, 황열병, 최근의 코로나19까지 우리가 흔히 아는 많은 질병들이 바이러스에 의한 것이다. 이 질병들은 사회 집단에 크게 확산될 가능성이 있는 전염병이다.

바이러스는 미생물 세균과는 달리 특정 동물만 감염하고, 그 동물의 특정 부위만 감염하는 특징이 있다. 코로나19 바이러스는 호흡계를, 노로바이러스와 로타바이러스는 위장관을, 간염 바이러스는 간을, 광견병 바이러스, 웨스트나일 바이러스, 뇌 수막염, 소아마비 바이러스는 뇌신경을, 수두 바이러스는 피부에 감염하여 병을 일으킨다.

미생물 질병처럼 바이러스 질병도 **백신 개발**로 오늘날에는 전염병으로 확산되는 일이 적어졌다. 코로나19(COVID 코비드19)는 백신이 없는 상태에서 확산 초기에 신속한 대응을 못하여 전세계적 범유행으로 발전하였다. 바이러스 질병의 치료제는 개발하기 쉽지 않다. 박테리아는 크고 세포 밖에서 증식하기 때문에 박테리아에만 있는 대사 기능들을 차단하는 항생제를 개발할 여지가 크다. 그러나 바이러스는 세포 내에서 거의 전적으로 세포의 기능을 이용하기 때문에 바이러스에만 있는 대사 기능을 찾아 바이러스 복제를 방해하는 치료제를 개발하는 데 한계가 있다. **항바이러스제**가 개발되어도, 항생제는 여러 종류의 박테리아에 효과가 있는데 반해, 항바이러스제는 대개 해당 바이러스에만 효과가 있다. 만성 C형 간염, B형 간염과 일부 질병의 경우 **인터페론** 약도 개발되어 있다. 바이러스 치료제가 적기 때문에 바이러스 질병은 감염되기 전에 백신 접종으로 미리 예방하는 것이 중요하다. 바이러스 백신이 가진 문제는, 바이러스는 변이가 빨라 새로운 백신이 계속 생산되어야 한다는 것이다.

역사적으로 인류에게 고통을 주었던 바이러스들 몇가지와 최근에 나타난 신종 바이러스 질병들을 살펴보고 왜 최근에 신종 질병들이 등장하고 있는지도 알아본다.

2.1 천연두 바이러스

천연두는 DNA 바이러스인 폭스바이러스(pox virus)감염으로 발병하며 발열과 함께 피부에 수포와 딱지를 형성하고 결국 곰보 자국을 남겨 인간의 질병 가운데서도 증상이 참혹하기로 유명하다. 기원전 1500년경 고대 인도의 문헌에 기록이 있을 정도로 인류를 오래전부터 괴롭혀 온 바이러스다. 18세기까지 유럽 지역에서만 매년 40만 명이 사망하였고, 20세기에도 3억~5억 명이 천연두로 사망하였다. 1967년 세계보건기구(WHO)는 그 해 천연두 감염자가 1,500만 명이고, 그중 200만 명이 사망했다고 발표하였다. 그러나 19세기 들어 전 세계적인 백신 접종으로 천연두 감염은 차츰 사라지기 시작하였고, 마침내 1980년 5월 8일 세계보건총회(WHA)는 지구상에서 천연두가 박멸되었음을 선언했다(그림 1-3).

نحن أعضاء اللجنة العالمية للإشهاد الرسمي باستئصال الجدري نشهد بأنه قد تم إستئصال الجدري من العالم.

WE, THE MEMBERS OF THE GLOBAL COMMISSION FOR THE CERTIFICATION OF SMALLPOX ERADICATION, CERTIFY THAT SMALLPOX HAS BEEN ERADICATED FROM THE WORLD.

NOUS, MEMBRES DE LA COMMISSION MONDIALE POUR LA CERTIFICATION DE L'ÉRADICATION DE LA VARIOLE, CERTIFIONS QUE L'ÉRADICATION DE LA VARIOLE A ÉTÉ RÉALISÉE DANS LE MONDE ENTIER.

我們，全球扑灭天花证实委员会委员，证实扑灭天花已經在全世界实现。

МЫ, ЧЛЕНЫ ГЛОБАЛЬНОЙ КОМИССИИ ПО СЕРТИФИКАЦИИ ЛИКВИДАЦИИ ОСПЫ, НАСТОЯЩИМ ПОДТВЕРЖДАЕМ, ЧТО ОСПЫ В МИРЕ БОЛЬШЕ НЕТ.

NOSOTROS, MIEMBROS DE LA COMISION MUNDIAL PARA LA CERTIFICACION DE LA ERRADICACION DE LA VIRUELA, CERTIFICAMOS QUE LA VIRUELA HA SIDO ERRADICADA EN TODO EL MUNDO.

Genève, le 9 décembre 1979

그림 1-3 세계천연두박멸인증위원회가 제네바에서 서명한 박멸인증서

3억 5,000만명을 죽음으로 몬 천연두가 백신 개발로 지구상에서 완전히 사라졌음이 1980년 공식으로 선포되었다. 오늘까지도 천연두는 인류의 과학이 퇴치한 유일한 질병으로 남아있다.

그러나 2022년 5월 천연두와 같은 종류인 원숭이두창(원숭이천연두, monkey pox) 감염자가 나타났다는 보도가 나와서 사회에 놀라움을 주었다. 원숭이두창은 아프리카에서는 원래 감기와 같은 풍토병으로 인간도 감염되는 인수공통 전염병이었다. 하지만 원숭이에서 사람으로 전염은 되어도 사람과 사람 사이에서는 전파가 안되던 바이러스였는데, 2018년경 돌연변이가 일어나 인간의 전염병균이 된 것으로 추정된다. WHO는 유럽과 북미 등 세계에 감염자가 급등하는 추세를 우려하여 2022년 7월 원숭이두창 비상사태를 선포하였다. 100개국에서 원숭이두창 감염 확진자가 5만여 명으로, 한 달 새 5배 이상

급증하였다는 것이다.

원숭이두창 감염은 다행히도 천연두 백신으로 85% 정도 예방이 되는 것이 최근에 미국에서 백신 접종을 실시하여 확인되었다. 치료용 항바이러스제도 개발되어 있다. 원숭이두창이 갑자기 아프리카 바깥 국가들에서 발발한 이유도 지난 40여 년간 천연두에 대한 정기 예방접종이 중단되었기 때문으로 판단되고 있다. 미국의 경우 1972년에 우리나라는 1979년에 중단하였다.

2.2 에이즈 바이러스 HIV

에이즈(후천성 면역결핍증, AIDS, aquired immunodeficiency syndrome)는 1981년 미국 질병통제예방센터(CDC)를 통해 최초로 세상에 알려진 이래 전 세계에서 3천만 명 이상의 사망자를 냈다. 에이즈의 원인균은 RNA 바이러스인 HIV(human immunodeficiency virus, 인간 면역결핍 바이러스)로서 아프리카의 침팬지 바이러스 SIV(simian immunodeficiency virus, 유인원 면역결핍 바이러스)에서 유래된 것으로 유전자 분석 결과 밝혀졌다. SIV는 침팬지에서는 병을 일으키지 않는데 돌연변이가 일어나 인간 세포도 감염될 수 있게 되었고, 인간이 처음 접하는 바이러스라 치명적 질병을 일으키게 된 것이다. '면역결핍증'이라고 하는 이유는 HIV가 인체의 방어 기능을 담당하는 면역세포를 침범하여 그 안에서 증식하면서 면역 기능을 급격히 떨어뜨리기 때문이다. 따라서 에이즈 환자는 면역력이 떨어져 주로 암이나 폐렴 합병증으로 사망하게 된다. UN 보고에 따르면 매일 16,000명이 HIV에 새로 감염되는데 그중 90%가 개발 도상국가에서 발생한다.

HIV는 대표적인 **레트로바이러스**(Retrovirus)의 하나로 RNA를 유전물질로 가지고 역전사효소를 가지고 있다. 역전사효소는 RNA를 주형으로 해서 DNA를 생성하므로 DNA를 주형으로 RNA를 합성하는 전사 과정과 반대로 작용하는 독특한 효소다. 세포 내로 들어온 RNA는 역전사효소에 의해 두 가닥 DNA로 만들어지고 이 DNA가 세포의 유전체 DNA에 삽입된다. 사람유전체의 일부가 된 HIV 유전체에서는 RNA 전사가 일어나고 RNA에서 바이러스 단백질 합성이 일어난다. 이 단백질들이 RNA와 조립되어 새로운 바이러스 입자가 형성되고, 입자가 세포막에 싸여서 세포 밖으로 방출된다. 레트로바이러스 유전체에 돌연변이가 일어나 번식하지 못하고 그대로 불활성화된 채 숙주 유전체에 남아있는 일이 일어나기도 한다. 그래서 동식물의 유전체에서는 많은 레트로바이러스 잔해들이 발견된다.

T 림프구를 침입하여 하루에 수십억 개 새로운 바이러스로 증식하면서 T 림프구 수가 급격히 감소한다. 그 결과 고열, 림프적 확대, 피부 반점 등이 나타나고, 1~3주 내 증상이 사라진다. 다른 림프구들의 작용으로 바이러스가 어느 정도 통제되기 때문이다. 그러나 바이러스가 완전히 제거된 것은 아니고 증식이 일정 수준 지속된다. 상황마다 환자마다 다른 이 수준에 따라 에이즈 진행 정도가 달라진다. HIV에 감염되면 독감과 유사한 증상을 겪은 후 회복되고, 그 후 아무 증상이 없는 잠복기가 길게는 15년 지나고 나서 에이즈 증세가 나타난다. 이 때는 이미 면역력이 심하게 약화된 상태다. 무서운 것은 무증상 잠복기에도 약하게 바이러스 증식이 일어나 다른 사람에게 전파될 수 있다는 것이다. 에이즈는 주사기 사용이나 성교와 같은 직접적인 접촉을 통해서만 감염된다. HIV가 캡시드 바깥이 외막으로 쌓여있어 세포 밖에서 쉽게 파괴되는 종류의 바이러스이기 때문이다(그림 1-2 참조). 에이즈 보균자와 악수나 식사를 함께 하여 바이러스에 감염되지는 않는다.

에이즈의 원인 바이러스가 규명된 이래로 부분적인 치료약이 개발되어 지금 에이즈가 약물 치료와 관리를 통해 30년 이상 생존하는 만성질환으로 분류되고 있다. 백신은 아직 없는데, 다행히도 전 세계적으로 신규 감염자 수가 10년 전에 비해 23% 주는 등 감소 추세다.

2.3 수두와 대상포진 헤르페스 바이러스

수두와 대상포진은 같은 헤르페스 바이러스(*herpes varicella zoster* virus, VZV)가 시차를 두고 일으키는 다른 질병이다. 헤르페스 VZV에 처음 감염되면 수두에 걸린다. 수두는 어린이가 주로 걸리는데 열이 나면서 얼굴와 몸통에 발진과 물집이 생기는 증상이 몇 주 계속되다가 낫는 병이다. 한 번 백신을 맞으면 평생 면역이 되어 대부분의 국가에서 수두 백신이 권장되고 있다. 그런데 수두에서 회복되어도 몸에 헤르페스 바이러스가 완전히 없어지지 않고 내재해 있다가 수십 년 지난 후 성인이 되어 전혀 다른 증상의 병이 재발할 수 있다. 이것이 대상포진이며 극심한 통증을 유발하는 것으로 잘 알려져 있다.

헤르페스 바이러스가 신경절 세포에 잠복할 수 있는 이유는 특별한 유전자를 가지고 있기 때문이다. 이 바이러스는 커다란 두 가닥 DNA를 가지고 있고 바이러스 입자 바깥은 지질막에 싸여있다. 세포가 바이러스에 침범 당하면 세포막에 감염 사실을 알리는 표지를 꽂아서 킬러 T 림프구가 인지하게 만든다. 그런데 헤르페스 바이러스는 이 표지의 세포막 이동을 막는 단백질 유전자를 가지고 있어서 면역계가 감염 사실을 찾지 못하게 한다. 헤르페스 DNA는 이렇게 면역계를 피하여 신경절 세포 핵 안에 잠재해 있다가 신체의 면역 기능이 떨어지는 때를 기다려 바이러스 입자를 생산하고 세포막을 뚫고 나온다. 이 바이러스들이 신경섬유를 따라 이동하면서 근접한 피부를 감염하면 심한 통증과 특유의 뾰루지를 유발하는 대상포진을 앓게 된다. 면역계 활동이 활성화되면 바이러스는 다시 신경절 세포에 숨는다.

피곤하면 입술에 물집이 생기는 것은 단순포진이라는 다른 질병이다. 역시 헤르페스 바이러스(*herpes simplex virus,* HSV)에 의해 생기는데 대상포진 헤르페스(VZV)와는 종류가 다르다. 입가에 발병하는 것은 제1형 단순포진이고, 제2형 단순포진은 외부 성기에 물집이 생기는 성병이다. 단순포진 역시 한 번 감염되면 완치되기 어렵다. 평생 몸속에 존재하면서 신경절 세포에 잠복해 있다가 피곤하거나 스트레스를 받으면 재발하기를 반복한다.

2.4 인플루엔자 바이러스

독감(인플루엔자, influenza)은 고열, 기침, 심한 근육통을 동반하는 호흡기 전염병으로 전 세계적 팬데믹을 일으키는 대표적인 질병이다. 노인과 허약한 사람들이 잘 걸리고, 폐에 박테리아 2차 감염이 일어나 사망하게 된다.

약간의 열과 재채기가 나며 며칠 앓는 것은 독감이 아니다. 세계보건기구에 의하면 매년 전 세계 인구의 5~15%가 독감에 걸리고, 그중 25만~50만 명이 사망한다.

인플루엔자 바이러스는 RNA 바이러스인데, RNA 유전체가 8개의 조각으로 나뉘어 있다. 대부분의 바이러스 유전체는 하나로 되어 있다. 바이러스 입자 밖은 지질막이 싸고 있는데 막에는 두 종류의 단백질 돌기, H와 N이 나있다. 이 돌기들은 바이러스의 번식에 필수적인 것이며 인체에서는 면역계가 인지하는 항원이 된다. H와 N 종류에 따라 인플루엔자 바이러스 타입이 분류된다. 수십 년에 한 번씩 독감이 크게 유행하는 것은 이들 항원이 크게 달라지기 때문이다. 일단 유행이 시작되면 집단 내 항체를 지닌 사람들이 증가하고, 그러면서 더 이상 퍼지지 못해 유행이 지나가게 된다. 다시 새로운 항원이 진화하면 독감이 크게 유행하게 된다(그림 1-4).

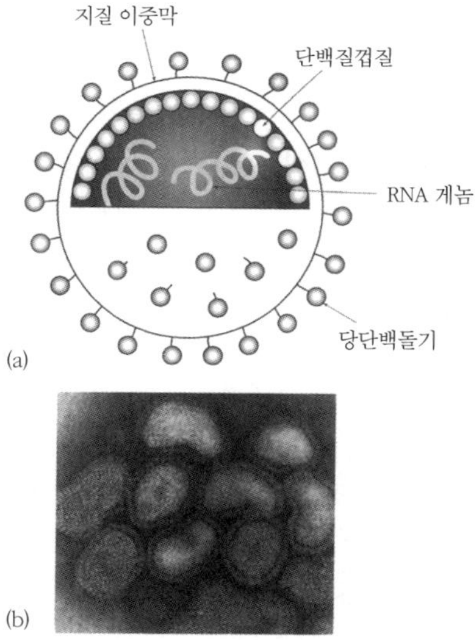

그림 1-4 독감 바이러스 모식도(a)와 전자현미경 사진(b)

인플루엔자 바이러스의 변이가 유난히 빠른 이유는 첫째, RNA가 화학적 안정성이 적고, RNA 복제효소의 복제 실수율 역시 높기 때문이다. 이렇게 발생하는 '소변이'는 3~4년마다 일어나는 **계절 독감** 유행을 일으키고 인구의 약 10%를 감염시킨다. 바이러스 독감 백신을 매년 맞아야 하는 이유도 새로운 돌연변이에 기존 백신의 효과가 떨어지기 때문이다. 둘째, 유전체가 8조각으로 되어 있기 때문이다. 바이러스는 한 세포에 두 종류가 동시에 감염할 수 있는데 이때 유전체 조각들이 뒤섞이는 유전자 재편성(gene reassortment)이 일어나고 새로운 바이러스가 생산되는 '대변이'가 일어난다. 대변이는 세계적인 **독감 범유행**(팬데믹)을 일으키는데 그 간격은 10~40년이다. 전 세계 인구의 30%가 감염되면 팬데믹으로 정의된다. 바이러스가 이 정도 감염력을 가진다는 것은 인류가 항체를 가지고 있지 않은 신종 인플루엔자라는 뜻이다.

1900년 이후 있었던 인플루엔자 팬데믹은 1918년의 스페인독감, 1957년의 아시아독감, 1968년의 홍콩독감, 이렇게 3번이었다. 스페인 독감으로 2천만~8천만 명, 아시아독감으로 1백만~2백만 명, 홍콩독감으로 약 1백만 명 사망한 것으로 집계되었다. 스페인독감 때는 우리나라에서도 7백 6십만 명이 감염되어 14만 명의 희생자를 냈다.

1918년 **스페인독감** 범유행은 H1N1 타입 인플루엔자 바이러스에 의한 것이었다. 스페인독감의 유래는 돼지 바이러스가 인간에 감염된 것으로 밝혀졌다. 돼지 바이러스는 돼지에서는 증상이 경미한데 인간에 감염을 일으킨 돌연변이의 경우 인간에서 병독성이 강해져 사망률이 30%에 달했다.

1968년에 처음 발발한 **홍콩독감**은 H3N2형이었고, 세계적으로 1백만 명 이상 사망했다. H3N2형은 1957년에 발생했던 아시아독감 H2N2에서 생긴 변이로 확인되었다. 그런데 1969년까지 계속되다 사그라진 것으로 알고있던 홍콩독감이 2015년 다시 크게 유행하여 약 100만 명의 사망자가 나왔으며, 70%의 사망률을 보였다.

1997년과 2005년에는 인간에 감염하여 대유행을 일으키지는 않았으나 관심을 가져야 할 **조류독감**이 유행했다. 조류독감은 야생 조류들이 가지고 있는 인플루엔자 바이러스 H5N1이 농장 근처의 연못에서 함께 있던 닭이나 오리를 감염시켜 농장 가축에 확산되었을 것으로 추정된다. H5N1은 인체를 감염한 적이 없는 신종 바이러스이기 때문에 혹시라도 감염되면 증상이 위중하며 치명률이 크다. 조류와의 접촉을 피하면 감염을 피할 수 있고, 다행히 사람들 사이의 전파는 극히 제한적 발생으로 그치고 있다. 그러나 몇몇 사람이 감염된 것은 조류독감이 인간 전염병으로 변신하고 있음을 의미이기 때문에 경계해야 한다. 인플루엔자 RNA는 계속 변하고 사람 간 전파 능력을 획득하는 것은 시간문제다.

전문가들은 코로나19 범유행 다음에는 인플루엔자 범유행이 올 가능성이 크다고 본다. 감염력은 크나 독성이 적은 스페인독감 바이러스 H1N1과 독성은 크나 감염성은 적은 조류독감 바이러스 H5N1 두 바이러스 사이에 유전자 재편성이 일어날 가능성이 충분하고, 그러면 감염력과 독성이 모두 큰 신종 인플루엔자 바이러스가 생길 수 있다. 초기에 대처를 잘 하지 못하면 엄청난 팬데믹으로 발전해 나갈 수 있어 세계 각국이 이에 대비를 하고 있는 상황이다.

독감 백신은 그 해에 유행할 타입을 예측하여 만드는데, 워낙 바이러스 변이가 빠르기 때문에 백신을 맞아도 예방률이 그다지 높지 않다. 독감 치료제로 항바이러스제인 오셀타미비르(oseltamivir)가 개발되어 상품명 타미플루(tamiflu)로 판매되고 있다. 21세기 초에 들어 대유행했던 신종 플루 인플루엔자 H1N1에 많이 사용되었다.

2.5 사스 코로나 바이러스

코로나 바이러스(coronavirus)는 사람과 동물을 모두 감염하는 '인수 공통 감염' 바이러스다. 사람에서는 그동안 약한 호흡기 감염을 일으켜 왔으나 21세기에 들어 기존과 전혀 다른 신종 바이러스가 갑자기 나타나 큰 위협이 되고 있다, 2003년 중국에서 발생한 사스(중증호흡기증후군, SARS, severe acute respiratory syndrome), 2015년의 메르스(중동호흡기증후군, MERS, middle east respiratory syndrome), 2019년에 시작된 **코로나19(Covid19)**는 사망률이 높은 치명적인 질병들이다. 소와 돼지에서는 설사, 닭에서는 호흡기 질환을 일으킨다.

'코로나'는 왕관을 뜻하는 라틴어에서 유래하였는데, 전자현미경으로 보면 바이러스 가장자리에 왕관을 연상시키는 돌기 모양이 특징적이라 코로나 바이러스로 명명되었다. 바이러스 외피 지질막의 돌기는 스파이크 단백질로 인체 감염 시 중요한 항원 역할을 한다. 코로나 바이러스의 유전체는 RNA이며, 한 가닥 RNA 바이러스 중에서 유전체가 가장 크다. 유전체는 5개 조각으로 나뉘어 있다. 코로나 바이러스 역시 인플루엔자 바이러스처럼 변이 속도가 빠르다. 예를 들어 사스 바이러스(정식 명칭은 SARS-CoV-1)는 낙타의 바이러스에서 유래되었다. 바이러스의 기원을 아는 방법은 핵산의 염기서열을 비교하는 것이다. 오늘날은 염기서열 분석 기술이 발달하여 RNA가 복제하면서 조금씩 변해가는 양상을 컴퓨터의 도움으로 신속하게 추적하면서 바이러스 변이의 진화 나무(evolutionary tree)를 그릴 수 있다.

2022년 12월 현재 면역회피력이 강하여 스텔스 오미크론이라 불리는 BA2에서 진화한 켄타우로스(BA.2.75)에서 파생된 BN.1 이 전체 검출의 13.2%를 차지하고 있다. 나머지 67.8%는 오미크론 우세종인 BA.5인데 코로나가 정점을 지나면서 감소 추세에 있다고 한다. 미국에서는 오미크론 변이의 일종인 BQN과 BQN1이 유행을 시작하여 4.3%까지 올랐다고 한다.

코로나 바이러스의 **자연 보균자**(natural reservoir)는 박쥐와 야생 조류로 알려져 있다. 박쥐는 인간과 동물에서 인수 공통 감염을 일으키는 코로나 바이러스의 중요한 일차 자연 보균 숙주(primary natural reservoir hosts)이다. 사스의 경우 중국 광동성의 시장에서 거래된 사향고양이에서 여러 종류의 SARS-CoV-1 바이러스가 분리되어 자연 보균 숙주로 생각되었으나 후에 사향고양이는 중간 보균자(intermediate reservoir) 역할을 하였음이 드러났다. 즉 박쥐의 코로나 바이러스가 중간숙주 사향고양이를 감염하고 다시 인간으로 전파된 것이다. 이 바이러스는 기존 숙주에서는 별다른 증상을 나타내지 않지만 인간을 감염하면서 심한 호흡기 질환을 야기하고, 인간 숙주에 적응하여 빠르게 전파해 나갔다.

메르스 바이러스 MERS-CoV의 일차 자연 보균자는 박쥐이며 중간숙주는 단봉낙타로 밝혀졌다. 코로나19 바이러스, SARS-CoV-2 역시 박쥐에서 유래되었다. 돼지, 천산갑, 뱀, 사향고양이들이 가진 코로나 바이러스가 코로나19와 98% 이상 유전적으로 유사한데 그중에서 사향고양이가 중간숙주로 판명되었다.

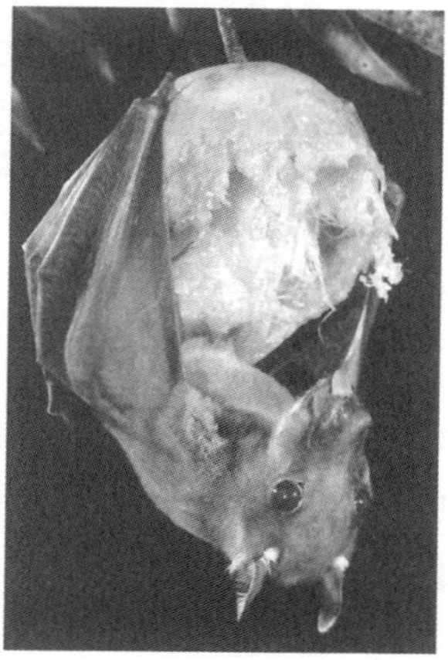

그림 1-5 인간 질병의 중간 숙주

박쥐는 야생동물의 다양한 전염병을 인간에게 옮기는 자연 숙주로 밝혀졌다.

2.6 에볼라 바이러스

2003년에 아프리카에서 처음 환자가 나온 후 곧 전 세계에 퍼져 10만 명이 사망한 에볼라(ebola) 바이러스는 한 가닥 DNA 바이러스이다. 백신 개발이 안된 상태에서 빠르게 범유행을 하다가 자연히 소멸하였다. 바이러스의 유래는, 낙타의 바이러스가 인간에 감염된 것으로 파악하되었다. 에볼라가 갑자기 스러진 이유에 대해서는 여러 가지가 제안되었다. 초기의 에볼라 바이러스가 워낙 병독성이 워낙 커서 빠르게 환자를 사망에 이르게 하여 감염이 크게 확산되지 못하였다는 설명이 주로 받아들여지고 있다. 환자가 적당히 오래 앓으면서 다른 사람을 감염시켜야 바이러스도 오래 증식하면서 질병이 지속되는 것이다.

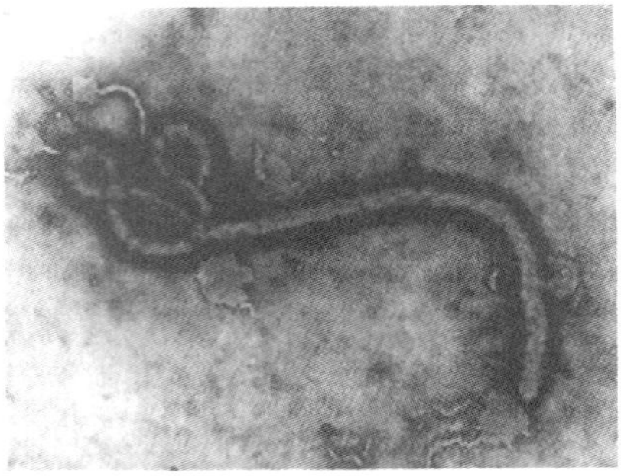

그림 1-6 에볼라 바이러스 전자 현미경 사진

바이러스에서도 진화가 일어난다. 초기의 병독성이 강한 바이러스는 환자를 죽이고 자신도 멸망하나 개중에 돌연변이가 생겨 병독성이 약해진다면 그 바이러스가 집단에 더 많이 퍼질 것이다. 이런 식으로 덜 독한 바이러스가 점차 자연선택된다. 바이러스마다 다른 번식 상황이 더해지면 이렇게 단순하지는 않지만 대부분의 경우 전염병은 처음에 독하다가 차츰 약한 균주로 변해간다. 게다가 바이러스의 숙주인 인류 집단에도 면역성이 점차 생겨 감염되어도 사망에 이르지 않는 사람들이 생겨나고, 팬데믹은 점차 가라앉게 된다.

2.7 코로나19 팬데믹 발생

2019년 12월에 시작되어 2023년 4월 현재까지 지속되고 있는 코로나19 범유행(그림 1-6)은 초기에 신종 사스라고 불리기도 하였는데 정식 명칭은 **코비드 COVID19**이다. 코로나19가 크게 확산된 데에는 감염이 되어도 증상이 없는 잠복기가 10일 정도로 길어 무증상자들에 의한 확산이 가장 큰 요인의 하나로 꼽히고 있다. 코로나19 바이러스는 아마도 역사상 가장 빠르게 가장 속속들이 파헤쳐지고 연구된 바이러스일 것이다. 발달된 유전자분석기술과 생명공학에 힘입어 돌연변이의 등장이 전 세계적으로 시시각각 감시되고 있다. 아직 치료제는 개발되지 않았으나 발병 1년여 만에 백신이 개발되어 신속하게 전 세계적으로 접종이 실시되었다. 코로나19를 통해서 우리 사회는 질병과 생명공학에 대한 관심이 커졌고 의료 및 생물학 지식도 신장되었다.

코로나19 팬데믹은 지진이나 태풍과 같은 자연재해가 아니라 인간에 의해 전염병이 확산될 사회적 여건이 마련되어 있었기 때문이라고 스노든 교수(Frank M. Snowden)가 주장한다. 코로나19 발발의 사회적 요인으로는 첫째, 국제 교역의 확대와 세계화가 꼽힌다. 코로나19 첫 감염자가 2019년 12월 중국 우한 수산물 시장에서 나타난 후 다음 번 공식 확인된 환자는 39일 후 이탈리아에서 나왔다. 그리고 중국에서 지리적으로 떨어진 이탈리아는 세계에서 가장 코로나가 심각한 나라가 되었다. 그 이유는 중국과 이탈리아의 긴밀한 교역에 있었다. 특히 밀라노시는 명품을 중국에 수출하고 중국 관광객을 한 해 600만 명씩 끌어들이고 있었다. 중국 여러 도시와 밀라노를 오가는 일일 직항 항공노선이 6개나 되는 등, 항공을 통해 승객과 화물이 대대적으로 이동하면서 바이러스가 빠르게 확산될 수 있는 조건이었다.

둘째, 도시의 인구 밀집을 꼽는다. 질병균이 확산되려면 사람들 사이 접촉이 필요하므로 최소한의 인구 밀도가 필요하다. 이 밀도를 넘어서면 지역 사회에 빠르게 전파된다. 그런데 중국이나 이탈리아는 가족 간의 결속력이 강하여 젊은 층이 부모와 함께 거주하는 비율이 높은 편이다. 중증이 될 위험이 적은 어린이와 젊은이가 한 집에 살면서 부모와 조부모에게 무심코 바이러스를 전파한 것이다. 또, 요양원, 교도소, 노숙자 보호소와 같은 집단 주거 환경은 사망률을 높이는 강력한 요인이다. 유럽의 코로나 총 사망자의 40~50%가 장기 요양 시설에서 나왔다.

셋째, 장수와 고령화도 한 요인을 제공한다. 코로나19 사망자는 대개 65세 이상 노령층이다. 이탈리아는 일본 다음가는 세계 2위 장수 국가로서 노령인구 비율이 높아 코로나 사망률을 높였다고 진단된다. 노령층은 기저 질환을 많이 가지고 있고 상당수 류머티즘 같은 고질병으로 면역 억제제를 복용하고 있어 모든 면에서 감염에 취약하다.

넷째, 산업화에 의한 대기 오염도 코로나19 환자가 중증으로 발전하는 데 한 몫하였을 것이다. 도시 지역은 특히 미세먼지와 유독한 온실가스의 배출이 큰 곳으로 코로나19 사망자가 도시에 집중되어 있는 것과 관련이 있다. 이런 물질이 대기 상층부로 올라가면 지구 온난화와 기후 변화의 원인이 되고, 대류권 내에 잡혀 있게 되면 우리가 숨 쉬는 대기를 오염시킨다. 세계보건기구는 대기 오염이 천식, 심혈관 질환, 암 등의 질병과 깊은 관계가 있으며 전 세계 사망률의 주요 원인이라고 발표하였다. 미세먼지는 폐 내벽 조직에 염증을 일으켜 장기적으로 다양한 건강 문제를 일으킨다. 2020년 진행된 연구에서 과학자들은 미세먼지가 특정 바이러스성 질병에 대한 면역 반응을 방해한다는 사실을 밝혀냈다. 스모그로 기침을 하고 숨이 찬 노인들이 특히 코로나19 호흡기 바이러스에 취약한 것은 우연이 아니다.

다섯째, 신속한 초기 공중보건 대응 부족도 범유행의 한 원인으로 꼽힌다. 코로나19는 특히 무증상 잠복기가 10일 이상으로 길다. 잠복기 무증상 대인 전파 때문에 코로나 환자가 나타나면 초기에 강력한 대응 조치를 하는 것이 중요하다. 우리나라는 국민들의 적극적인 협조로 초기에 대규모 진단 검사, 추적 관찰, 사회적 거리 두기, 확진자 동선 알림 문자 등의 방역 조치를 하여 몇 주 만에 바이러스 확산을 잡을 수 있었다고 평가되고 있다.

2.8 바이러스의 전파력과 치명률

전염병에서 관건이 되는 지표는 질병의 전파력과 치명률이다. 전파력은 **기초 감염 재생산 지수**(R0, basic reproduction number)로 나타내며 확진자 1명이 감염시키는 사람의 수로 산정한다. 모든 사람이 바이러스에 면역력이 없다는 가정 하에서 보는 수치다. R_0 값이 2라면 감염자 1명이 다른 2명을 감염시키는 것이고 감염이 빠르게 확산되어 나간다. R_0 값이 클수록 전파력이 크며, R_0 값이 1 이하면 한 명의 환자가 한 명도 더 감염시키지 않는다는 뜻이고 점차 유행이 줄어들게 된다. 따라서 코로나19를 종식시키려면 R_0 값을 1 아래로 떨구어야 한다. 환자를 빠르게 격리하여 접촉자를 줄이는 것이 방역의 기본 원칙인 이유가 바로 여기에 있다. R_0 값은 전염병이 진행되면서 계속 변해간다. 코로나19의 경우 발생 초기에 WHO 발표에 의하면 2~2.5였다.

치명률은 감염자 중에서 사망한 사람이 얼마나 되는가를 알려주는데, 사망자 수를 확진자 수로 나눈 값이다. 코로나19 유행 초기에는 중증 환자들이 주로 감염자로 발견되었기 때문에 치명률 값이 매우 높은 것으로 나타났다. 그러나 자가 진단 키트가 보급되고 무증상이나 경증 환자가 확진자 수에 포함되면서 치명률 값은 계속 낮아졌다. WHO 통계에 의하면 2023년 6월 현재 코로나19의 치명률은 0.1%로 메르스 34.4%, 사스 9.6%에 비해 현저히 낮고 독감 0.05~0.1% 보다 약간 높은 수준이다.

처음 전염병 유행이 시작될 때는 인간이 면역력을 갖고 있지 않아 대개 바이러스의 전파력과 치명률이 둘 다 크다. 그러나 바이러스가 전파되어 나가면서 서서히 여러 가지 변이가 생겨나고, 변이들 중에서 전파력이 약한 것은 전파가 잘 안되므로 그 수가 점점 줄어들다 사라진다. 치명률이 큰 독한 변이는 숙주 인간이 돌아다니며 새로운 숙주에게 옮기기 전에 사망하거나 누워서 앓으면 변이 바이러스가 전파되지 못하므로 역시 점점 줄어든다. 환자 격리, 사회적 거리 두기, 방역조치들도 전파력이 큰 것들을 살아남게 하는 중요한 요인이 된다. 감염성 질병은 대처를 잘 할 경우 팬데믹이 진행되면서 바이러스는 점차 전파력이 크지만 독성은 크지 않은 것으로 대체되어 간다.

유행병 초기에는 민감한 사람들이 감염되어 죽기도 하고 회복되기도 하면서 집단에 면역성이 생긴다. 면역성을 가진 사람들이 늘어나 감염 R_0가 1.0이하로 떨어지면 확산세가 꺾인다. 그렇다고 완전히 사라지지는 않고, 민감한 사람은 여전히 걸리기도 하지만 그 숫자가 병역학적으로 무시할 정도가 된다. 변이체가 생겨도 인구 대부분이 면역력을 가지면 처음처럼 확산되지는 않는다. 코로나19도 인류 **집단의 60~70%** 정도가 코로나 바이러스에 면역성을 갖게 되면 바이러스의 전파는 사그라들 것으로 기대되었다.

집단이 면역성을 얻는 방법은(1) 코로나를 가볍게 혹은 무증상으로 앓고 나아 자연적으로 면역성을 갖거나(2) 백신 접종으로 면역성을 갖거나(3) 확진자가 회복되어 면역성을 얻을 수 있다. 코로나19는 전 지구적 감염 확산 팬데믹은 끝나더라도 코로나 바이러스가 완전히 박멸되지는 않을 것이다. 감기, 독감처럼 철마다 유행을 반복하는 **풍토병**으로 남을 것으로 예측되고 있다. 인류가 완전히 퇴치한 질병은 거의 없다. 단지 백신, 위생, 방역, 치료, 면역, 건강

증진 등을 통해 확산을 다스려가며 치료하고, 피해를 줄이면서 함께 살아가는 형태가 되는 것이다. 그것이 자연의 일부인 인간이 자연의 다른 생물들하고 살아가는 자연스러운 모습이기도 하다.

3 착한 바이러스

2005년 <네이처>잡지에 발표된 글에 의하면 바닷속에는 엄청난 수의 바이러스가 있다. 바닷물 1밀리리터에 들어있는 바이러스의 수는 해안가는 1억 개, 심해는 300만 개로 추정된다. 바이러스의 크기는 600나노미터(nm) 이하로 1밀리리터(ml)의 바닷물에서 2억 5,000만 개의 바이러스가 있다고 1989년 노르웨이의 외이빈 베르크(O. Bergh) 교수팀이 발표한 바 있다. 이것을 기준하여 바이러스의 생체량(biomass)를 계산하면 전 세계 대양의 바이러스 수는 10^{32}개, 전체 무게로 따지면 북방혹고래 7,500만 마리에 해당한다. 바이러스의 종류도 생물학자들이 분류하고 명명한 것은 극히 일부일 뿐 계속 새로운 바이러스가 발견되고 있다.

바이러스는 지구 생태계의 유지 및 균형에 중요한 역할을 한다는 사실이 새롭게 주목받고 있다. 해양 바이러스들은 해양에 존재하는 세균류의 20~40%를 분해한다. 그 결과 세균류가 바다에 창궐하지 못하고 억제되고, 세균류의 구성 물질인 아미노산, 탄소, 질소 등 영양분이 바다에 섞여 무수한 플랑크톤, 어류들이 이용할 수 있게 된다.

앞서 질병 바이러스를 살펴보았는데 사실 이 세상의 수많은 바이러스 중에서 인간과 동식물에 질병을 일으키는 바이러스는 극히 일부에 불과하다. 바이러스는 살아있는 동식물이나 미생물 세포 속에서만 번식을 하기 때문에 그 과정에서 숙주 생물에 병을 일으키기도 하지만, 대개는 별 피해를 주지 않고 생물 체내에서 잠시 머물다 간다. 오히려 생물들에 혜택을 주는 착한 바이러스들이 최근 들어 속속 알려지기 시작하였으며 다른 동물, 식물, 미생물들과의 멋진 공생 시스템들도 계속 발견되고 있다. 바이러스는 지구상 생물의 진화적 도약에 도움을 주었고, 궁극적으로 지구 생태 환경 유지에도 중요한 역할을 해왔다. 최근에는 바이러스가 생명공학이나 유전공학에서 유용한 도구가 되고 있기도 하다. 자세히 알아보자.

3.1 생물들의 진화를 돕는 바이러스

박테리아는 우리 몸의 표면이나 호흡 기도, 소화기관 등의 내부 점막에만 있지만, 바이러스는 세포 내에 침범하기 때문에 조직 속에도 존재한다. 그야말로 바이러스는 어디에나 있다. 환경에도 있고 생물의 세포 속, 하물며 게놈 안에도 자리 잡고 있다. 모든 생물은 바이러스 속에 파묻힌 채 진화되어 그 속에서 살아왔으니 그럴 만도 하다.

바이러스가 세포보다 먼저 생겼는지 세포가 먼저 생기고 세포에서 떨어져 나온 조각이 바이러스인지, 바이러스의 기원에 대한 논란은 아직 결론이 내려지지 않았으나, 최근 연구는 전자 쪽에 더 무게를 실어주고 있다. 최초의 생명이 화학적 진화를 거쳐 자기복제하는 RNA 분자에서 시작되었다는 것은 이미 정설이 되어 있다. 그와 연관한 사실로, 식물에는 단백질 껍질에 싸여있지 않고 RNA 핵산 분자로만 존재하는 작은 바이러스들이 흔하며 농작물에 큰 피해를 주기도 한다.

인간도 바이러스와 함께 진화하였다. 인간의 몸의 모든 장기에서 바이러스가 발견될 뿐 아니라, 많은 중요한 유전자들이 바이러스의 유전자에서 유래한 것으로 분석되었다. 대표적인 예로 자궁 태반형성에 중요한 신사이틴 유전자를 들 수 있다. 태아는 자궁 속 양막 안에 싸여있으면서 모체 면역체계의 공격으로부터 보호되고 탯줄을 통해 태반으로부터 산소와 영양분을 공급받는다. 탯줄 끝은 식물 뿌리처럼 잘게 갈라져 모체의 태반에 뿌리내리는데, 뿌리 바깥쪽은 합포체 영양막으로 둘러싸여 있다. 이 막은 **신사이틴**(syncytin)이라고 하는 단백질에 의해 수많은 세포들이 합쳐져서 하나의 막이 된 것이다(그림 1-7).

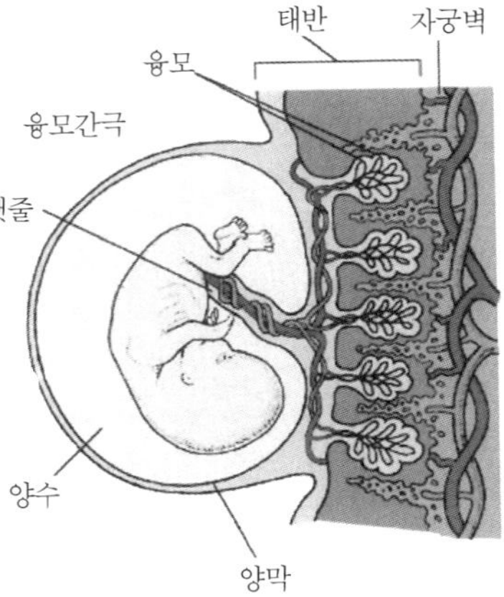

그림 1-7 자궁의 태반형성

바이러스에서 기원한 유전자의 신사이틴 단백질에 의해 태반이 형성된다.

그런데 신사이틴 유전자가 놀랍게도 레트로바이러스 종류에서 유래하였음이 밝혀졌다. 유사한 유전자들이 소와 쥐 등의 모든 **포유동물**에도 존재한다. 레트로바이러스는 외피막을 가지고 있어 이 막을 숙주의 세포막과 융합시키면서 캡시드를 세포 안으로 밀어 넣는다. 이때 막의 융합을 일으키는 역할을 하는 바이러스 단백질의 유전자가 **엔브(env)**인데 이 유전자의 구조가 신사이틴과 기본적으로 같다. 인류의 조상을 감염한 레트로바이러스가 증식 과정에서 일부 유전자를 게놈에 남겼고, 그것이 후에 유용한 모듈을 제공하게 되었다고 생각된다. 포유류는 태아를 모체 안에서 키우는 전략으로 진화적 도약과 성공을 이루었는데, 레트로바이러스가 진화에 도움을 준 것이다.

그런가 하면 장기 기억 형성에 결정적인 영향을 미치는 **아크(Arc)** 유전자는 HIV 바이러스와 유사하다. 이것도 옛 인류가 몸에 침투한 바이러스를 길들여 그 기능을 이용하게 된 또 하나의 흔적으로 보인다.

3.2 면역 기능을 도와주는 바이러스

레트로바이러스의 일종인 인간의 헤르페스 바이러스는 한 번 감염되면 평생 몸에 잠복해있으면서 스트레스로 면역 기능이 떨어질 때 입 주변에서 증식하여 작은 물집을 만든다. 그런데 쥐를 가지고 한 실험에서 헤르페스 바이러스가 쥐의 게놈 내에 잠복되어 있을 때는 면역물질인 **인터페론** 생산이 증가하고 **NK** 면역세포 활동이 증가하는 등 자연 면역이 향상되는 것으로 나타났다. 내재된 바이러스가 말하자면 천연 백신 역할을 하여 다른 질병 감염이나 암 발생을 억제하는 것이다.

또, 백혈병 바이러스에 잘 걸리지 않는 쥐는 암 저항성 유전자를 가지고 있는데 이 유전자는 레트로바이러스에서 온 것이다. 과거에 쥐를 감염한 레트로바이러스가 쥐의 면역계와의 싸움에서 패해 쥐의 게놈에서 빠져나오지 못하고 쥐의 유전자로 정착하였을 것이다. 이 유전자는 후에 다른 바이러스의 확산을 막는 보호자 역할을 하게 되었을 것이다.

보통 감기 바이러스로 알려진 레오바이러스(reovirus)의 경우 면역계가 덜 성숙된 어린이나 면역력이 떨어진 노약자에에서는 감기나 복통 증상을 나타내고 건강한 성인은 감염돼도 별 증상이 없다. 이 감기 바이러스가 쥐 실험에서 쥐의 인터페론과 면역세포를 활성화시켜 암세포 공격력을 높였다는 연구 보고가 있다. 또 다른 흔한 콧물감기 바이러스인 라이노바이러스(rhinovirus)는 독감 바이러스의 감염을 차단하는 것이 확인되었는데, 최근에는 코로나19 바이러스인 SARS-Cov-2 바이러스의 초기 증식도 막는다고 보고되었다.

사람 몸 안팎에는 이렇게 아무 병 증상을 나타내지 않으면서 존재하는 바이러스들이 많다는 사실이 계속 밝혀지고 있다. 이 바이러스들은 인체에 상주하면서 인체에 상주하는 또 다른 공생자인 박테리아들과 함께 상호작용하면서 인체의 건강에 **보이지 않는 손**으로 영향력을 발휘한다는 새로운 개념이 제안되고 있다.

3.3 질병균과 싸워주는 공생 바이러스

건강한 사람의 몸에서도 일상적으로 여러 가지 바이러스들이 검출된다는 보고가 이어지고 있다. 이들은 우리 몸에 만성적으로 감염하여 기거하고 있지만 보통 병 증상을 일으키지 않는다. 단지 면역계의 상태에 따라 이롭기도 하고 해를 주기도 하는 인체의 **공생** 바이러스로 여겨진다. 한 예로 거의 모든 성인의 혈액에서는 아넬로바이러스(annelovirus)가 검출되는데 대개는 아무 증상이 없고 간혹 변종이 질병을 일으키기도 한다. 보통은 면역계에 의해 억제되어 있다가 면역력이 약해질 때만 증식한다.

우리 몸에서 상당량 발견되는 **GB 바이러스 C**라는 작은 바이러스는 C형 간염 바이러스 종류인데 아무 질병을 일으키지 않는다. 이것은 오히려 에이즈의 원인 HIV 바이러스를 공격한다는 사실이 밝혀졌다. 자세한 기작은 아직 알려지지 않았지만 어쨌든 이 바이러스에 감염된 에이즈 환자는 생존율이 3배나 높았다. 바이러스는 우리 몸의 세포만 공격하는 것이 아니라 몸속에 들어온 해로운 박테리아나 기생충도 감염할 수 있는 것이다. 따라서 바이러스를 이용한 질병의 **바이러스 치료** 아이디어가 최근에 많이 연구되고 있다. 말하자면 병원균들 간의 전쟁을 일으켜 우리 몸의 공격을 막는다는 논리다. 인간에게 해로운 말라리아 원충, 리슈만 편모충을 감염시키는 바이러스들이 발견되었고 이를 기생충 감염 치료에 이용하는 연구도 진행되고 있다. 바이러스 하면 질병의 원인이라는 통념은 이제 사라져 가고 있다.

3.4 질병에 대한 통념을 바꾸는 바이러스들

질병이란 한 가지 병원체에 의해 일어나고 그 병원체를 제거하면 치료되는 것이 아니라, 훨씬 더 복잡한 생물 현상으로 이해되고 다루어져야 한다는 인식이 과학계에 자리 잡아가고 있다. 여기에는 최근의 바이러스 연구들이 기여한 바가 크다. 한 예로 감기가 극성일 때는 인플루엔자 등 다른 바이러스 감염이 적어진다. 우리 몸에 들어온 바이러스들 사이에서 분명히 상호작용, 상호

간섭이 일어나는 것인데 그 자세한 기작에 대해 과학자들이 관심을 가지고 연구하기 시작하였다.

박테리아를 잡아먹는 **박테리오파지**(bacteriophage)가 인체의 건강에 영향을 줄 수도 있다. 인체의 건강과 질병은 장내 박테리아 생태계 구성의 영향을 받는데, 박테리오파지가 장내 미생물 생태계에 영향을 주기 때문이다. 박테리오파지가 장내에 증식하면 박테리아의 종 다양성이 줄어드는 등 장내 미생물 생태계의 불균형이 일어나 건강에 영향을 미치는 것이다.

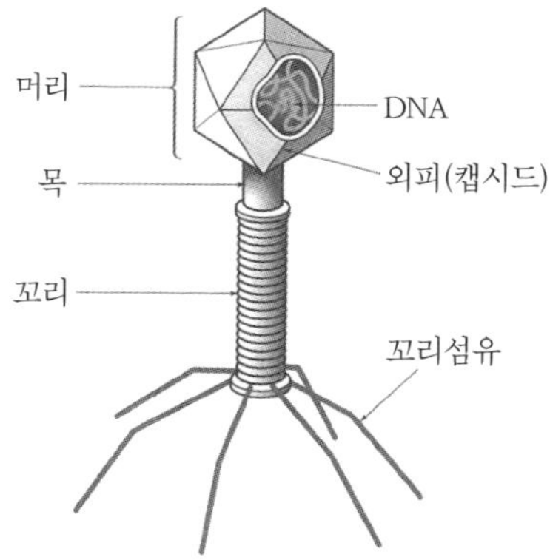

그림 1-8 박테리아를 잡아먹는 바이러스 박테리오파지

3.5 식물과 곰팡이와 바이러스 3자의 긴밀한 상생

바이러스는 다양한 생물과 공생관계를 맺고 있다. 미국의 옐로스톤은 간헐천의 열탕 분출로 지표면의 온도가 항상 높아 식물이 거의 자라지 않는다. 그런데 이렇게 달걀이 익는 섭씨 65도에서 생존하는 볏과 식물이 발견되었다. 이 식물은 곰팡이에 감염되어 있었고, 이 곰팡이는 자세히 보니 다시 RNA 바이러스 종류에 감염되어 있었다. 벼의 **내열성**은 바로 이 바이러스 덕분인 것으로 판명되었고 바이러스는 CThTV(curvularia thermal tolerance virus 커불라리아 내열성바이러스)로 명명되었다.

이 바이러스가 제거된 곰팡이로 식물을 감염시켜 보면 식물은 더 이상 고온을 견디지 못하고 말라죽는다. 곰팡이 진균은 자체적으로 열과 같은 환경 스트레스에 저항하는 유전자 군을 가지고 있는데 바이러스가 이 유전자들이 활발하게 발현하게 해준다. 바이러스-진균-식물 사이에 밀접한 공생 관계가 진화하여 3자가 상생하는 묘한 예다.

바이러스는 특히 식물과 깊은 관계를 맺고 있다. 식물 속에서는 다양한 종류의 DNA와 RNA가 발견되는데 아무 병을 일으키지 않는다. 이들은 식물과 모종의 공생 관계를 맺고 있는 것으로 생각되어 어떤 종류의 혜택을 식물에 주는지 활발히 연구되고 있다. 이와 관련하여 흥미로운 사실은 인간의 장에도 바이러스가 많은데 이들 바이러스의 80퍼센트가 식물 바이러스라는 것이다. 망가지거나 죽은 바이러스가 아니라 온전한 형태여서 식물에 감염시키면 병을 일으킬 수도 있는 정도다. 그러나 이들 식물 바이러스가 인간을 감염하여 질병을 일으킬 염려는 없으며, 오히려 인간의 장의 마이크로바이옴 즉 미생물 생태계의 일부로서 선천 면역을 활성화하여 건강에 도움이 될 것이라 추측되고 있다.

3.6 고치벌과 폴리드나 바이러스의 교묘한 관계

옥수수와 벼의 해충 조밤나방 애벌레는 농가에 큰 피해를 주는데 고치벌은 이 애벌레를 발견하면 높이 날라 올랐다 강하하면서 산란관을 애벌레 몸에 꽂고 순식간에 수십 개의 알을 낳는다. 고치벌의 알은 조밤나방 애벌레 몸 안에서 부화하여 애벌레 몸체 영양분을 섭취하고 성장한다. 10일쯤 지나면 성숙해진 고치벌 애벌레가 조밤나방 애벌레의 몸을 뚫고 밖으로 나온다. 그런데 기묘한 것은 숙주 애벌레의 피부가 찢기거나 체액이 흘러나와 죽지 않는다는 것이다.

기생벌 애벌레가 숙주 몸에서 마지막 탈피를 할 때 허물을 캡슐과 같은 구조로 만들어 캡슐째 숙주 몸 바깥으로 나오기 때문이다. 그런 다음에 캡슐을 뚫고 나와 식물 잎에 고치를 만들고 번데기가 된다. 이 캡슐들이 구멍을 막는 역할을 하여 애벌레가 끝까지 죽지 않게 만드는 것이다. 이렇게 숙주를 살려

두는 데는 이유가 있다. 조밤나방 애벌레가 기생벌 애벌레가 탈출하고 난 후 사력을 다해 그곳을 떠나 굴러떨어지거나 하여 다른 곳에서 죽게 하는 것이다. 그자리에서 죽으면 썩으면서 세균이 번식해 고치를 오염시킬 우려가 있으므로 이를 막기 위한 마지막 장치인 셈이다.

배추흰나비 애벌레도 기생벌의 알에 감염되는데, 몸 안에 기생벌의 애벌레를 키우다가 마지막으로 애벌레가 몸 밖으로 나가면 고치가 되는 것을 돕기 위해 죽어가면서 하얀 실을 토해내주기까지 한다. 조밤나방이나 배추흰나비는 기생벌에게 철저히 봉사하는 것 같다. 기생벌과 숙주 애벌레의 기생 생태적 관계는 여기서 끝나지 않고 신비한 바이러스가 제3자로 관여하여 한층 복잡해진다. 곤충은 몸에 대형 이물질이 침입하면 면역계 혈구세포들이 침입자를 둘러싸서 격퇴하는 반응을 보인다. 그런데 기생벌이 알을 낳는 경우 웬일인지 이런 정상 면역 시스템이 작동하지 않는다. 그 원인은 기생벌의 난소에서 증식하는 **폴리드나**(polyDNA) 라고 하는 바이러스가 알과 함께 주입되었기 때문으로 밝혀졌다. 이 바이러스는 기생벌 몸 안에서 증식할 때는 기생벌에 아무 해도 혜택도 주지 않는다(그림1-9).

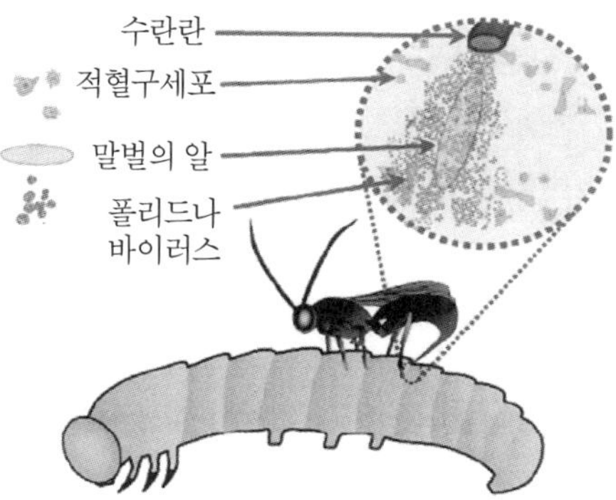

그림 1-9 복잡한 공생 관계.
말벌과 배추흰나비 애벌레와 폴리드나 바이러스는 매우 복잡한 상호관계를 맺으며 진화하였다.

그러나 숙주 애벌레 몸 안에 알과 함께 들어가면 이때부터 활약을 시작한다. 우선 숙주의 게놈 DNA에 자리를 잡은 후 자신의 단백질이 만들어지게 한다. 이 단백질은 두 가지 역할을 하는데 하나는 숙주의 면역세포를 파괴해 면역반응을 억제하는 것이다. 실제로 이 바이러스를 제거하면 기생벌의 알은 부화하지 못한다. 이 단백질의 또 하나 역할은 숙주 애벌레가 탈피를 거듭하여 번데기가 되지 못하게 변태를 억제하는 것이다. 곤충의 변태는 탈피호르몬과 유충호르몬에 의해 제어되는데 이 단백질이 탈피호르몬 생성을 억제하고 유충호르몬만 계속 생산하게 한다. 폴리드나 바이러스는 자신의 숙주인 기생벌을 병들게 하는 것이 아니라, 오히려 기생벌이 숙주로 삼는 곤충의 애벌레에 해를 주면서 기생벌을 돕는다.

3.7 진딧물의 방위군 2차공생 바이러스

기생벌의 폴리드나 바이러스의 기원을 조사해 본 결과 더욱 놀라운 사실이 밝혀졌다. 이 바이러스 게놈은 원래 하나의 핵산으로 되어있지 않고 바이러스 종류에 따라 30~100여 개의 작은 원형 DNA 분자로 나뉘어 있다. 그런데 전체 DNA 염기서열을 분석한 결과 바이러스 번식에 중요한 몇 가지 유전자들이 들어있지 않았다. 그렇다면 이 바이러스는 어떻게 번식을 하였을까? 그 유전자들은 놀랍게도 벌의 게놈에 벌의 유전자처럼 존재하고 있었다. 이들 유전자가 발현되어야 바이러스 입자가 만들어지므로 폴리드나 바이러스는 기생벌 안에서만 증식을 할 수 있다는 뜻이다. 조밤나방 애벌레 몸 안에서는 증식하지 못하고 기생벌의 알이 부화하고 성장하는 것을 도울 뿐이다. 바이러스가 조밤나방 애벌레에서 증식한다면 기생벌의 번식에 방해가 된다. 따라서 기생벌은 바이러스가 자신의 번식을 도우면서 자기 안에서만 번식하도록 바이러스의 중요 유전자를 저당잡고 있는 형태다. 이것은 **공생관계의 교묘한 진화**를 보여주는 예다.

기생벌에게 침범 당하는 곤충도 여기에 맞서 바이러스를 이용하는 방어 기제를 진화시켰다. 기생벌은 진딧물에도 알을 낳는데 진딧물 중에는 독소를 내서 기생벌 유충이 정상 성장을 못하고 죽게 만드는 것이 있다. 이 독소는 조사 결과 **하밀토넬라**(*Hamiltonella defensa*)라는 공생 세균이 분비하는 것이었고, 이 독소는 이 세균을 감염한 **APSE**라는 바이러스가 만든 것으로 밝혀졌다. 바이러스의 종류에 따라 독소가 다르고, 세균이 어떤 바이러스에 감염되었는가에 따라 진딧물의 기생벌에 대한 저항성이 달라진다. 바이러스는 2차 공생자로서 진딧물의 방위군 역할을 하는 것이다.

3.8 백신 생산에 이용되는 바이러스

인류가 만든 최초의 백신은 18세기 말 소의 우두 바이러스를 이용하는 **천연두 백신**이었다. 우두 바이러스는 인간의 천연두 바이러스와 매우 유사해 접종하였을 때 면역력을 갖게 하지만 병을 일으키지는 않는다. 천연두 백신은 역사상 수많은 생명을 구한 최고의 발견으로 꼽힌다. 오늘날은 바이러스를 그대로 백신으로 사용하지 않고 발달된 유전공학 기술을 이용하여 다양한 방법으로 만든다.

코로나19 백신을 예로 들면 우리나라에서 가장 많이 접종된 아스트라제네카와 얀센 백신은 코로나 바이러스의 표면 돌기 항원 유전자만 **바이러스 벡터**에 삽입하여 만든 것이다. 벡터는 항원 유전자를 세포에 전달하는 운반체 역할을 하는데 아데노바이러스를 많이 사용한다. 아데노바이러스는 호흡기 감염 바이러스인데 증식 능력이나 병독성이 없도록 처리하여 벡터로 사용한다. 벡터로 사용한 바이러스로부터 독성 바이러스의 변이가 출현하지 않을까 하는 염려가 백신 초기부터 있어 왔으나 아직까지 부작용이 큰 문제가 된 적은 없다.

3.9 암치료를 도와주는 바이러스

바이러스가 암을 일으키기도 하지만 바이러스를 역으로 암 치료에 이용할 수도 있다. 그 결과 암세포에서만 선택적으로 증식해서 암세포를 죽일 수 있는 소위 **암항바이러스**들이 발견되었다. 암세포는 정상세포보다 세포 분열이 활발하기 때문에 이런 세포에서만 더 잘 증식하는 바이러스를 이용한다면 암 치료 바이러스가 된다. 암세포가 바이러스 방어 기작에 문제가 있다는 점을 이용하여 암세포에서만 증식하는 바이러스를 이용해 암세포만 골라 감염 사멸시킬 수도 있다. 최근에 한 생명공학 회사가 신경 내분비계 암세포만 골라서 감염하여 죽이는 신종 바이러스 **세네카밸리 바이러스** SVV(seneca valley virus)를 발견하였다고 보고하였다. 이들 항암 바이러스는 암세포를 다 죽이고 난 후에는 더 이상 감염할 세포가 없어 저절로 사라지므로 더욱 이상적이다.

허피스 바이러스, 아데노바이러스, 홍역 바이러스와 같은 바이러스를 암세포만 감염하여 사멸시키도록 변형하는 연구도 한창이다. 바이러스의 유전자를 조작하여 암 특이성, 항암 작용, 안전성을 높이도록 유전자를 변형시킨 바이러스 치료가 임상 시험 중에 있다. 두경부암을 치료하는 항암 허피스바이러스는 임상 시험 마지막 단계에 있다고 한다. 이들 바이러스의 표면을 나노물질로 감싸고 암세포만 표적할 수 있는 물질을 붙여 준 후, 이것을 혈액에 주사하면 전신을 돌아다니며 암세포만 골라 사멸시킨다는 원리이다.

3.10 친환경 생물농약으로 사용되는 바이러스

작물에 해를 주는 해충을 방제하는데 그 해충을 병들게 하는 세균이나 바이러스를 이용하는 것을 **미생물농약**(biotic pesticide)이라고 한다. 곤충에는 특히 바이러스가 많이 쓰인다. 바이러스는 숙주 특이성이 높아 특정 바이러스로 특정 해충만 없앨 수 있기 때문이다. 화학농약만큼 효과가 크지는 않으나 화학 살충제처럼 다른 익충은 죽이지 않고 제거하고 싶은 해충만 선택적으로 공격해 환경부담이 적다. 현재 **배큘로바이러스**(baculovirus)라고 하는 DNA 바이러스 종류들이 다양한 작물에 해를 주는 해충 방제에 이용되고 있다. 그런데 바이러스는 자외선에 약하기 때문에 농약으로 살포되었을 때 햇빛에 오래 살아남을 수 있게 도와주는 연구도 진행되고 있다.

배큘로바이러스를 농약으로 쓰기 위해서는 바이러스를 대량 생산해야 하는데, 이때 바이러스 배양은 곤충 세포에서 배양하는 방법을 사용한다. 곤충 **세포 배양체**는 바이러스 생산뿐 아니라 생명공학에서 다른 용도로도 쓰일 수 있는 이점이 있다. 바이러스 연구에도 사용되고 중요한 효소, 호르몬, 백신, 항암제 등 의료용 치료 단백질을 생산하는데도 이용되고, 나아가서 장기나 조직을 만들어내는 데도 쓰일 수 있다.

최근에는 배추, 파, 가지, 딸기, 양배추, 콩 등 다양한 농작물에 해를 끼치는 거염벌레 애벌레만 죽이는 **바이러스 농약**이 시판되고 있다. 식품에 잔류하는 화학 살충제 우려가 없을 뿐 아니라, 거염벌레의 천적인 거미나 기생벌에는 해를 주지 않아 자연 방제를 방해하지 않는 친환경 농약으로 여겨진다.

2장

보이지 않는 동반자 미생물과 질병 미생물

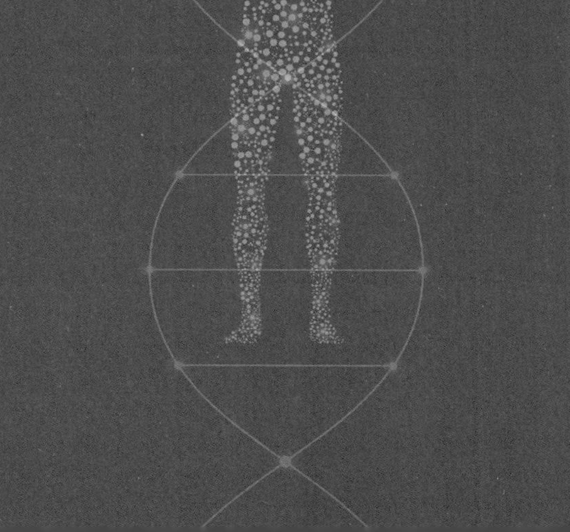

인간의 시력으로 볼 수 없는 원핵생물군(박테리아, 디케차, 마이코플라즈마, 남조류 포함), 곰팡이, 바이러스들을 보통 미생물이라고 한다. 생물학적으로는 원생동물, 조류, 아메바도 미생물에 포함된다. 볼펜으로 찍은 점 하나에 백만 개의 박테리아가 들어갈 정도로 작지만, 미생물의 종류는 동식물 종류보다 훨씬 다양하다. 최근에는 지하 3.5km에서도 미생물이 풍부하게 발견되면서 인간이 발견하고 분류 명명한 것은 극히 일부임을 알게 하였다. 작지만 그 수는 엄청나서 지구의 미생물을 다 합치면 어떤 생물의 생체량보다 크다는 계산 결과도 있다.

미생물은 지구에서 가장 먼저 생긴 생명체로서 지구에서 가장 오래 살아온 주민이자 가장 성공적인 생물이라고 해야 할 것이다. 이들은 다세포 동식물들의 생존 방식을 따르지 않고도 공기 속, 물속, 얼음 속, 끓는 물속, 땅속, 공기가 없는 곳, 빛이 없는 곳, 동식물의 몸속 등 어떤 환경에서나 에너지를 얻고 증식하는 기술을 터득하여 38억 년 동안 성공적으로 살아왔다. 아마 지구에 핵 전쟁이 일어나 인류와 동식물이 모두 멸종되더라도 미생물은 살아남을 것이라는 말이 있을 정도다.

모든 동식물은 그야말로 미생물 속에 파묻혀 살아가고 있다. 정원 흙 1g에는 10만 개의 미생물이 있고, 우리 몸의 건조량의 약 10%는 박테리아 무게라는 계산도 있다. 우리 몸의 콧속, 피부, 입 속, 장 속, 어디에서나 미생물이 발견된다. 이들은 별다른 해를 주지 않을 뿐 아니라 오히려 건강에 중요한 공생자이다.

미생물은 지구 환경이 극한의 조건일 때부터 오랫동안 생존해 오면서 어떤 환경에서도 살아갈 수 있는 생화학 기술을 진화시켰다. 최소한의 물리 화학적 필요만 충족되면 분해자로서, 생산자로서 미생물은 어떤 **생태적 지위**(niche)도 진화시킬 수 있다. 이러한 진화가 지금도 진행 중이라는 증거로, 20세기에 인간에 의해 만들어진 플라스틱과 같은 인공 화합물을 분해할 수 있는 미생물이 벌써 발견된 것을 들 수 있다.

오늘날의 동식물은 모두 미생물이 바글바글한 자연에서 진화되었기 때문에 미생물과 타협하고 미생물을 길들이며 **공존**할 수 있는 다양한 전략들을 가지고 있다. 동식물 중에서 미생물과의 **공생** 없이 살 수 있는 생물은 거의 없다. 인간도 장 속에 엄청난 미생물 군집을 가지고 있는데 이들이 인체의 면역, 건강에 중요한 역할을 한다는 발표가 계속 나오고 있다. 동식물과 미생물 공생의 멋진 예들은 넘쳐난다.

지구 생태계가 생물들이 영양분을 얻으며 살기 적합한 환경으로 유지되는 것도 미생물 덕이다. 미생물은 죽은 생물 사체를 분해하여 다른 생물이 이용할 수 있는 영양분 형태로 환경에 돌려 보내는 중요한 분해자다. 또한 식물처럼 광합성을 하여 유기물을 생산하는 미생물도 있다. 바로 바다 생물의 먹이가 되는 플랑크톤으로, 해양생태계에서 중요한 생산자 역할을 맡고 있다. 대양의 미생물은 대양 위 구름 형성에 영향을 주어 지구 기후를 안정적으로 유지시키는 역할도 한다. 영국의 대기화학자 러브럭(James Lovelock)이 제창한 **가이아 이론**에 의하면, 지구 대기의 산소와 이산화탄소의 양이 일정하게 유지되고 지구의 온도가 지난 37억 년간 현재와 같은 상태로 안정되게 유지되어 온 것도 보이지 않는 미생물의 기여 덕이다.

미생물이 인간의 생존에 이렇게 중요한 기여를 하는 데도 불구하고 아직도 미생물은 균이라고 불리면서 박멸해야 하는 적으로 대개 인식되고 있다.

그 이유는 처음 발견된 미생물이 질병균이었기 때문일 것이다. 그러나 21세기에 들어 미생물의 극히 일부만 인간과 다른 동식물에 질병을 일으키고 대부분의 미생물은 인간의 삶에 직접, 간접으로 이롭다는 사실을 과학자들이 거듭 발견하는 중이다. 미생물이 없다면 지구상 생명이 존속하기 어려울 정도로 모든 동식물은 미생물 속에서 서로 연결되어 살아가고 있다. 2부에서는 착한 미생물 이야기를 먼저 하고, 뒤에 우리를 괴롭히는 질병균과 관련된 논의를 한다

1 보이지 않는 동반자 미생물

미생물의 존재가 처음 알려진 것은 17세기에 현미경이 만들어지면서부터였다. 그 이전까지 있는 줄도 몰랐던 엄청난 세계가 현미경을 통해 드러난 것이다. 고대인들도 썩어가는 음식 위에 퍼져가는 곰팡이를 분명히 보았을 것이나 그것이 살아 있다고는 생각지 못했다. 현미경을 발명한 레이우엔후크(A. van Leeuvenhoek)는 현미경(그림 2-1)으로 연못 물, 치석, 정액 등 온갖 것을 관찰하고, 분명히 '목적을 가지고' 활기차게 움직이는 것들이 살아 있다고 주장하였다. 이것은 화성에서 생명의 흔적을 발견했다고 하는 것만큼 사람들에게 충격이었을 것이다.

그러나 미생물이 발견되고 200여 년 동안 과학자들은 미생물이 무슨 작용을 하는지 확실히 몰랐다. 마침내 1859년 루이 빠스퇴르(Louis Pasteur)가 미생물이 술을 식초로 만들고(발효), 고기를 썩게한다(부패)는 사실을 실험으로 입증하였다(그림 2-2). 그리고 포도주를 낮은 온도로 가열하면 포도주 맛에 영향을 주지 않으면서 오염 미생물을 죽일 수 있음을 알아냈다. 이것이 오늘날까지 우유, 주스, 맥주 등을 처리하는 방법으로 쓰이는 **저온살균법**이다.

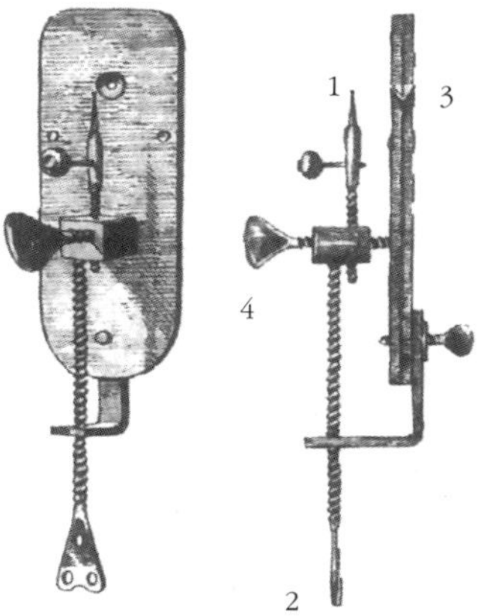

그림 2-1 레이우엔후크가 발명한 금으로 만든 현미경

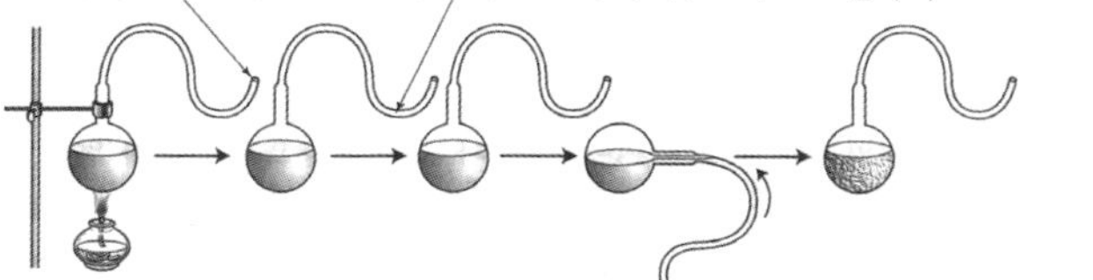

그림 2-2 미생물에 의해 고깃국이 썩는다는 것을 증명한 파스퇴르의 실험으로 생물의 자연발생설은 영원히 잠재워졌다.

1.1 죽음의 아바타가 된 미생물

독일에서는 로베르트 코흐(Robert Koch)가 탄저병의 원인균을 발견하고 동식물의 질병은 세균에 의한 것이라는 **질병의 세균설**을 확립하였다. 믿기 어렵지만 이전까지 인류는 질병을 신의 저주나 탁한 체액, 나쁜 공기 탓이라고 생각하고 있었다. 1905년 코흐는 결핵균 연구로 노벨상을 수상하였다. 그 후 20여 년간 과학자들이 한센병, 임질, 장티푸스, 콜레라, 파상풍, 페스트 등 온갖 질병의 원인균들을 속속 찾아내었다. 미생물은 전염병을 옮기는 세균과 병원균이라는 인식이 사회에 자리 잡아갔다(그림2-3).

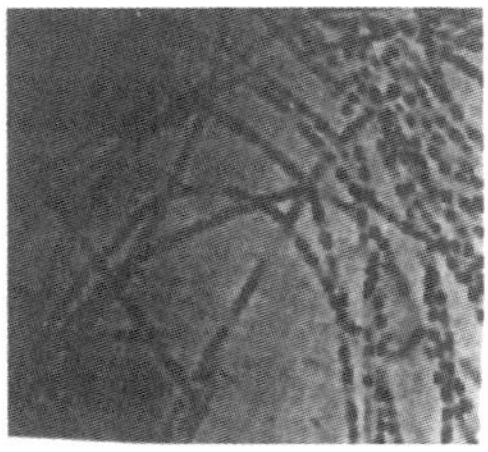

그림 2-3 코흐가 현미경으로 관찰한 탄저균

질병균이 확인되자 과학자들이 곧장 시작한 일은 세균 제거 작업이었다. 영국의 외과의사 리스터(Joseph Lister)는 손과 의료 장비, 수술실을 화학적으로 소독하는 지침을 마련해 수많은 환자들을 감염으로부터 구했다. 과학계는 의료, 위생, 식품 보존을 위한 **세균 박멸** 방법에 골몰하였다. 미생물과의 전쟁이 선포되고 개인과 사회로부터 '적'을 몰아내는 것이 목표가 되었다. 미생물에 대한 이런 태도는 최근까지도 이어졌다.

1.2 미생물은 박멸해야 할 적이 아니다

과학자들의 노력으로 공중위생이 향상되고, 천연두, 페스트와 같은 무서운 전염병의 **백신**과 **항생제**가 개발되면서 20세기에는 인류의 질병 감염과 사망률이 크게 줄어들었다. 1969년에는 미국의 공중위생 국장이 20세기 말이면 말라리아, 천연두 등을 근절할 수 있을 것이라는 자신감으로 '감염병의 종식'을 선언하기에 이르렀다. 그러나 기대와는 달리 21세기가 시작되고 한참 지난 지금까지 박멸된 질병은 천연두가 유일하다. 다른 질병균들은 전부 지구상 어디엔가 인간이나 환경 속에 잔류해 있다. 그리고 인류의 주요 사망 원인은 여전히 전염병이다. 그 이유는 우리가 미생물을 근절해야 하는 인류의 적으로 다루어 왔기 때문이다. 한 세대가 한 시간도 안 되는 미생물은 진화 속도가 동식물보다 훨씬 빠르기 때문에 인류의 대응에 언제나 발빠르게 **저항성**을 진화시킬 수 있다.

최근 과학자들은 지구상 동식물과 미생물이 긴밀한 네트워크를 이루어 지구에서 존속해 왔음을 발견하고 미생물이 적이라는 인식을 바꾸어가고 있다. 미생물을 보이지 않게 생명을 돕는 **동반자**로 다룰 때 인류의 건강, 지구 환경 유지를 위한 더 효과적인 방법을 찾을 수 있을 것이다.

1.3 미생물은 생태계의 중요한 구성원

환자의 병원체가 아니라 자연에 있는 미생물을 연구한 과학자들은 공기 중의 질소를 식물이 사용할 수 있는 암모니아로 전환해서 토양을 비옥하게 해주는 박테리아를 발견하였다. 황이 대기와 토양 사이에서 순환하게 도와주는 박테리아도 분리해 냈다. 이로써 미생물은 인류에게 위협적이기만 한 것이 아니라 동식물과 함께 세상의 중요한 구성원이라는 사실도 조금씩 알려지게 되었다. 사실상 극히 일부만 빼고 대부분의 미생물은 유기물 **분해자**로서 생태계에서 중요한 역할을 한다. 미생물이 없다면 동식물 사체가 분해되지 않아 토양, 강, 바다는 쓰레기 더미로 뒤덮일 것이다(그림 6-1). 그리고 유기 영양분이 순환되지 않아 결국 모든 생명체가 멸종할 것이다.

토양에서 미생물은 유기물을 분해해서 식물이 흡수할 수 있는 영양분 형태로 만들어 준다. 바다의 광합성 미생물 플랑크톤은 우리가 호흡하는 산소의 1/2을 만들어내고, 그와 동일한 양의 이산화탄소를 대기에서 제거해 준다. 최근에 우리 장 내에서 발견된 미생물군집은 먹은 음식에서 영양분을 더 효율적으로 얻게 해주며, 비타민과 항생제를 생산해 인체 건강에 중요한 역할을 하고 있음이 밝혀졌다. 생태계를 구성하는 가장 중요한 **생산자**이자 분해자인 미생물이 사라진다면 지구상 모든 생물 역시 절멸될 것이다.

1.4 지구 환경을 일정하게 유지해주는 미생물

36억 년 전 지구에 미생물이 등장한 이래 태양의 광도는 25~30% 증가하였으나 지구의 온도는 크게 변하지 않았다. 그 이유는 '가이아 이론'에 의하면 생물권의 박테리아들이 온실효과를 유발하는 **이산화탄소와 메탄**의 생성을 감소시켰기 때문이다. 광합성 박테리아는 이산화탄소를 흡수하여 태양의 강도가 늘어난 효과를 꾸준히 상쇄시켰다.

지구 대기 속 메탄의 농도는 예상치보다 훨씬 높다. 메탄가스 대부분은 땅속, 소의 되새김위 속 같은 혐기성 환경의 박테리아가 생산하는 것이다. 미생물이 꾸준히 메탄을 생산하지 않으면 메탄은 공기 중 1/5을 차지하는 산소와 반응하여 모조리 이산화탄소와 물로 변하여 사라졌을 것이다. 초기 지구에서 메탄은 지구를 온실효과로 덥히는 데 한몫하였고, 태양의 방열량이 증가함에 따라 메탄 생산량이 감소하여 지구 온난화를 막았을 것이다. 오늘날에는 인간의 대량 가축 사육으로 메탄이 과도하게 생성되어 문제가 되고 있다(그림 2-4, p.337).

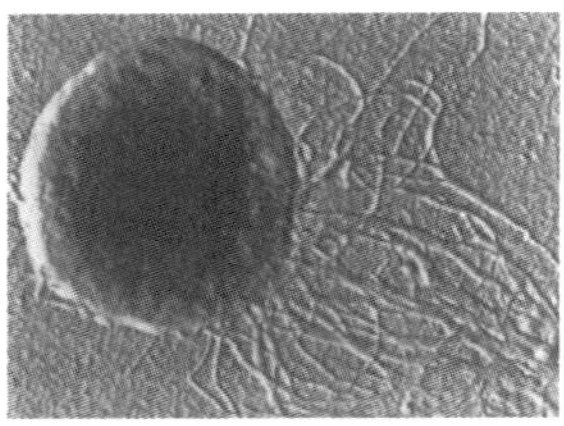

그림 2-4 메탄 세균

지구 대기의 메탄 생성량의 5분의 1이 초식동물의 반추위에 살고있는 메탄생성균에 의한 것이다.

태양계에서 표면에 **물**이 있는 행성은 지구가 유일하다. 최근 학설에 의하면 지구에 물이 있어서 생명이 유지된 것이 아니라 생명이 있어서 지구상 물이 유지되었다고도 할 수 있다. 암석의 철, 마그네슘 같은 성분은 수증기, 물과 반응하여 계속 산소를 뽑아내고 수소를 대기에 풀어놓는다. 수소는 가벼워 중력권을 벗어나 우주 공간으로 날아가 버린다. 초기 지구에서 이런 추세가 10억 년 계속되었다면 지구의 물은 고갈되었을 것이다. 그런데 다행히도 박테리아가 광합성으로 산소를 대기 중에 방출하여 수소를 붙잡아 물로 만들어 지구의 물을 지켜주었다는 것이다.

해양의 염분 농도 역시 해양 미생물에 의해 유지되는 것으로 알려져 있다. 바다에는 대륙에서 염화나트륨, 황산마그네슘 등이 끊임없이 강물에 실려 들어온다. 그러나 해양의 염도는 20억 년간 현재와 비슷하게 유지되었다. 미생물이 전 지구적 규모로 해양의 산도와 염도를 안정화시키는 것으로 추측되는데, 미생물이 어떻게 바닷물에서 염분을 제거하는지 아직 잘 모르며 활발히 연구되고 있다.

1.5 생물 진화의 발판이 된 미생물 공생

미생물은 처음 지구에 생겨나서 매우 성공적으로 번식해 나가 전 지구를 뒤덮었다. 후에 진화한 동식물과 인간은 미생물에 둘러싸여 태어나고 먹고 살아갔다. 동물과 식물, 진균, 조류를 **진핵생물**(eukaryote)이라고 한다. 이들은 아주 다르지만 공통적으로 세포 한가운데 핵이 있는 진핵세포로 이루어졌다. 세포의 핵 안에는 DNA 유전물질이 가득 들어있다. 진핵세포는 핵 외에 세포의 구조를 유지하고 세포 내 물질 수송에 이용되는 내골격과 에너지 발전소에 해당하는 **미토콘드리아**를 가지고 있다.

진핵세포는 20억 년 전 세균(bacteria)과 고세균(archaea)의 합병으로 진화되었다. 세균과 고세균은 진핵세포와 같은 핵, 내골격, 미토콘드리아가 없이 단순하다. 둘은 비슷해 보여도 생화학적으로 PC와 Mac의 운영 시스템이 다르듯 완전히 다르다. 생명의 역사에서 별개의 진화 과정을 밟았기 때문이다. 그러다 운명적 사건이 일어났다. 세균들이 고세균 안에 갇혀 영원히 공생하게 된 것이다. 세균은 고세균에 세포 골격을 제공하고 작은 미토콘드리아가 되었다. 두 개의 생물 진영이 통합하여 제3의 진영, 진핵세포를 탄생시킨 것이다(그림 5-6, 7 참조).

우리 유전자들 중의 어떤 것은 고세균 유전자와 가깝고, 어떤 것은 세균 유전자와 더 비슷한 것은 이 때문이다. 미토콘드리아에도 유전자가 있는데, 예상대로 고세균의 유전자와 같은 계열이다. 미토콘드리아가 많은 에너지를 제공하자 진핵세포는 더욱 커지고 더 많은 세균을 끌어들여 유전자를 축적해 나갔다. 많은 유전자로 복잡한 기능을 수행할 수 있게 된 진핵세포는 후에 군집을 이루어 동물과 식물 같은 몸집이 큰 **다세포생물**을 진화시키게 되었다. 있을 법 하지 않은 진화적 도약들이 작은 미생물의 공생으로부터 시작된 것이다. 이것은 1970년에 린 마굴리스(Lynn Margulis)가 제창한 **공생진화설**(Endosymbiotic Theory)이다. 다윈의 진화론에서는 새로운 종은 기본적으로 돌연변이와 자연선택의 누적에 의해 생겨난다고 설명한다. 그런데 공생진화설은 진핵세포가 보다 단순한 원핵세포로부터 점진적으로 진화된 것이 아니라 다른 두 세균들의 '병합'으로 **진화적 도약**을 이루었다고 한다(그림 5-6 참고).

1.6 모든 생물의 보이지 않는 동반자

동물과 미생물의 공생관계로 대표적인 것이 초식동물과 되새김위 속의 미생물 군집이다(그림 2-5). 포유동물은 풀의 섬유소를 분해하는 효소를 가지고 있지 않다. 대신 위장 속에 섬유소를 동물이 이용할 수 있는 물질로 분해하는 효소를 가진 미생물을 배양하고 있다. 초식동물과 미생물은 서로 절대적으로 의존되어 있는 공생관계다. 그래서 되새김위를 가진 사슴 같은 동물을 다른 지역으로 이동시킬 때는 미리 이동할 곳의 풀을 먹여 위 속의 미생물을 적응시켜 동물이 영양실조에 걸리지 않게 한다(그림 2-5).

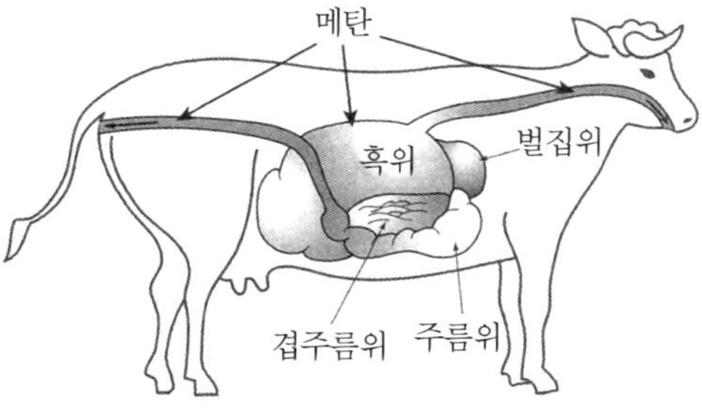

그림 2-5 소의 되새김위

콩과 식물과 뿌리혹박테리아 역시 잘 알려진 식물과 미생물의 공생 예다. **뿌리혹박테리아**는 식물 종에 대단히 특이성을 보여 특정 식물의 뿌리에만 헤엄쳐 가서 복잡한 과정을 거쳐 질소 고정 공생 관계를 맺는다. 뿌리 혹을 가득 채운 박테리아는 식물이 주는 영양분에서 에너지를 얻어 공기 중의 질소를 식물이 이용할 수 있는 암모니아로 변환시켜준다.

난과 식물의 씨앗은 **난균**이라고 하는 곰팡이가 양분을 공급해 주지 않으면 발아 자체가 안된다. 난 뿌리의 곰팡이는 흙 속의 섬유질이나 리그닌을 단당류로 분해하여 난이 이용할 수 있게 해준다. 곰팡이 균사를 난의 뿌리 안까지 뻗어 양분을 제공해 준다. 난 뿐 아니라 소나무, 참나무, 밤나무 등 많은 식물이 특정 뿌리 균과 공생관계를 맺고 있다.

새들은 알을 낳을 때 분비샘에서 나오는 액체로 코팅해서 낳는데 이 액체에는 미생물이 풍부하다. 이들이 생산하는 **항균물질**이 고병원성 세균이 알에 침투하지 못하게 막아준다. 가위 개미도 항균물질을 제공해 주는 미생물을 품고 산다. 이들은 지하에서 버섯을 재배하는데 이 미생물로 버섯이 병에 걸리지 않게 소독을 한다.

바다 생물들도 미생물과 복잡한 공생 관계를 맺고 살아간다. 복어는 치명적인 독 **테트로도톡신**(tetrodotoxin)을 가지고 있어 포식자로부터 자신을 보호한다. 그런데 이 독은 복어가 만드는 것이 아니라 이 독을 가진 해양 미생물로부터 얻어 몸에 축적한 것이다. 그래서 양식 복어에는 이런 독이 없다. 심해저에도 벌레, 조개류 등 동물이 풍부하게 산다는 것이 발견되어 놀라움을 주었는데, 이 해양 동물들의 먹이는 미생물이었다. 이들 미생물이 없어진다면 심해의 먹이사슬 전체가 붕괴될 것이다.

과학자들은 동식물과 보이지 않는 미생물 사이의 동맹 관계를 계속 발견하고 있다. 아니 오히려 '미생물과의 공생이 지구상 생물의 기본 생존 방법'이라고 보고 어떤 관계인지를 연구하고 있다고 할 수 있다.

1.7 인체 건강을 지켜주는 마이크로바이옴

생명과학은 크게 변화하고 있다. 유전학이 개별 유전자 연구에서 유전자 전체 게놈을 연구하는 유전체학으로 가고 있듯이 미생물 연구도 미생물 전체 집단 연구의 중요성과 가치를 깨닫고 그 방향으로 가고 있다. 집단의 거시적 활동 패턴 연구가 가능해진 것은 여기서 나오는 엄청난 양의 데이터를 분석할 수 있게 해주는 컴퓨터의 발달과 통계학의 도움 덕분이다.

동식물 몸에 존재하는 박테리아, 바이러스, 진균류 등 모든 미생물을 합해서 **미생물군계** 즉 **마이크로바이옴**(microbiome)이라고 한다. 정확하게는 미생물들의 유전 정보를 모두 합해서 말한다. 마이크로바이옴을 이루는 미생물 목록은 만들기가 쉽지 않은데, 대부분의 장내 미생물은 혐기성이라 산소가 많은 실험실 환경에서는 연구하기가 어렵기 때문이다. 원래 서식 환경이 아닌 다른 환경에서 생물의 습성이나 증식을 관찰하는 것은 정확한 정보를 주지 못한다. 다행히도 **유전자 검사** 기술의 발달로 빠른 시간에 저렴한 비용으로 장내 마이크로바이옴에 살고 있는, 그리고 살았던 미생물의 목록을 얻을 수 있게 되었다. 특히 16S rRNA 유전자만 분석해도, 각 미생물 전체 게놈을 조사하지 않고도, 이미 알려진 종의 목록과 대조함으로써 미생물을 확인할 수 있다. 수천 종류의 미생물을 하나하나 배양할 필요 없이, 전체 미생물 상을 신속하고 정확하게 파악하는 것이다.

우리 몸은 30조~60조 개의 세포와 그보다 10배 많은 미생물로 구성되어 있다. 체내 마이크로바이옴의 전체 유전자는 우리의 게놈보다 100배 더 많다. 이들 미생물은 침입자가 아니라 우리 몸에서 늘 함께 생활하고 있는 장기 거주자이며 대부분 병균이 아니다. 인간의 질병균은 100가지 미만이지만 우리의 장내 미생물은 수천 가지이며, 거의 무해하고 오히려 건강을 지켜준다. 인체를 거주지로 삼은 미생물은 수백 종이 넘으며 피부, 입, 코 등 어디에나 마이크로바이옴이 존재한다. 하지만 보통 마이크로바이옴을 이야기할 때는 소화관 특히 결장에 사는 미생물을 가리킨다. 아마존 우림에 사는 동식물이 사하라 사막에 사는 동식물과 다르듯 인간의 콧속에 사는 미생물 군집과 겨드랑이 밑에 사는 미생물 군집은 완전히 다르다(그림 2-6).

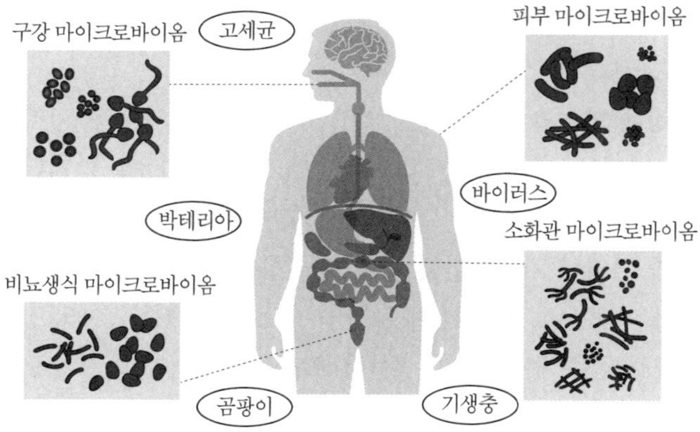

그림 2-6 우리 몸의 마이크로바이옴

식사를 하면 음식물은 약 9m의 코스를 수십 시간에 거쳐 이동한다. 여기서 면역계는 음식물이 소화되어 항문 밖으로 나가기까지 해로운 요소가 없는지 감시하며 경계를 늦추지 않는다. 처음부터 끝까지 소화관은 미생물이 바글바글하다. 대장은 음식물에서 영양분을 뽑아낼 마지막 기회다. 결장에 상주하는 마이크로바이옴 덕분에 인체는 분해하기 어려운 섬유질에서 **에너지**와 **비타민 K** 등의 필수 비타민, 칼슘 등의 미네랄을 추가로 얻어낼 수 있다. 마이크로바이옴에 따라 추가 영양분의 양은 최고 15%까지 증가한다. 실험실에서 무균 쥐는 일반 쥐보다 더 많은 먹이를 먹고도 체중이 적게 증가하였는데, 장에 미생물을 심어주면 적게 먹고도 정상 체중이 되었다. 인류는 진화 이래 90% 시간을 수렵채취인으로 살면서 늘 식량 확보에 전전긍긍했었음을 생각하면 장내 마이크로바이옴의 도움은 중요했을 것이다.

미생물은 겉모양은 비슷해 보여도 유전적으로 따져보면 종 수가 엄청나게 다양하다. 사람마다 가지고 있는 마이크로바이옴 역시 놀라울 정도로 다르다. 유전자는 전 인류가 99%가 동일하지만 각자 체내 가지고 있는 마이크로바이옴은 다 다르다. 또, 같은 미생물이라도 사람들의 마이크로바이옴마다 활성화되는 유전자가 다르다. 함께 거주하며 같은 음식을 먹는 파푸아 뉴기니 원주민들의 장내 미생물 군집은 서로 비슷하지만, 위생이 철저한 개인 환경에서 독립적으로 사는 미국인들은 각자 자기만의 마이크로바이옴을 가꾸고 산다는 연구 결과도 있다.

그래서 **장내 마이크로바이옴**은 '잊고 있던 또 하나의 기관'이라고 부르기도 한다. 이 미생물들은 첫째, 우리가 소화하기 힘든 섬유질을 기다리고 있다가 먹이로 삼아 분해해 주고, 우리가 여분의 열량과 미네랄을 흡수할 수 있게 해준다. 체중 증가와 과체중이 장내 미생물 종류의 비율과 관련이 있음을 보여주는 여러 연구들이 있다. 한 예로, 무균 쥐에게 과체중 환자의 장 미생물을 심어주자 체중이 증가하였다. 미생물이 포만감을 느끼게 하는 호르몬에 영향을 주었을 것으로 추정된다.

둘째, 장내 미생물은 면역체계와 소통하고 면역체계를 조율하며 호르몬 조절도 돕는 것으로 밝혀졌다. 현대 사회에서 증가하는 알레르기는 **자가면역질환**으로 알려져 있다. 지나치게 청결한 환경에서 자라면 면역체계가 훈련이 제대로 안되어 해로운 침입자가 아니라 꽃가루나 땅콩 단백질 같은 것에 반응한다는 설명을 **위생가설**(hygene hypothesis)이라고 한다. 그런데 최근마이크로바이옴 전문가들은 면역체계가 건강하게 발달하려면 외부 미생물보다 체내 미생물이 더 중요한 역할을 한다고 주장한다. 체내 미생물군집이 형성되는 성장기에 항생제 복용 등으로 미생물군집이 흔들리면 천식, 알레르기와 같은 면역계 질병의 위험이 크다는 것이다. 면역 체계가 자신의 몸을 공격하는 자가면역질환인 크론병과 궤양성 대장염과 마이크로바이옴 사이의 연관 관계도 연구되고 있다.

셋째, 장내 거주민들은 감염을 방어하고 우리 면역체계를 돕기도 한다. 우선 미생물들은 인체가 감기, 독감, 장염 등의 병원균과 잘 싸울 수 있도록 평소에 자신의 존재 자체로 면역 체계를 단련시킨다. 또한 장내 건강한 미생물들이 다양하게 많으면 대부분의 식량을 차지하기 때문에 해로운 병원균이 들어와도 발붙일 자리가 없다. 식중독 균 살모넬라를 쥐에 주입해도 기존 미생물군집이 침입자를 가볍게 물리친다. 반면 항생제로 정상 미생물군집이 망가진 쥐는 식중독에 훨씬 쉽게 걸렸다. 그뿐만 아니라, 기존의 장내 미생물군집이 항생제 복용으로 교란되면 조용히 생존해 나가던 병원균들이 증식의 기회를 얻어 몸속을 점령할 수도 있다.

넷째, 마이크로바이옴은 신경의 복잡한 **커뮤니케이션 시스템**의 일부로서 우리의 기분을 좌우하기도 한다. 장은 1억 개의 뉴런과 연결되어 있으며 미주신경과도 직접 이어져 있다. 동물 실험에 따르면 이 경로로 마이크로바이옴은 뇌 기능, 기분과 연관이 되는 것 같다. 새끼일 때 어미 쥐와 분리되어 불안과 우울 증상이 있는 쥐의 장내 미생물은 정상 대조군의 미생물과 달랐다. 나아가서 장내 미생물이 없는 무균 쥐는 어미 쥐와 분리되어 자라더라도 부정적 심리상태가 발달하지 않았다. 미생물이 **감정** 발달에 영향을 준다는 뜻이다. 세로토닌이 결핍이 되면 우울증이 일어나는데 체내 세로토닌의 80%가 장에서 생성된다는 사실도 마이크로바이옴의 연관성을 가리킨다. 일본 국립장수의료연구센터가 2016년 조사한 바에 의하면 치매 환자의 장 속에는 독성물질을 분해하여 인체에 이로운 세균 박테로이드(bacteroides)가 정상 환자보다 훨씬 적었다. 이것은 장내 마이크로바이옴이 치매 예방에 목표가 될 수 있음을 시사한다.

다섯째, 장내 미생물군집이 건강에 영향을 미친다는 가장 큰 증거는 **대변 이식 실험**에서 나왔다. 클로스트리듐 디피실 감염에 의한 위중한 장염 환자에게 건강한 사람의 대변을 이식했더니 뜻밖에도 빠르게 감염이 치료되었다. 항생제를 치료받던 대조군 환자들까지도 실험을 중단하고 대변 이식을 받을 정도로 완치율이 높았다고 한다. 세레스 테라퓨틱스와 네슬레헬스사엔스가 대변 대신 실험실에서 배양한 인공 마이크로바이옴을 알약으로 처방하는 시도는 성공하였다. 미국 식품의약품(FDA)은 클로스트리디움 디피질 감염증(CDI)에 대변 이식 대신 먹는 마이크로바이옴 치료제 SER-109의 판매를 세계 최초로 금년 4월에 승인하였다. CDI는 균의 독소에 의해 설사, 발열, 경련 등이 일어나며 항상제 내성으로 재발환자를 치료할 수 없었는데 좋은 치료법을 찾은 것이다. 건강한 사람의 마이크로바이옴을 대사증후군 환자에게 옮겨주었더니 인슐린 민감성이 증가하고 당뇨 예방에 도움이 되었다는 연구 보고도 있다. 암, 뇌질환, 비만 등의 여러 다른 질환에 대한 개발 등 국내외의 경쟁이 활발하다.

1.8 미생물을 이용한 생물공학

미생물의 놀랄 만큼 다양한 물질대사 능력과 빠른 진화 능력은 오늘날 식품 가공, 제약 산업, 산업적 물질 생산, 유전공학, 환경 정화 등의 분야에서 이용되고 있다. 인간이 하는 활동 중에 미생물이 관련되어 있지 않은 것은 없다고 말할 수 있을 정도이다.

(1) 유전공학적 이용

유전공학은 시험관에서 DNA나 RNA 핵산 분자를 조작하는 것이 기본인데 연구하고자 하는 DNA의 양이 충분하지 않은 경우가 많다. 적은 DNA 양을 대량으로 얻는 방법으로 미생물에 클로닝(cloning) 하는 방법이 있다. 빠르게 대량 증식이 가능한 대장균의 플라스미드에 유용한 DNA 조각을 삽입한 후 대장균을 배양하면 DNA도 다량 얻을 수 있고, DNA가 생산하는 단백질도 얻을 수 있다. 산업적 의학적으로 유용한 물질들이 이런 식으로 대량 생산되고 있다. 또 유전공학의 필수 도구인 제한효소, DNA중합효소, 역전사효소 등도 미생물에서 얻어진다.

(2) 미생물이 만들어 주는 음식

맛있는 음식과 썩은 음식의 차이는 영유아기 맛 경험에서 온다고 한다. 한 사회에서 사랑받는 약간 썩은 콩은 다른 사회에서는 쓰레기 통에 던져진다. 간장도 사실은 몇가지 재료가 썩은 것이며 **치즈**도 썩은 우유라고 할 수 있다.

고대인들은 동물의 위, 방광, 창자에 우유, 술, 꿀 등을 저장하고 운반하였으리라 짐작할 수 있다. 송아지 위에는 우유의 카제인 단백질을 분해하는 효소 레닌(renin)이 있어, 담아 둔 우유의 젖당이 분해되어 산으로 변하면서 분해된 카제인을 덩어리지게 하였을 것이다. 덩어리에서 수분이 빠져나가 여러 박테리아와 곰팡이가 자라고 덩어리의 맛을 변화시켰을 것이다. 고대인들은 반건조 상태의 하얀 덩어리가 먹을 만 하고 가볍고 양도 적어 운반에 좋다는 것을 발견하고 의도적으로 만들기 시작하였을 것이다. 오늘날 산업체에서 치즈를 생산하는 방법은 이 과정 그대로이다. 치즈의 다양한 맛과 질감은 사용한 곰팡이와 박테리아 균주에 의해 생성된다.

술도 수만 년 전 고대인이 액체를 담아가지고 다니면서부터 제작되었을 것으로 추측된다. 한 번 벌통을 발견하면 꿀을 동물 내장으로 만든 통에 저장하였고, 마시기 좋게 꿀에 물을 타기도 했을 것이다. 물탄 꿀은 통에서 자연 **발효**가 일어나 술로 변했고 최초의 알코올 음료가 되었을 것이다. 알코올은 미생물의 물질대사 찌꺼기이다. 효모나 박테리아가 당을 발효시키고 생성된 알코올을 세포 밖으로 내보낸다. 산소가 없는 환경에서 당을 분해하는 것을 발효라고 한다. 맥주는 보리와 같은 곡류와 홉(뽕나무과의 다년생 덩굴식물)을 효모로 발효시켜 만든다. 라이트 맥주는 당을 더 많이 알코올로 분해하는 효모 균주를 사용하여 맥주의 열량을 낮춘 것이다. 와인을 만드는 과정도 근본적으로 같은데 곡류 대신 포도나 탄수화물이 함유된 다른 원료로 시작하는 것이 다르다. 와인의 맛은 대부분 포도에 들어있는 화학 성분의 맛이다(그림 2-7).

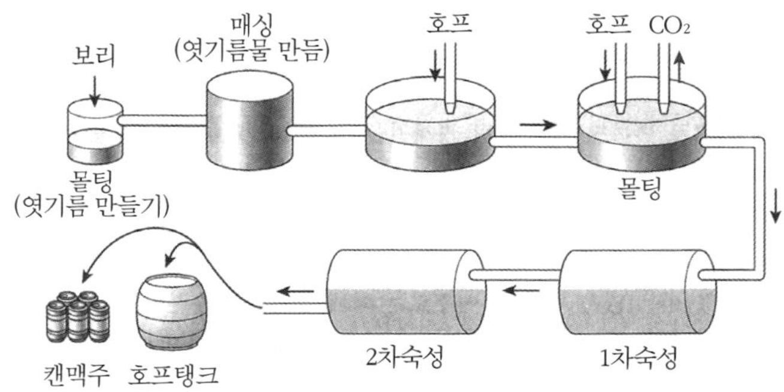

그림 2-7 맥주 제조 과정

빵 만드는 법도 우연히 발견되었을 것이다. 고대인들은 식량으로 수집한 씨앗을 돌로 갈아 먹기도 소화시키기도 더 좋게 했는데, 이 가루를 물로 뭉치면 가지고 다니기도 좋았을 것이다. 축축한 반죽이 불 가까이 두자 구워져 과자처럼 되었고, 가끔 발효가 일어나 부풀어 올라 딱딱하지 않고 부드러운 빵이 되기도 했을 것이다. 빵이 부푸는 것은 밀과 곡류에 들어있는 단백질 **글루텐**의 성질 덕분이다. 글루텐은 박죽이 될 때 서로 합쳐져 긴 분자를 형성하여 반죽을 탄력성있고 말랑말랑하게 해준다. 빵 구울 때 나는 구수한 냄새는 일부 글루텐에서 온다. 빵이 부푸는 것은 효모가 밀가루의 당을 발효시킬 때 나오는 이산화탄소가 기포를 형성하기 때문이다. 빵이 구워지면 단백질이 변성되고 변성된 단백질과 전분이 빵이 부푼 상태로 있게 해준다. 첨가된 효모는 빵의 맛도 좋게 한다.

김치, 된장, 고추장도 미생물의 발효에 의해 만들어진다. 김치가 익는 것은 미생물에 의한 발효가 일어나는 것인데 배추를 절이는 소금 농도와 저장 온도가 이 과정에 큰 영향을 미치나. 김치를 담근 직후에는 여러 잡균들이 많이 들어있지만 시간이 지나면서 특정 젖산균의 수가 많아지고 **젖산발효**가 일어난다. 젖산은 소금과 공동으로 작용하여 다른 균의 증식을 억제하고 김치가 장기간 저장될 수 있게 한다. 젖산발효 초기에는 약산성 젖산구균이 번식하고 차츰 산성이 강한 젖산간균이 번식한다. 마지막에는 젖산장간균이 많아져 많은 유기산과 알코올, 에스테르 등의 방향성 물질이 생성되어 시큼한 김치 맛이 된다. 된장과 고추장은 콩, 쌀,보리, 밀, 고추 등의 원료들이 누룩곰팡이, 효모, 젖산균에 의해 발효되어 소금과 함께 맛과 저장성을 갖게 된 것이다.

소의 **사료용 목초** 역시 미생물에 의해 소가 소화하기 쉽게 만들어진다. 풀, 옥수수 등 소에게 먹이는 것을 구덩이에 파묻거나 큰 용기에 밀폐하여 발효시키면 미생물이 복잡한 탄수화물을 간단한 젖산이나 다른 유기산으로 분해해 준다.

(3) 미생물을 이용한 화학공업

약 100년전부터 미생물이 산업용 화학물질 생산에 이용되기 시작하였다. 에틸알코올, 아세트산(식초), 부틸산, 젖산, 아세톤은 미생물 발효로 간단히 얻어지는 유기화합물이다. 에탄올은 천연 가스나 가솔린으로부터 화학적으로 변환시켜 얻는 것이 더 경제적으로 값쌀 때도 있다. 아세톤과 부탄올은 가솔

린에서 더 싸게 만들어지지만 화석연료 고갈 우려로 현재는 미생물 생산기술로 전환되고 있다. 그외 미생물에 의해 합성되는 유기물로는 2, 3-부타네디올(버터맛), 시트르산, 젖산, 아스코르빈산(비타민 C), 다당류, 메탄, 수소, 살충제 등 매우 다양하다.

미생물은 **생분해성 플라스틱** 등 고분자 화합물 생산에도 유용하다. 플라스틱은 오늘날 우리 생활에 중요한 소재로 그 이용 범위가 날로 확장되고 있으나 자연에서 쉽게 분해되지 않아 환경 오염의 심각한 문제가 되고 있다. 생붕괴성 플라스틱은 전분을 6~90%까지 섞은 것으로 전분이 분해되더라도 플라스틱 잔유물이 남는다. 광분해성 플라스틱도 개발되었는데 자외선에 의해 고분자 결합이 끊어지게 하는 원리로 광분해 활성제를 첨가하여 만는다. 이것은 농사에 사용되는 비닐 생산에 특히 적합하다. 최근에는 미생물이 생합성하는 고분자 PHA(polyhydroxy alkanoate)로 만든 **생분해성 썩는 비닐**이 개발되었다(그림 2-7). PHA는 아직 가격 경쟁력이 없어 크게 상용화되지는 못하고 있으나 생분해성과 생체 적합성 때문에 수술용 봉합사, 수술용 솜, 접골 이음쇄 등으로 사용되고 있다. 또 농약과 비료를 PHA로 코팅하면 서서히 분해되면서 방출되기 때문에 사용량을 줄일 수 있는 장점이 있다. 비타민을 비롯한 의약품도 PHA로 코팅하여 서서히 녹아 약효가 오래 간다.

그림 2-8 미생물에 의해 생산되는 생분해성 플라스틱으로 만든 제품

미생물이 합성하는 또 하나의 고분자 물질인 하이아루론산(hyaluronic accid)

은 수분 함유 능력이 높아서 의약품, 화장품의 **보습제**로 각광받고 있다. 종래에는 동물의 조직에서 추출하였으나 미생물에서 유전공학적으로 생산하면서 생산 비용도 절감하고 종류도 다양하게 조절할 수 있게 되었다.

농사에 쓰는 살충제로 **미생물 농약**이 개발되어 20여년 전부터 사용되고 있다. 화학 약품 대신 독소를 내는 박테리아를 뿌려주는데 해충이 박테리아에 감염되면 독소에 의해 죽는 원리다. 미생물 농약은 인체에는 해가 없어 사용이 점차 증대하고 있으며 새로운 해충을 구제하는 새로운 균주들이 계속 개발되고 있다. 가장 많이 쓰이는 미생물 농약은 **Bt제**로 박테리아 *Bacillus thuringiensis*를 이용한다.

미생물을 이용해 **세제**도 생산하고 있다. 세제는 물과 기름의 경계면을 활성화시켜 두 액체를 섞어주기 때문에 계면활성제라고 한다. 계면활성제는 섬유, 의약, 화장품 등 광범위한 분햐에서 쓰이는데 대부분 석유를 원료로 만들어 피부에 자극을 주고 분해가 어려워 환경오염의 원인이 된다. 따라서 미생물이 자연적으로 생산하는 계면활성제는 생분해되는 '무공해 비누'로 이용될 수 있다. 이들 미생물이 계면활성제를 생산하는 이유는 석유 속에 살면서 석유를 섭취하기 때문이다. 석유를 세포 내에서 분해하려면 기름을 작은 입자로 분산시켜주는 계면활성제가 필요한 것이다. 미생물이 만드는 계면활성제는 수십여 종이 있고 일부가 상용화되었다. 유류 탱크를 세척하는 데 사용되는 것은 기존 세제보다 기능이 뛰어나다고 한다. 화장품에 첨가되는 미생물 계면활성제는 화장품이 피지가 분비되어 있는 피부에 잘 퍼지도록 해준다. 합성 세제와 달리 자극성과 독성이 없어 천연 세정제로도 쓰인다.

(4) 미생물을 이용한 환경회복

지난 100여년간의 산업 활동으로 지구 표면은 온갖 독성, 발암성 물질들로 오염되었다. 환경을 오염시키는 주요 산업 폐기물은 벤젠, 페놀, 클로로폼, 사염화탄소, 가솔린, 자동차 기름, 천연 기름, 질산염, 납, DDT 등이다. 독성 폐기물 처리장의 오염된 지하수와 토양을 미생물을 이용해 정화시키는 기술이 개발되었다. 기본적으로 하수 처리에서와 같이 미생물이 오염 물질들을 섭취하여 대사하여 무해한 물질로 전환하게 하는 것이다. 오염물질 농도가 너무 낮을 경우 미생물의 성장을 돕기 위해 영양물질을 추가로 더해주어야 하고 처리 비용이 올라가며, 많은 오염 물질 역시 미생물이 쉽게 분해하기 어려워 시간이 오래 걸려 처리 비용이 올라간다. 미생물 환경 정화는 값비싸지만 오염된 토양을 파내서 다른 곳에 파묻거나 소각하거나 다른 비싼 확학물질로 처리하는 것보다는 **효율적**임이 증명되었다.

하수와 폐수 처리에 가장 많이 이용되는 방법은 미생물이 그 속의 오염 유기물을 먹고 제거하도록 하는 생물학적 방법이다. 오수를 미생물과 함께 탱크에 넣고 미생물이 잘 증식하도록 공기, 질소, 인과같은 영양 물질을 공급해준다. 이렇게 하면 오염 유기물의 양이 줄면서 미생물 양이 증가한다. 미생물 중에는 작은 입자성 물질의 응집을 촉진하는 물질을 분비하는 것들도 있어 오수의 부유물질도 함께 응집시켜 제거해준다. 미생물과 이런 응집물을 침전이나 여과로 제거하면 하천이나 강에 방류할 수 있는 상태가 된다. 산소를 필요로 하지 않는 혐기성 미생물을 이용하면 공기를 주입하지 않아도 되며 분해 유기물의 60% 이상 메탄 가스로 전환되어 처리 비용도 적게 들고 메탄가스를 연료로 사용할 수도 있다.

크롬, 구리, 망간, 셀레늄, 아연 등의 **중금속**은 생물의 성장에 필수적이나 다량은 유독하다. 수은, 납, 비소 등은 극미량으로도 생물체에 독이 된다. 중금속은 인체에서 분해되지 않고 배출되지도 않고 축적되어 일정 수준 이상이 되면 빈혈, 신경마비 등을 초래한다. 폐수의 중금속도 미생물을 이용하여 처리할 수 있다. 중금속 결합 단백질을 생산하는 미생물이나, 세포벽에 중금속을 흡착하는 미생물을 이용하는 방법이 개발되어 있다. 예를 들어 녹조류인 클로렐라가 중금속 흡착량이 큰 것으로 알려져 있다. 그 외 세포 무게 1g 당 중금속 200~400mg을 축적시키는 수십 가지 미생물이 선별 이용된다.

벤젠, 톨루엔 등의 유기 용제와 석유 탄화수소, 농약 및 중금속은 토양에 흡착되고 지하수에 부유한다. 이럴 때는 오염된 흙을 파내 해당 오염 물질 분해능이 뛰어난 미생물을 혼합해 분해하게 한다. 역시 미생물이 잘 자랄 수 있도록 질소, 인 등의 영양분과 공기를 지상의 스프레이를 통해 혹은 지하의 파이트를 통해 공급해 준다.

가정에서 나온 쓰레기는 매립지에 가져다가 묻는다. 매립된 쓰레기는 혐기성 박테리아에 의해 소모되는데 이때 생성되는 **메탄가스**를 적절히 회수하지 않으면 폭발사고가 일어난다. 매립 폐기물의 약 50%는 메탄으로 전환 가능한 물질이라고 한다. 따라서 쓰레기를 수거하여 금속이나 플라스택 같은 썩지 않는 쓰레기는 분리한 후 처리 공장에서 메탄 발효균을 이용하여 메탄가스를 생산할 수 있다. 메탄은 열병합 발전소에서 전기를 생산하는 데 연료로 쓰인다.

(5) 미생물이 생산하는 생물 에너지

현재 인류의 가장 중요한 에너지원인 화석연료는 그 매장량이 한정되어 있다. 화석 연료의 고갈과 그 사용에 따른 환경 오염 문제가 심각해지면서 미생물을 이용해 생산하는 메탄, 수소, 에탄올 등 생물에너지에 관심이 모아지고 있다. 아직은 석탄, 석유에 비해 가격이 비싸지만 생산 공정 기술의 발달로 미래 청원 에너지원으로 기대된다. 에탄올은 지구에서 가장 많은 물질인 섬유소를 섬유소분해효소(celluase)를 가진 미생물을 이용하여 단순한 당으로 분해한 후 효모를 이용하여 발효시켜 얻는다. 폐휴지도 이렇게 이용될 수 있다. 휘발유 대신 자동차 연료로 사용될 수 있는 **바이오 에탄올**은 원료가 거의 무한정 있는 셈이다.

광합성을 하는 미생물은 광합성 과정에서 물을 분해하여 수소를 생산한다. 수소는 태우면 물이 되기 때문에 완벽한 청정 에너지이다. 폐수의 유기물을 일단 메탄발효 과정을 거쳐 농도를 낮추고 여기에 광합성 미생물을 넣어주면 폐수 처리장에서 **수소**를 생산할 수 있게 된다. 바다나 사막에 플랑크톤 양식장을 설치하여 해양성 식물성 플랑크톤을 이용할 수도 있다. 이들 광합성 세균은 대기 중의 이산화탄소를 흡수하여 유기물을 합성하기 때문에 대기 오염도를 낮추는 효과도 기대할 수 있다. 현재 생산되는 수소는 아직 너무 적어 에너지로서 실용성이 없으나 유전공학으로 보다 많은 수소를 생산하는 균주가 개발되고, 생산된 수소를 효율적으로 회수 저장하는 기술 개발이 진행 중이다. 미래의 자동차, 비행기, 로켓의 연료로, 또 화학 공장의 원료 물질로 수소는 활용 가능성이 높은 것으로 전망된다.

(6) 미생물을 이용한 미래의 녹색 혁명

1900년대 초부터 화학공업의 발달로 농약, 비료, 제초제가 대량 생산되고, 식량 생산이 급증하여 풍요한 사회를 이루게 되었다. 동시에 이들 화학 물질로 인한 생태계 파괴, 지하수와 식수오염, 농작물 오염이 심각한 문제로 대두되었다. 이에 생물농약, 퇴비, 미생물비료를 대신 사용하는 연구가 집중적으로 이루어지고 있다.

생물농약에는 미생물 살충제, 곤충 페로몬(pheromone), 천연물 농약, 천적 생물 등이 포함된다. 그 중에서 가장 널리 사용되고 있는 Bt제는 나비목 곤충에 유효한 제품이 수십 종 개발되어 이미 옥수수, 목화 등의 30여종 작물과 심림의 해충 방제에 쓰이고 있다. 최근에는 딱정벌레목 및 파리목에 유효한 제품도 개발되었으며 선충, 응애 및 기타 기생충에 대한 제품도 개발되는 등 Bt제의 활용 범위는 계속 확장되고 있다. 바이러스도 생물농약으로 개발될 수 있다. 배큘로바이러스를 이용한 각종 나비목 해충 구제제가 개발되었으며 수많은 제품이 산림 해충 방제에 이용되고 있다. 유전공학을 이용하여 이들의 활성을 강화하고 숙주 범위를 확대하는 연구도 한창이다. 바이러스를 이용한 미생물 살균제, 제초제도 시판되고 있으나 대량생산, 제품의 안정성과 지속성 문제로 이용은 소규모에 그치고 있다. 곤충의 성유인물질인 페로몬도 해충에 대한 대규모 피임효과를 거둘 수 있을 것으로 기대되어 연구 중이다.

값비싼 화학 공정으로 생산되는 화학비료 대신 생물학적으로 질소 공급량을 높일 수 있다면 농업 생산 증대에 기여할 것이다. 따라서 식물 뿌리에 공생하면서 질소를 고정하는 많은 **질소고정** 미생물의 유전자를 조작하여 질소고정 능력을 향상시키는 연구가 활발하다.

화학 위주의 농업이 아니라 생물학적 효소를 더 가미한 **유기농법**이 각광을 받고 있다. 미생물을 이용해 제조된 퇴비를 사용하면 환경 오염과 토양의 황폐화를 막으며 오염되지 않은 농산물을 생산할 수 있다. 퇴비는 음식물 쓰레기를 비롯한 유기물질을 미생물을 이용해 분해시켜 식물이 흡수하기 좋은 상태로 만든 것이다. 자연적으로 썩는 데는 장기간이 소요되므로 미생물을 넣어 주어 단시간에 숙성시키는 조건에 대한 연구가 진행되고 있다. 유기농법의 핵심은 토양 미생물이 잘 자랄 수 있는 환경을 만들어 주어 농약과 비료 사용을 최소화하는 것이다. 그렇게 하여 과다한 화학비료 사용으로 오염되고 산성화된 토양이 정화될 수 있다.

(7) 미생물을 이용한 제약산업

최초의 항생제 **페니실린**은 1929년 영국의 플레밍(A.Fleming)에 의해 발견되었다. 포도상구균 배양 접시를 오염시킨 곰팡이가 균의 성장을 억제하는 물질을 내는 것을 관찰하고 플레밍은 이 물질이 박테리아 감염 치료에 쓰일 수 있을지 연구하였으나 별 진전을 보지 못하고 포기하였다. 다른 학자들이 이 연구를 이어받아 마침내 페니실린을 미량 추출해내는 데 성공하였으나 너무 적어 주사를 맞은 환자의 소변에서 재추출하여 재사용할 정도였다. 그러나 임상 테스트 결과가 너무 좋아 2차 대전이 발발하자 미국이 앞장서서 페니실린 개발에 나섰고 마침내 대량생산에 성공하였다. 이로써 항생제의 시대가 열리고 오늘날 전 세계적으로 운영되는 거대 제약 산업이 시작되었다.

오늘날은 발달된 유전공학을 이용하여 의약적으로 활성을 가진 온갖 물질들을 미생물이나 다른 생물에서 생산하는 **바이오의약산업** 시대가 열렸다. 바이오의약품은 대장균, 효모, 동물세포 등 살아있는 세포와 유전자를 원료로 이용하기 때문에 합성의약품보다 의약품 생산이 복잡하고 큰 비용이 든다. 하지만 부작용이 적고 효과가 뛰어나며, 주로 류마티스 관절염, 당뇨병, 암 등 난치성 질환 치료에 쓰이기 때문에 환자들은 높은 가격에도 불구하고 바이오의약품을 찾는다. 예를 들어 우리 몸에서는 계속 혈액응고가 일어나고 곧 응고용해효소에 의해 풀어지고를 반복하는데, 뇌나 폐에 응혈이 지속되면 중풍이나 동맥경색이 발생한다. 유전공학적으로 생산된 응고용해효소는 이러한 사고시 후유증을 최소화하고 생명을 구하고 있다.

유전공학적으로 생산되는 바이오의약품(biological product)으로는 비타민, 아미노산, 사이토카인(세포 조절자), 표피성장인자, 선구인슐린, 인간성장 호르몬, 소마토스타틴, 인터페론, 혈소판 유래 성장인자, 종양괴사인자(TNF), 혈액응고인자 XIII, 유전자혼합 식물과 동물, 제한효소, DNA 중합효소 등 유전공학에 쓰이는 다양한 효소들이 있다. 유전공학 산업은 급속히 발전하고 있다. 유전자 조합 미생물을 이용해 새로운 생명 물질을 생산하는 방법이 보고될 때마다 새로운 생명공학회사가 하나 생겨난다고 해도 과언이 아니다. 21세기에 인류의 평균 연령이 높아져 만성질환자가 증가하고 있고, 인간게놈계획의 완성으로 질병 유전자 발견이 수월해져 생명공학 산업은 빠르게 성장하고 있다.

2 질병 미생물과 전염병 확산

감염된 환자를 격리시켰던 것을 보면, 고대인들도 어떤 질병은 다른 사람에게 옮겨 간다는 것을 알고 있었다. 세계 어디에서나 나병 환자는 무서워했다. 14세기 흑사병이라 불리던 페스트가 유럽을 휩쓸 때에는 마을에 환자가 발생했다 하면 주민들이 모두 마을을 빠져나가 마을이 텅 피었다고 한다. 중세 유럽에서는 천연두가 유행하면 흉터로 곰보가 되는 것을 두려워하였고 귀족들은 지방에 있는 집으로 도피해 가는 행렬을 이루었다고 한다. 환자는 그 병에 걸렸다 나은 사람들이 돌보도록 하였다. 어떤 질병은 회복되고 나면 다시는 걸리지 않는다는 것을 알고 있었던 것이다. 유적에도 고대인들이 걸렸던 질병의 기록이 남아있다(그림2-9). 그러나 무엇이 질병을 일으키는지 정확히 알게 된 것은 19세기 말 로베르트 코흐의 **세균 질병설**이 확립된 200여 년 전에 불과하다. 그 이전까지 질병은 신이 내린 벌이나 나쁜 공기, 더럽혀진 체액 등의 탓으로 여겨졌다.

그림 2-9 이집트 벽화에 소아마비에 걸린 사람 이야기가 남아있다.

2.1 세균 감염성 질병이 어떻게 일어나나

미생물에 감염되는 이유는 인간이나 다른 동식물의 몸체는 미생물의 탐나는 먹잇감이기 때문이다. 오늘날 발달된 생물학 지식에도 불구하고 저개발 국가에서는 1만 년 전 우리 조상을 괴롭혔던 감염성 질병으로 많은 사람이 사망하고 있다. 세계 보건기구에 의하면 매년 약 1,500만 명의 어린이가 치료될 수 있는 감염으로 사망한다고 한다. 감염성 균은 숙주의 몸 안이나 표면에서 증식하면서 숙주에 해를 준다. 어떤 병에 걸렸는가 하는 진단은 증상 관찰과 함께 원인균 규명과 함께 전염 경로 조사가 실시된다. 요즘은 발달된 분자생물학 기술로 환자의 혈액, 소변, 침 한 방울만 있으면 PCR과 유전자 감식법으로 원인균을 2~3시간 내로 정확하게 밝혀낼 수 있다. 형광물질 표지를 한 항체를 이용하면 수 분 내로 단축된다. 최근에 개발된 바이오칩을 이용하면 그 시간이 수 초로 단축될 수 있다(4부 참조).

병균이 우리 몸에서 질병을 일으키려면 적절한 환경에 놓여 있어야 한다. 포도상 구균은 우리 콧속과 피부에서 흔히 발견되지만 아무 해를 주지 않는다. 피부에 상처가 나거나 음식에 들어가면 심각한 질병을 일으킬 수 있다.

식중독을 일으키는 대장균 **O157:H7** 균주는 피부에 묻질렀을 때는 아무 해가 없으나 덜 가열된 음식을 통해 소화기관으로 들어가게 되면 장에서 증식하여 심각한 증상을 나타낸다. 음식으로 전파되는 **보툴리눔 독**도 혈액에 흡수되어야 증상을 나타낸다. 적절한 환경에 도입되면 병균이 증식하기 시작한다. 인체의 비특이성 방어 체계가 이렇게 되기 전에 보통 침입자를 제거해 버린다. 그러나 병균이 이를 피할 수 있는 방어책을 쓸 경우 자리를 잡고 숙주에 해를 주기 시작한다. 병균이 체내에서 대량 증식하여 온몸이 병균의 배양기나 다름없는 상태가 되는 것을 **패혈증**이라고 한다. 이때는 병원균이 혈액뿐 아니라 모든 장기에서 발견되고 결국 사망에 이른다. 병원균은 숙주의 면역체계로부터 빠져나가기 위해 표면의 항원을 자주 변화시킨다. 에이즈, 말라리아, 수면병 등 모든 균은 증식하여 집단이 커짐에 따라 항원 돌연변이체를 계속 생산한다. 이에 대한 우리 몸의 항체 생산은 변이체 발생 속도를 따라가지 못하고, 변이체 병원균이 증식해 수가 늘어나면 마침내 병에 걸리게 된다.

2.2 백신과 항생제로 감염병으로부터 해방

질병에 대한 면역성을 넣어주는 예방주사 백신(vaccine)은 현대 의학의 가장 큰 업적의 하나로 꼽힌다. 백신으로 천연두가 지구상에서 근절되었고 소아마비가 거의 사라졌고 티푸스, 파상풍, 홍역, 간염 등 수많은 위험한 질병으로부터 대부분의 인류가 구제되었다. 전통적인 백신은 불활성화시키거나 약화시킨 병균이나 병균의 일부를 백신으로 만들어 주사하는 방법이다. 백신의 목적은 체 내에 들어온 위험한 바이러스나 병원균, 기생충이 발붙이기 전에 빠르게 격퇴할 수 있게 미리 면역체계를 훈련시키는 것이다. 병원균이 몸 안에 들어오면 면역체계를 이루는 B 림프구와 T 림프구 두 종류의 세포가 보조 T 림프구의 협력하에 병원균의 외부 항원을 알아보고 즉시 달려든다. B 림프구는 항체를 생산하여 병원균을 붙잡아 중화시키거나 다른 면역체계가 알아보고 와서 파괴하도록 표지를 해둔다. T 림프구는 감염된 세포 속으로 들어가 세포를 점령하고 있는 병균을 제거한다.

침입자를 제거하는 외에도 면역체계는 특정 병원균에 대한 **기억 세포**를 만들어 두어 미래에 똑같은 병원균이 들어왔을 때 신속하게 작동하게 한다. 백신은 바로 이 기억세포의 생성을 돕는 데 큰 의의가 있다. 병원균을 불활성화시켜 사용하는 백신은 시간이 갈수록 효과가 떨어져 주기적으로 재면역 시켜주어야 하는 단점이 있다. 약화시킨 병원균 백신은 면역체계가 약해진 환자나 노인들에서 갑자기 활성화되어 병을 일으킬 수 있다. 또는 약화된 병원균이 가끔 돌연변이를 일으켜 병원성이 강해져 병을 일으키는 위험이 존재한다.

유전자(DNA, RNA) 백신은 병원균의 항원성 유전자를 백신으로 만들어 주사를 한다. 유전자가 세포 안으로 들어가 병원균의 항원 단백질이 합성되면, 마치 감염된 세포가 된 것처럼 면역체계가 작동하고 기억세포를 형성하게 한다.

항생제는 미생물이 다른 미생물의 번식을 억제하기 위해 자연적으로 만들어 내는 것으로 푸른 곰팡이에서 발견한 **페니실린**이 인류 최초의 항생제다. 항생제는 사람 세포에는 해를 주지 않고 박테리아만 쏘아 맞추는 '마술의 총알'로 불리면서 1940년대부터 세균 감염성 질병 치료에 널리 사용되기 시작하였다. 그 결과는 너무나 훌륭하여, 인류는 모든 박테리아 감염과의 싸움에서 승리했다고 생각했다. 그러나 최근에 와서 미생물과의 전쟁은 영원히 계속되며 인류가 최후의 승자가 되기 어렵다는 것을 깨닫고 있다. 미생물은 증식 속도가 빨라 항생제 저항성을 가진 돌연변이 균이 쉽게 나타난다. 새로운 항생제 개발과 내성균 사이에 계속되는 진화 경쟁에서 미생물을 이기기 쉽지 않다. 이미 항생제 내성 박테리아들이 증가하여 현재 적어도 3종류 박테리아가 지금까지 개발한 100여 종의 항생제 공격을 빠져나간다고 한다. 1997년에는 미국에서 가장 강력한 항생제인 **반코마이신**(vancomycin)으로 치료되지 않는 포도상구균 폐렴으로 사망하는 사례가 나타났다. 우리나라에서도 반코마이신 **내성 슈퍼박테리아**가 1997년 처음 발견되었다.

2.3 항생제 내성 증가의 문제

항생제가 박테리아를 죽이는 방법은 항생제마다 다양하다. 예를 들어 페니실린과 반코마이신은 박테리아의 세포벽 합성을 방해하여 증식을 막는다. 사람 세포는 세포벽을 가지고 있지 않기 때문에 이들 항생제에 해를 입지 않는다. 테트라사이클린(Tetracyclin)은 박테리아의 리보솜에 붙어 단백질 합성을 방해한다. 사람의 리보솜은 박테리아의 리보솜과 다르기 때문에 영향을 받지 않는다. 항생제 내성 유전자가 작동하는 방법 역시 다양하다. 항생제를 분해하거나 불활성화시키는 것도 있고, 항생제가 박테리아 안으로 들어오지 못하게 하거나, 안에 들어온 항생제를 밖으로 퍼내는 체계로 작동하는 것도 있다.

문제는 이런 내성 유전자는 박테리아의 **플라스미드**(plasmid)에 들어 있어서 박테리아 집단에 확산이 빠르다는 것이다. 플라스미드는 박테리아 게놈 밖에 존재하는 작은 원형 DNA로, 박테리아들 사이에서 전달이 빈번하게 일어난다. 다른 종들 사이에서도 교환이나 전달이 일어나 유전 형질 변환이 일어난다. 병원균에 생긴 항생제 내성 유전형질이 우리 몸에 해롭지 않거나 유익한 미생물에도 전달이 될 수 있다는 뜻이다. 특히 항생제를 약하게 사용하면, 항생제에 약한 병원균은 죽고 저항성이 큰 것만 살아남아 빠르게 증식하게 된다. 항생제 내성은 플라스미드를 통해 해가 없는 박테리아들에도 전달되고, 이들 박테리아는 항생제 내성 유전자의 저장고가 된다.

한 예로 많이 사용되는 항생제 세팔로스포린(cephalosporin)은 무해한 대장균에 내성을 갖게 만들었다. 이 대장균주는 건강한 사람에서는 증식이 효과적으로 억제되나 면역체계가 약해진 환자들에서는 심장이나 다른 기관까지 침범해 생명의 위협이 될 수 있다. 더구나 이 균주는 반코마이신 내성 유전자 저장고까지 되었다. 포도상구균이 반코마이신 내성 유전자를 획득할 경우 포도상구균 감염은 에이즈나 암처럼 불치병이 될 수 있다. 현재 많은 균주들이 복수의 항생제에 내성을 지니게 되어 입원 환자들에게 치명적 감염을 일으킬 위험에 처했다. 병원에는 온갖 항생제가 집중적으로 사용되고 있기 때문이다.

한 조사에 의하면 1954년에 비해 현재 항생제 생산량은 4배 증가하였으며 그중의 반이 치료에 쓰이는데 내성 균주 증식을 부추기지 않도록 적절한 방법으로 쓰인 것은 그 절반밖에 되지 않았다. 또 미국의 경우 외래 환자의 1/3에 처방된 항생제는 불필요한 것으로 밝혀졌다. 1997년 아시아 각국의 폐렴 구균 페니실린 내성률은 우리나라가 57.8%로 가장 높았고 미국이나 유럽은 10%를 조금 상회하였다. 2019년 국내 인체 항생제 사용량은 경제협력개발기구(OECD) 29개국 중 3번째로 높았다.

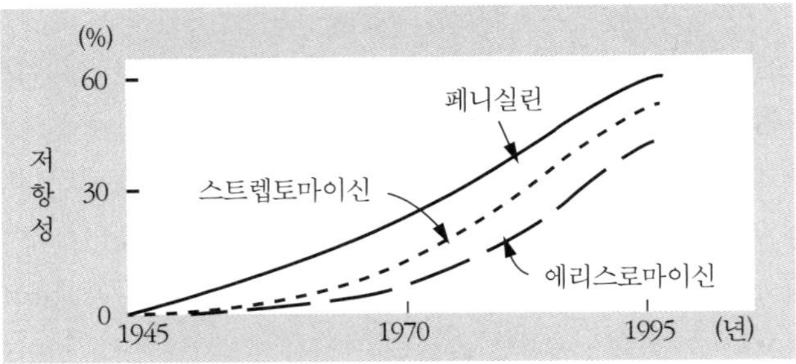

그림 2-10 항생제 내성의 증가

항생제는 동물의 성장 촉진을 위해 적은 양이 사료에 첨가되기도 한다. 앞서 보았듯이 적은 양에 오래 노출시키는 것은 저항성 균주를 키우는 나쁜 방법이다. 저항균들은 농부와 육류 취급인들을 통해 사회 전체에 퍼지게 된다. 생닭이나 생선의 유통기한을 늘리기 위해 항생제 용액으로 세척하는 것도 내성균 확산을 촉진한다. 전 세계적으로 의료, 동물 사육, 농업에서 사용되는 항생제는 상당한 양이며 내성 균주를 증가시키고 있다. 우리나라는 축수산 분야 사용량도 타국가와 비교하여 월등히 많다. WHO 지정 최우선 중요 항생제 내성률을 보면, 닭 대장균 내성의 경우 세팔로스포린계가 한국 13.2%, 일본 4.6%, 덴마크 0.6%이고 클로퀴놀론계는 한국 78.3%, 일본 16.7%, 덴마크 1.9%이다. 정부는 2016년 항생제 내성 관리대책을 수립하여 **내성균 감시체계**를 적극 도입하였는데, 그 결과 항생제 사용량과 내성균 비율이 점차 감소하고 있음이 확인되었다.

항생제 내성을 감소시키는 최선의 방법은 개인, 의료인, 산업체, 정부가 함께 올바른 항생제 사용 지침을 실천하는 것이다. 항생제는 정말 필요할 때가 아니면 사용해서는 안 된다. 항생제가 없으면 일반 균주는 자원을 항생제 내성 유지에 소모하지 않아도 되므로 내성 균주에 비해 더 빠르게 증식할 수 있다. 항생제 사용을 중지하면 시간이 지나면서 내성균과 일반균 사이의 균형이 자연계 수준으로 돌아간다는 것이 연구로 확인되었다.

2.4 약물을 이용한 감염병 치료법 발견

병원균을 박멸할 수 있는 화학약품은 많지만 대부분 인체에도 해롭기 때문에 치료제로 사용할 수 없다. 석탄산과 같은 살균제가 그 예다. 이들은 체내의 병원균을 완전히 사멸시키는 것이 아니라 증식을 감소시켜 생체가 방어력을 회복하도록 돕는 방식이다. **화학요법**의 창시자는 에르리히(P. Ehrlich)로 항생제 발견보다 먼저 이루어졌다. 19세기에 매독은 오늘날의 에이즈 정도로 무서운 병이었다. 코흐 연구소에 있던 에르리히는 현미경 관찰을 위해 박테리아를 염색하는데 박테리아마다 염색되는 시약이 다르고, 세포 내 부분에 따라서도 염색 약품이 다른 것을 보고 사람 세포는 그대로 두고 나쁜 균만 죽이는 약품은 없을까 의문을 갖게 되었다. 600번 이상의 화학 약품을 테스트하여 1910년 마침내 매독균만 죽이는 살바르산 606을 발견하였다. 이것이 질병균을 약물로 죽이는 화학요법 발견의 기폭제가 되었다.

그 후 1932년 연쇄구균을 사멸시키는 **설파제**(sulfa drug, sulfonamide)가 발명되었다. 설파제는 다양한 세균 감염에 효과가 넓어 획기적이었고 당시 산욕열로 사망하는 산모의 수를 격감시켰다. 그러나 부작용이 있기도 하고, 새로 발명된 페니실린이 널리 판매되기 시작하면서 점차 사용이 줄었다. 약물과 항생제로 감염증이나 전염병 대부분을 치료할 수 있게 되자 사망률이 격감하였고, 그 결과 인류의 평균수명이 연장되었다.

2.5 전염병 유행과 범유행의 원인

전염병이란 사회 전체에 퍼지는 질병이다. 작은 유행은 **유행성 전염병**(엔데믹, endemic), 전 대륙에 퍼지는 대규모 유행은 **범유행**(팬데믹, pandemic)이라고 한다. 그런데 어떤 질병이 사회 전체에 퍼지는 것은 지진이나 홍수처럼 '우연히' 일어나는 천재지변이 아니라 병이 사회에 크게 확산될 수 있는 조건이 조성되었기 때문에 일어난다는 것이 의학역사학자 스노든(Frank M. Sowden)의 주장이다. 기원전부터 현대에 이르기까지 많게는 수천만 명씩 사상자를 낸 전염병 범유행들은 모두 미생물 세균에 의한 것이었으며, 세균이 국가 간에 빠르게 확산될 여건에서 발생하였다. 병이 세균에 의해 생긴다는 것을 알게 된 것이 19세기 말이므로 그 이전까지는 전염병에 제대로 대응이 이루어지지 않은 것도 큰 원인이 되었을 것이다.

인류에게 가장 무서운 전염병으로는 페스트, 천연두, 콜레라, 결핵, 말라리아, 에이즈, 21세기에 들어 유행한 사스, 에볼라, 코로나19를 꼽을 수 있다. 최근에 코로나19를 5년여 겪어왔으므로 전염병의 범유행에 대해 살펴보는 것을 의의가 있을 것이다. 중세 유행했던 페스트를 예로 어떻게 진행되었는지 보자.

페스트는 쥐벼룩이 옮기는 예르시니아 박테리아(*Yersinia pestis)*에 감염에 의한 끔찍한 전염병이다. 중세의 역병으로 유명한 흑사병이 바로 페스트인데, 중세에 잠시 한 번 유행하다 끝난 것이 아니다. 범유행이 541년 처음 일어나고 1910년까지, 무려 1500년 동안 3차례의 범유행이 있었다. 페스트 1차 범유행은 유행하다 사그라들다를 18차례 반복하면서 200여 년 지속되다가 755년에 갑작스럽게 사라져버렸다. 총 사망자가 5,000만 명으로 추정된다.

2차는 1330년대 중앙아시아에서 시작되어 서구 사회로 전파된 후 1830년대 종식될 때까지 500년간 지속되었다. 유럽의 첫 희생자는 이탈리아의 도시들이었는데 이들 도시가 지중해 무역의 중심지였기 때문인 것은 말할 것도 없다. 쥐벼룩을 가진 쥐들이 무역 선박을 타고 항구 도시마다 퍼져 나가면서 사람들에게 벼룩을 옮긴 것이다. 13세기부터 유럽은 경기가 확장되고 인구가 급증하면서 인구 1,500만 명이 넘는 대도시가 두 배로 늘어나고 있었다. 대도시들에는 비위생적인 주거 시설이 심각한 문제였다. 그러다가 경기가 침체되면서 빈곤이 심화되었다. 나쁜 날씨가 지속되어 농산물 생산이 곤두박질치면서 기근이 든 것이다. 사람들의 건강이 악화되고 질병 저항력이 크게 떨어지고 페스트 대유행이 일어나기 안성맞춤인 상태였다.

3차 범유행은 1855년 중국에서 발생하여 전 세계 국제 무역항 도시들로 전파되었다. 이전과 달리 3차 범유행은 제3세계 국가들을 초토화했고 유럽과 북미 산업 국가들은 대체로 무사했다. 인도에서만 1,500만 명, 전체 2,000만 명이 이 시기에 페스트로 목숨을 잃었다. 3차 범유행은 페스트의 원인이 쥐, 벼룩, 인간의 상호작용 때문이라고 정확하게 인식한 시기에 등장하였다. 따라서 엄격한 방역 대책 외에 살충제, 쥐덫, 쥐약으로 쥐와 벼룩을 효과적으로 소탕시킬 수 있었다.

2차 페스트 범유행이 500년이나 지속된 것은 질병의 원인이 벼룩이 옮기는 균에 있다는 것을 아직 발견하지 못한 시기여서 적절한 대응을 하지 못한 이유가 크다. 끔찍하게 지속되던 페스트가 갑자기 사그러든 이유에 대해서는 여러 가지 설이 있다. 그중에 하나는 페스트를 옮기던 갈색 쥐를 크고 사납고 번식력이 왕성한 검은 쥐가 몰아냈다는 것이다. 검은 쥐는 갈색 쥐와 달리 사람을 경계하고 숨어들어 사람들과의 접촉과 쥐벼룩 전파가 저절로 줄어들었다. 생태학적 이유로 자연 종식된 것이다. 다른 요인으로 꼽는 것은, 18세기의 <소빙하기 이론>이 있다. 유럽 전역에 혹한이 찾아와 도시의 쥐들 수가 저절로 줄어들고 페스트도 종식되었다는 것이다. 소빙기는 북유럽에서 1350년에서 1850년까지 이어졌는데 그 사이에 기온 급락 시기가 3번 있었다. 1650년 두 번째 급락 시기가 북유럽에서 페스트가 종식된 시기와 겹친다. 또한 1850년 이후 다시 날이 따뜻해지는 시기는 3차 범유행 시기와 겹친다는 사실은 시사하는 바가 크다.

페스트 종식의 또 하나의 요인으로 주거 환경 개선과 공중위생의 변화가 꼽힌다. 초가지붕이 기와지붕으로 흙바닥이 콘크리트로 바뀌면서 쥐 소굴이 거주 공간과 분리되기 시작하였다. 쥐가 들끓는 곡물 저장 시설도 거주지에서 멀리 떨어진 곳에 세워졌다. 도시의 인구밀도도 감소해 벼룩 전파 빈도가 줄었고, 18세기부터 목욕이 일상화되면서 인체에 붙어 있던 벼룩이 떨어져 나갔다. 사람들의 영양상태가 좋아지면서 면역력이 증가한 것도 페스트 종식에 힘을 보탰을 가능성도 있다.

범유행은 끝났지만 페스트균은 **야생 설치류** 속에 지금도 안정적으로 남았다. 그리고 끈질기게 매년 사망자를 내고 있다. 세계보건기구의 발표에 의하면 2010년에서 2015년 사이 4대륙에서 3,248명의 페스트 환자가 발생하고 584명이 사망하였다. 미국 질병통제예방센터는 1900년에서 2016년 사이 주로 사냥꾼과 야영객들 사이에서 천여 명의 페스트 환자가 발생했다고 보고했다.

2.6 현대의 신종 질병 출현과 기존 질병 재출현 이유

1969년 미국 공중위생 국장은 "과학과 공중보건의 힘으로 세균 퇴치가 가능하다"라며 '감염병의 종식'을 선언하였다. 20세기 말이면 말라리아, 천연두 등을 근절할 수 있을 것이라는 자신감이었다. 하버드대와 예일대의 의대에서는 감염병 학부를 폐지하기도 했다. 그런 분위기 여파로 오늘날 전염병은 저개발국가의 일부 지역에서나 일어나는 것쯤으로 생각하게 되었다. 그러나 20세기의 기대와는 달리 21세기가 한참 지난 지금까지 박멸된 질병은 천연두가 유일하다. 다른 질병균들은 전부 지구상 어디에선가 인간이나 환경에 잔류해 있다. 그리고 인류의 주요 사망 원인이 전염병이라는 사실에는 변함이 없다. 더욱 불길한 소식은, 결핵이나 말라리아같이 치료약이 개발된 경우에도 약제 내성을 진화시킨 더 위협적인 형태로 균이 재등장하고 있다는 것이다.

21세기는 백신과 치료제, 발달된 의료 덕분에 암, 고혈압 같은 만성 질환 외, 콜레라, 페스트, 결핵과 같은 감염병은 주변에 거의 걸리는 사람도 없어 이제 다 끝난 것 같지만, 큰 오해다. 제2차 세계대전 이후에 '새로운 질병'이 계속 출현하고 있고 기존의 감염성 질병도 다시 나타나고 있다는 사실을 전문가들은 우려하고 있었다. 2008년 과학자들의 발표에 의하면 1960년~2004년 사이 40년간 새로 출현한 질환이 335개나 된다. 새로운 질병이란 인간의 면역계가 한 번도 만난 적이 없는 세균들에 의한 병이라는 뜻이다. 새로운 세균이 어디서 왔을까? 기존의 세균이 새로운 세균으로 진화한 것이다. 박테리아와 바이러스들은 인간보다 훨씬 빠르게 진화하여 새로운 종이 될 수 있다.

1991년에는 페루에서 콜레라 유행이 시작되어 16개국에 순식간에 확산되어 40만 명을 감염시키고 4,000명이 사망하였다. 남북미 대륙에서 100년간 콜레라가 발생하지 않았기 때문에 이 소식은 전 세계를 경악시켰다. 콜레라는 배설물에 오염된 식품, 물을 통해 전파된다. 따라서 사회적 위생 여건을 나타내는 지표이며 '빈곤의 체온계'로 불린다.

이렇게 신종 질병이 출현하고 사라졌던 기존 질병이 재출현하는 이유는 제2차 세계대전 이후 우리 사회가 감염병이 돌기 좋은 식으로 변했기 때문이라고 진단된다. 가장 중요한 요인으로 역시 **세계화**가 꼽힌다. 물자와 인간의 대규모 이동이 일어나자 세균이 전파되기 좋은 조건을 마련되었다. 세균의 유전자들이 뒤섞여 새로운 변이가 빠르게 등장하고, 면역력이 없는 인간 숙주를 쉽게 만날 수 있게 해준 것이다. 이것이야말로 세균 번식과 확산에 강력한 요인이 된다(그림 2-11).

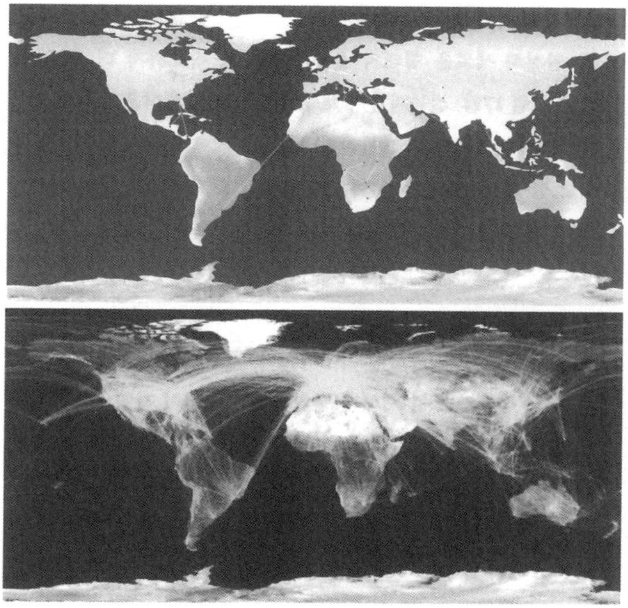

그림 2-11 세계가 항공교통망의 발달로 촘촘히 연결되어 있어 사람들과 함께 전염병균의 이동을 빠르게 하고 있다.

두 번째는 **인구증가**이다. 특히 초대형 도시 주변의 상하수도 시설이나 쓰레기 관리가 부실한 빈곤 지역에서 인구 증가와 인구밀도는 평균값보다 훨씬 크다. 위생, 교육 등이 열악한 21세기 도시 빈민가는 전염병 전파의 조건을 다 갖추고 있는 셈이다. 통계에 의하면 20세기 말 수십 년과 21세기 초 수십 년의 세계화와 도시화로 매년 25억 명이 전염병 감염 위험에 빠지고 1억 명이 감염되었다.

글상자 2-1. 바이러스와 미생물 질병의 범세계화와 팬데믹 감시 예측 시스템

새로운 감염병 발발은 동물에서 인간으로 병원체가 이동하는 데서 시작한다. 따라서 동물과 인간의 접촉이 많은 아프리카나 동남아시아의 마을이 신종 감염병 발생의 위험성이 높은 곳이다. 이런 지역에서 야생동물을 포획하거나 식용으로 다루는 사람들이 주로 동물의 병원체에 감염되기 쉽다. 동물의 병원체가 인간에 감염되는 첫 단계에서 인간들 사이에서 감염이 되는 두번째 단계로 도약이 일어나면 마을에서 대도시로, 그리고 세계로 감염병이 확산되어 나가게 된다.

코로나19가 마무리된 후에도 새로운 질병이 또 출현하여 범유행을 일으킬 가능성이 크다. 따라서 전염병 범유행이 어떻게 진행되는지에 대한 자세한 이해를 바탕으로, 범유행을 예측하고 통제하려는 노력들이 이루어지고 있다. 전염병 학자들은 태풍의 진로를 예측하듯이 새로운 전염병 범유행을 예견하고, 나아가서 발생 자체를 막는 것을 목표로 예측 시스템을 개발하고 있다.

일찍이 1854년 역학조사라는 개념이 존재하기도 전, 영국 런던의 내과의였던 존 스노(John Snow)는 콜레라 발생을 지리적으로 분석하여 콜레라균(*Vibrio cholerae*)을 전염병의 병인으로 확인하였다. 그는 집단 발병이 일어나자 피해자 가족들을 면담하고 환자 발생 위치를 정확하게 지도에 표시하고 급수관이 원인이라는 최종 결론을 내렸다. '더러운 공기'가 아니라 오염된 물이 원인임을 확신하고 담당 관리에게 당장 급수관을 차단하라고 충고하였다. 스노는 발생 사건을 분석하는 데 지리 정보를 사용하는 오늘날의 **지리정보시스템**(geographic information system, GIS)을 최초로 사용한 사람으로 기록되고 있다.

요즘은 GIS에 여러 층의 정보가 더해진다. 예를 들면 여러 지점에서 수집한 병원균 표본의 유전자 정보, 지리적 확산 추이, 날씨 변수, 환자들의 사회적 관계들이 덧붙여진다. 병원균의 정체를 파악하고 추적하는 유전자 정보는 특히 획기적인 유전자 분석 기술인 DNA 칩(DNA microarray chip) 덕분에 엄청나게 발전하였다. 미국 방위고등연구계획국(Defense Advanced Research Project Agency, DARPA)은 새로운 유행병의 원인을 신속하게 찾아내고 그것이 범유행으로 발전할 가능성을 예측하기 위해 프로페시(prophecy, 예언)라는 바이러스 예측 시스템을 개발하고 있다. 또, 바이러스 변이의 진화 방향을 예측하는 방법을 연구하는 첨단 바이러스 연구실도 있다.
현대의 정보통신기술을 생명공학에 접목하여 전염병 예측에 이용하려는 시도도 있다. 한 예로 비영리 보건 기구인 '프런트라인 SMS:메딕(frontline SMS:medic)'은 지역 진료소들에서 환자들에 대한 정보를 스마트폰을 이용해 미리 정해진 약호로 문자 메시지로 신속하게 상급병원에 전달하는 시스템을 개발하였다. 또 웹사이트를 만들어 진료소 의사와 환자가 직접 소식을 올리게 함으로써 정보가 축적되고 자동으로 분석되어 지역에 비상사태가 발생하면 신속하게 발견되어 대처할 수 있게 하였다.

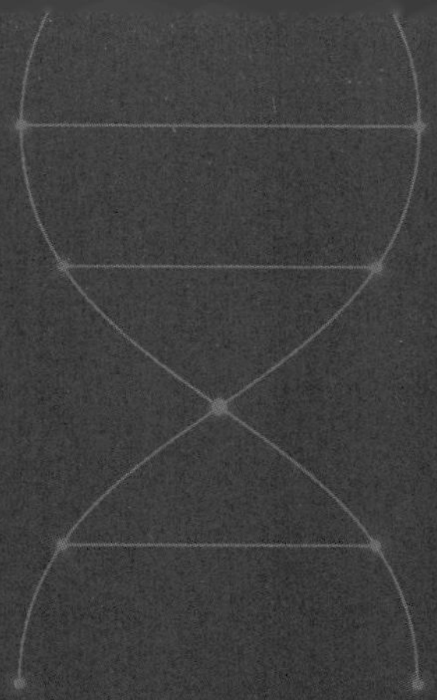

3장

생명을 연속시키는 유전자

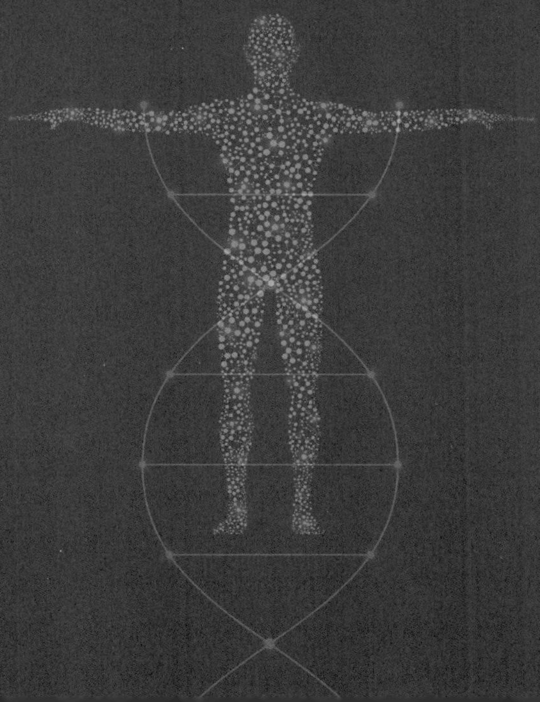

1 생명의 정보를 담은 유전자

진돗개의 암수 교배를 통해 나오는 새끼는 조금씩 다르게 생겼지만 다 진돗개이지 푸들이 아니다. 해바라기 씨앗을 심으면 해바라기 싹이 나오지 코스모스가 나오지 않는다. 생물들의 특성은 한 세대에서 다음 세대로 전달된다는 것을, 17세기에 멘델이 유전 법칙을 알아내기 전부터, 오랫동안 인류는 알고 있었다.

그래서 양조장에서는 술을 발효시키는 균주를 세심하게 관리하였다. 맥주의 맛은 발효에 사용되는 효모에 따라 민감하게 달라지기 때문이다. 특정 효모 균주를 맥주 제조 재료들과 함께 양조통에 넣고 4~5일 후 알코올 발효가 일어나면, 이때 효모의 일부를 다음 발효를 위해 조심스럽게 보관해 둔다. 이렇게 같은 균주를 보관해 계속 사용하면 수십 년 동일한 맛의 맥주를 생산할 수 있었다.

효모는 무성생식을 한다. 즉 단세포 생물인 효모는 세포가 어느 정도 자란 다음에는 자기 몸의 한 쪽에서 싹이 나와 딸세포로 독립시킨다. 이 딸세포도 똑같은 방법으로 계속 증식해나간다. 이렇게 단일 모세포로부터 생겨난

세포들은 모세포와 동일한 유전정보를 가지고 있어 유전적으로 동일한 클론(clone)이다.

이에 비해 대부분의 다세포 생물은 암수 교배에 의한 유성생식으로 자손을 만들기 때문에 자손들에는 양친의 특성 정보가 모두 전달된다. 대부분의 식물은 암술과 수술이 있는 꽃을 피워 종자를 맺는 유성생식을 한다. 그러므로 원예 식물이나 과수 재배에서는 씨앗으로부터 작물을 키우면 우리에게 유용한 특성이 희석될 수 있기 때문에 접붙이기, 꺾꽂이와 같은 무성생식을 선호한다.

사람이나 동식물 집단은 유성생식에 의해 자손 세대로 갈수록 유전적으로 변화하며 다양성이 증가한다. 그럼에도 불구하고 진화적 도약이라는 특별한 사건이 일어나지 않는 한, 진돗개는 진돗개로서 유전적 동질성이 유지된다. 생물의 특성이 어떻게 유전자에 보존되어 자손에 전달되고, 어떻게 특성을 나타내게 되는지 200여 년간 생물학은 많은 것을 알아냈다.

1.1 다윈의 고민을 해결한 멘델의 발견

1859년 발간된 『종의 기원』에서 다윈은 자연선택에 의해 생물이 변해간다는 **진화론**을 주장하였다. 생물의 생존과 번식에 유리한 특성이 생겨나면 **자연선택**(natural selection)을 거쳐 자손에 전달된다. 이런 식으로 새로운 특성이 계속 누적되면 한 종이 다른 종으로 점진적으로 변해갈 수 있다는 것이 다윈 진화론의 핵심 개념이다. 새로운 특성이 나타나는 방법으로는 유성생식과 돌연변이를 들 수 있다. 그런데 생물에게 좋은 특성이 나타나더라도 다음 세대에는 교배에 의해 희석되어 결국 사라져버릴 것이라고 당시 학자들이 반론을 제기했는데 다윈도 이에 대답을 하지 못했다.

그런데 동시대 인물이었던 멘델이 발견한 유전 법칙이 후세 과학자들에 의해 재발견되면서 다윈의 고민에 답을 주었다. 멘델 하면 열성과 우성, 명쾌한 3대 1의 법칙이 먼저 떠오르는데 사실 핵심은 *유전자는 섞이지 않는다*는 기초 개념에 있다. 그동안 사람들은 암수의 교배에 의해 암수의 유전자가 빨간 물감과 하얀 물감을 섞으면 분홍색이 되듯 자손에서 섞인다고 생각하였다. 그러나 '유전자'는 결코 변하지 않으며, 열성 유전자의 형질은 우성유전자에 의해 표현 되지 않을 뿐, 다음 세대에 그대로 전달되어 열성유전자를 만나면 다시 나타날 수 있다.

1.2 유전자는 단백질 제조법을 담은 정보

유전자는 화학의 원자처럼 불변의 유전 단위로 여겨지던 중, 1900년대 초에 몇몇 과학자들이 X선을 조사하면 유전자가 변화됨을 발견하였다. 이렇게 인위적으로 만들어진 돌연변이 유전자는 잘못된 단백질을 만들어낸다는 것도 알게 되었다. 이 실험 결과로 유전자는 단백질을 만드는 정보라는 사실이 분명해졌다.

곧 유전자의 실체는 DNA 디옥시리보 핵산(deoxyribonucleic acid)임이 밝혀졌다. DNA는 A(아데닌, adenine), T(티민, thymine), G(구아닌, guanine), C(시토신, cytosine) 4종류의 뉴클레오타이드(nucleotide)로 되어 있다. 단지 4개의 알파벳으로 이루어져 있는 단조로운 분자 DNA가 어떻게 복잡한 단백질 제조 정보를 전달할 수 있을까? 이런 의문은 0과 1, 단 2개의 디지털 신호로 어떻게 컴퓨터가 온갖 기능을 수행하는지 생각해 보면 알 수 있다.

1953년 DNA 분자의 화학 구조가 밝혀졌다. 과학의 역사에서 가장 유명한 업적으로 꼽히는 이중 나선 DNA 다. DNA는 4가지 염기가 사람의 경우 약 30억 개 이어진 가닥이 두 개 서로 매끈하게 꼬인 형태다. 두 가닥은 A와 T, C와 G 사이 화학적 친화력으로 일정한 거리를 유지한다. 이 염기쌍은 상보적인(complementry) 구조와 친화력을 가지고 있어 전사나 DNA의 자기 복제를 가능하게 해주기도 한다(그림 3-1). 염기쌍 사이 친화력은 두 가닥이 안정적으로 유지될 정도로만 강해서 전사나 DNA 복제 시에는 두 가닥이 풀어지고 사이가 벌어져 전사효소나 복제효소가 들어가 일을 할 수 있게 된다.

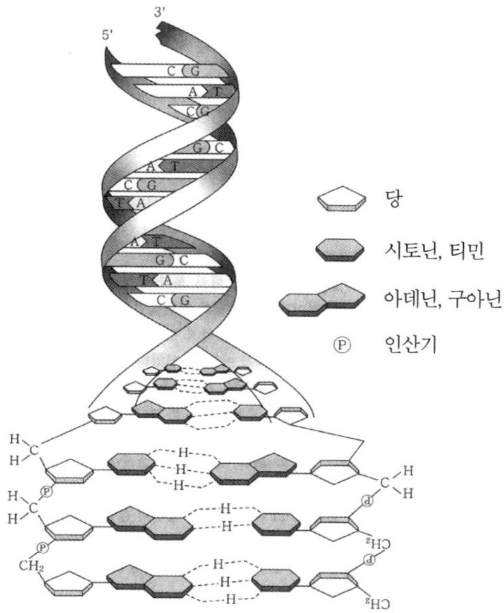

그림 3-1 과학의 역사에서 가장 중요한 화학구조의 하나로 꼬이는 이중나선 DNA.

1.3 염색체와 히스톤 단백질

길고 가느다란 DNA는 히스톤(histon) 단백질과 단단히 결합하여 사람의 경우 10,000배 정도 굵어진 염색체를 형성한다. 염색체는 세포의 작은 핵 안에 들어있는데 생물마다 고유한 수를 가지고 있다(표 3-1참고). 인간의 유전자는 46개의 DNA 분자로 된 염색체에 담겨있다(그림 3-2). 22개는 쌍으로 존재하고 여기에 더해 여성은 X 염색체 2개, 남성은 X와 Y 염색체를 갖는다. 염색체 쌍의 하나는 어머니의 난자에서, 다른 하나는 아버지의 정자에서 온 것이다. 생식세포에는 체세포의 반 23개의 염색체가 들어있고 수정으로 세포는 다시 46개의 염색체 쌍을 갖게 된다.

표 3-1 생물들의 염색체 수 비교

동물	염색체 수	미생물 식물	염색체 수
개미	2	섬모충류	10
집파리	8	잠두콩	12
개구리	26	완두콩	14
햄스터	44	양파	16
고릴라, 침팬지, 오랑우탄	48	벼, 토마토	24
누에, 자라	56	출아 효모	34
닭, 개	78	고구마	90
가재	200	쇠뜨기	216

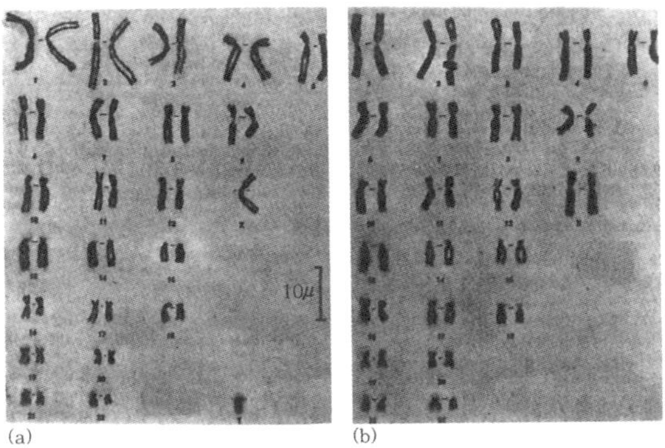

그림 3-2 사람의 염색체. 크기 순으로 번호가 매겨진다.
(a) 남,(b) 여

처음에 히스톤 단백질은 DNA를 작은 핵 안에 꽁꽁 뭉쳐 넣기 위한 구조적 물질로만 생각되었다. 그러나 최근 들어 이들이 유전자의 발현 조절에 매우 중요한 역할을 한다는 사실이 밝혀졌다(그림 3-3). 유전자 정보가 해독되려면 DNA 이중나선이 풀려야 하고, 그 이전에 히스톤 단백질이 느슨해져야 한다. 이것은 유전자를 켜고 끄는 정교한 조절 장치의 하나다. 뒤에서 후성유전학을 설명할 때 다시 이야기할 것이다.

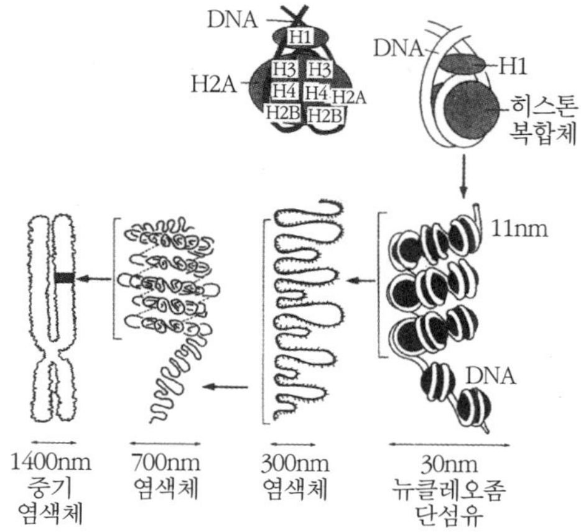

그림 3-3 DNA가 히스톤 8개(H1~H8)를 감아서 하나의 뉴클레오좀(nucleosom) 염주알을 이루고, 이것이 계속 여러 단계 접혀서 굵고 짧은 두 팔을 가진 형태의 염색체가 된다.

1.4 인간 생식의 경이로움

여기서 인간이 어떻게 세상에 태어나는지 살펴보는 것은 의의가 있을 것이다. 인간의 생식과 발생 과정은 인류를 존속시키는 성스럽고 경이로운 현상이다. 사춘기가 되면 성인이 되기 위해 육체와 정신이 같이 성장한다. 육체는 감각계, 신경계, 내분비계, 근육계, 골격계, 순환계, 호흡계, 소화계, 배 설계, 생식계의 통합체다. 남성의 고환(정소)에서 만들어지는 정자는 부정소에서 성숙되고 저정낭에 저장되는데 그 상태에서는 활동성이 없다. 정액은 수정관, 저정낭, 전립선, 요도선 등의 분비액으로 구성되며, 전립선에서 생성된 과당이 주로 정자를 활성화시킨다. 난자는 여성의 난소에서 만들어진다.

정자와 난자는 배우자라고 하며 각각 정소와 난소에서 2번의 감수분열을 통해 부모의 염색체의 반수 23쌍을 갖게 된다. 난자는 상염색체 22개와 X염색체를 가지고, 정자는 상염색체 22개와 X염색체나 Y염색체를 가진 것 2가지로 구별된다.

정자와 난자의 만나는 과정이 **수정**이다. 사람을 포함한 포유류와 조류는 체내 수정을 하고 그 외 동물은 체외 수정을 한다. 난소에서 배란된 난자는 정자와 수정이 되는 부위인 난관팽대부까지 난관의 섬모운동으로 떠밀려 내려간다. 한편 질 속에 사출된 3억 마리의 정자들은 난자를 향해 꼬리 편모로 그야말로 결사적인 유영을 시작한다. 정자 머리에는 염색체를 가진 핵이 들어있고 머리 앞에는 첨체가 있다. 난자를 만나는 순간 첨체의 효소로 난포세포층과 투명대를 분해하면서 들어가게 된다. 침입하는 순간 분비되는 특수 효소는 난자의 투명대를 단단하게 하여 다른 정자의 침입을 차단해 버린다. 나머지는 사멸된다. 수정에 성공한 정자가 X염색체를 가졌으면 여아, Y염색체를 가졌으면 남아로 발생하게 된다.

수정란은 2세포, 4세포 이런 식으로 난할을 시작하여 상실배를 형성하고, 6일째에 배반포가 되어 아기의 궁궐인 자궁에 착상하게 된다. 이때부터 8주까지를 배아, 그 이후는 태아라고 한다. 태아는 배반포 외부층 영양세포에 싸여 영양분과 필요한 호르몬을 공급받는다. 후에 배아와 모체 사이에 태반이 형성되어 가스교환과 영양공급이 이루어진다. 모체의 혈관은 자궁내막까지 뻗어있고, 태아의 혈관은 융모막까지만 뻗어있어 모체 혈관과 직접 연결되지는 않고 모체 혈액의 풀(pool)에 잠겨있는 상태다. 여기에서 이산화탄소와 산소는 확산으로 교환되고 포도당은 상피세포막의 운반체를 통해 운반된다(그림 3-4).

그림 3-4 태반을 통한 가스교환과 영양공급

4주째 배아는 약 500배로 커지고, 7주째에 머리, 몸통, 팔다리가 구별되고 생식기관이 형성되기 시작한다. 특히 이 시기에 **뇌**가 급속도로 발달한다. 9개월 동안의 형태 형성 과정을 마치면 드디어 태어난다. 인류의 큰 축복이다. 신생아의 첫 울음은 호기(expiration)이고 곧 흡기(inspiration)가 일어나고, 일종의 수중 생활에서 벗어나 육상 생활을 하게 되면서 시작된 호흡 교대가 평생 이루어진다. 한 세대 전만 해도 인구 증가를 걱정하였는데 우리나라는 이제 출산율이 세계 최저로 내려앉았다(그림 3-5).

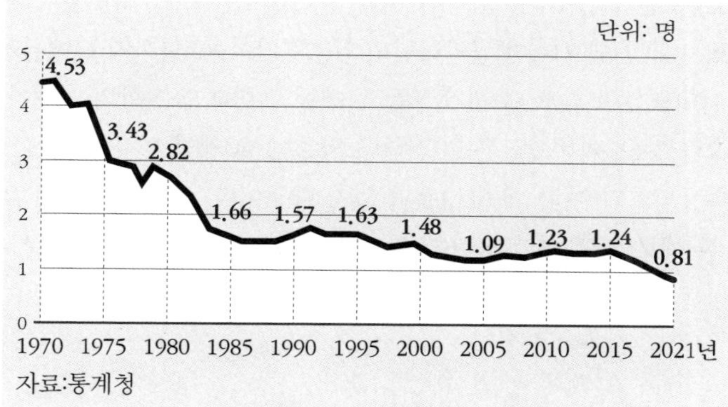

그림 3-5 한국 합계출산률 감소 추이

출산율은 여성 1명이 평생 낳을 것으로 예산되는 아기 수

모체가 임신 기간 동안 전쟁, 이혼, 가족의 죽음 등 극심한 스트레스를 받으면 스트레스 호르몬 코르티졸이 태반을 통해 태아의 뇌 발달에 영향을 주어 출생 후 자폐 행동을 할 위험을 높인다는 연구 결과가 있다. 납이나 수은, 카드뮴 같은 중금속도 태아의 뇌 발달에 심각한 영향을 준다. 산모의 흡연과 음주가 아이의 행동 장애, 공격 성향의 가능성을 높인다는 연구 결과들도 있다.

임신 기간 내내 충분한 영양 공급은 절대적으로 중요하다. 출생 후에도 우수한 영양, 특히 아연, 철, 단백질 공급은 아기의 뇌 발달을 돕고 인지 능력을 높이며 뇌 질병 예방에 필수다. 모유 수유와 적절한 보살핌의 중요성은 두말할 필요도 없다.

1.5 유전자 암호 번역으로 단백질 합성

단백질은 20종류의 아미노산이 길게 연결된 사슬로 여러 개의 사슬이 하나로 뭉칠 수도 있어 매우 다양한 단백질이 합성될 수 있다. 합성된 후에는 자연적으로 고유의 형태로 접혀서 특정 3차 구조를 갖게 된다. 여기에 필요에 따라 치아와 뼈를 튼튼하게 하는 미네랄 같은 물질이 합쳐질 수 있어 단백질은 무수히 다양한 종류가 만들어질 수 있다.

단백질의 아미노산 서열을 지시하는 정보가 유전자 암호이다. DNA 디지털 암호는 염기가 3개씩 읽혀서 하나의 아미노산으로 해독된다. 처음 해독된 암호는 UUU였으며, 페닐알라닌의 암호였다. 1965년까지 단백질을 이루는 20개 아미노산의 암호 60개가 모두 밝혀졌고 현대 유전학의 시대가 활짝 열렸다(그림 3-6). 아미노산은 20개인데 암호는 60개인 이유는 한 아미노산을 지정하는 암호가 여러 개인 경우가 있기 때문이다. 이것은 중대한 의미가 있는데, 한 예로 어떤 염기가 다른 염기로 변하는 돌연변이가 일어나도 아미노산이 바뀌지 않을 수 있다는 것이다.

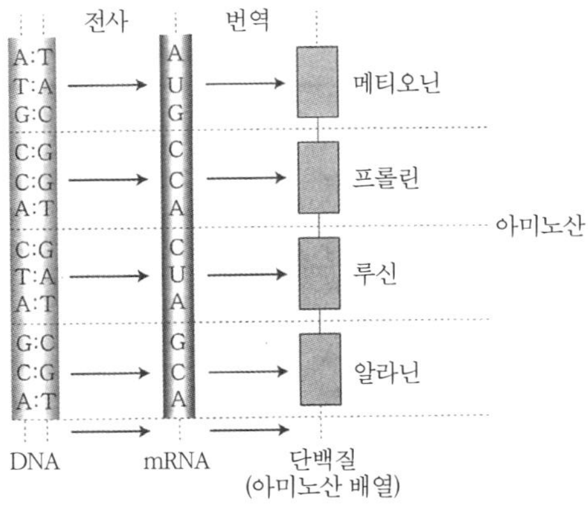

그림 3-6 DNA의 유전암호가 mRNA 전사를 거쳐 단백질의 아미노산 서열로 번역된다.

곰팡이에서 인간까지 지구상 모든 생명체는 기본적으로 동일한 **유전 암호**(codon)를 사용한다. 이것은 모든 생명이 한 생명체에서 진화된 후손이기 때문이라고 해석할 수 있다. 단백질은 생물 체내에서 에너지 생성, 감염 퇴치, 음식물 소화, 산소 운반 등 거의 모든 기능을 수행한다. 대개의 하나의 단백질은 하나의 유전자가 해석되어 만들어지는데, 여러 유전자의 단백질들이 합쳐져 하나의 기능을 하는 경우도 있다.

인체에서 만들어지는 단백질 종류는 총 1만 9,692개이며 이 중에서 몸의 모든 조직에서 항시 발견되는 것은 8,588개로 조사되었다. 모든 조직에서 생산되는 단백질은 세포 유지에 필요하다는 의미에서 이것을 만드는 유전자를 **하우스키핑 유전자**라고 한다. 전체 유전자 중에서 어느 세포에서나 발현되는 하우스키핑 유전자는 40%이고, 특정 세포에서만 발현되는 유전자는 5% 정도다.

표 3-2 우리 몸을 이루는 대표적인 단백질

신체 조절 단백질	**호르몬(인슐린, 글루카곤)**
산소 운반 단백질	적혈구의 헤모글로빈, 근육의 마이오글로빈
면역 방어 단백질	항체와 항원
근육 수축 단백질	액틴, 미오신
머리카락 구조 단백질	케라틴
효소 단백질	알코올 탈수소효소, DNA복제효소

1.6 유전자를 켜고 끄는 스위치

한 생물이 자손에게 전달하는 유전물질 전체를 유전체, 혹은 게놈(genome)이라고 한다. 게놈은 단백질이나 단백질 생성 기계를 만드는 방법을 적은 책에 비유되기도 한다. 사람의 책은 총 약 30억 개의 염기로 쓰여있으며, 23권에 나뉘어 있다. 염기를 읽어 보면 유전자 번역을 어디서 시작해서 어디서 끝내야 하는지 알려주는 부호가 있고, 또 유전자를 켜고 끄는 스위치 부분도 있다. 유전자가 켜지는 것을 **유전자 발현**(gene expression)이라고 한다.

우리 몸의 모든 세포는 2만여 개의 동일한 유전자를 가지고 있지만 세포마다 한 시점에 발현되는 유전자는 다 다르다. 필요한 유전자만 켜고 끄는 조절 장치가 있기 때문이다. 조절 장치는 주로 유전자 앞 쪽에 **프로모터**(promoter)라는 영역이며 여기에 전사인자라고 하는 메신저가 결합하여 유전자가 활성화되거나 차단된다. 세포는 언제나 필요한 유전자들만 단백질로 번역하는데, 전사인자가 사라지면 프로모터의 명령도 끝이 난다. 세포의 유전자 발현 조절 덕분에 생명은 놀랄 만큼 빠르고 유연하게 새로운 요구에 반응할 수 있다. 호르몬에 의해 유전자가 발현되고 특정 단백질이 만들어지는 과정이 그림 3-7에 나타나 있다.

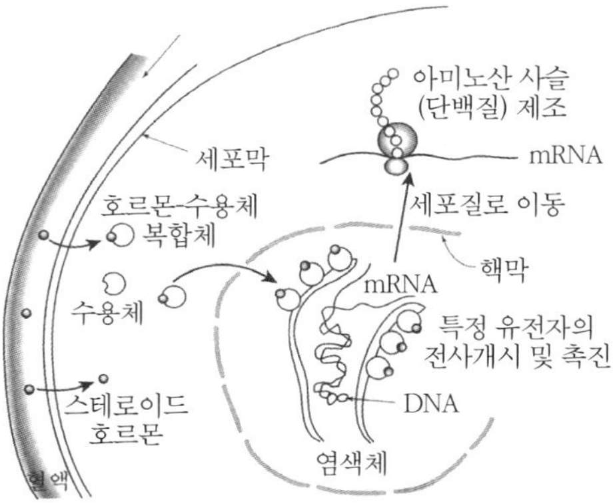

그림 3-7 호르몬에 의한 유전자발현조절 과정

인간의 게놈에 유전자 정보는 약 1%만 차지하고 나머지 부분은 단백질 암호가 없는 비암호화 부분이다. 비암호화 부분은 진화적으로 보존되어 온 것을 보면 무언가 대단히 중요한 역할을 하고 있으리라 짐작이 되며, 프로모터, 인핸서 등의 유전자 발현 조절 역할이 계속 밝혀지고 있다. 놀랍게도 단백질 암호가 없어 전사될 필요가 없을 비암호화 부분의 76%가 실제로 전사된다. 세포 내에는 다양한 종류의 RNA들이 많은데, 단백질 합성을 위한 것(mRNA)이 아니고 다른 역할을 하는 것들이다. 리보솜 RNA(rRNA), 운반 RNA(tRNA), 파이 RNA(piwiRNA), **마이크로 RNA(miRNA)**가 그들이다. 이들 RNA의

80%는 단백질 공장 리보솜을 만드는 구성요소인 rRNA이다. 리보솜은 60%가 RNA, 40%가 단백질로 되어 있다.

miRNA는 약 22개 염기로 된 그야말로 작은 RNA이며 RNA에 붙어서 단백질 합성이 진행되지 못하게 막는다. 자신과 상보적인 서열을 가진 어떤 RNA에나 부착할 수 있다. miRNA는 모든 동물과 식물의 세포에 존재한다. 그 말은 miRNA를 이용하여 단백질 합성을 조절하는 전사 후 유전자 발현 조절이 생물의 보편 과정임을 뜻한다. 포유동물 유전자의 약 30%가 miRNA를 이용한 번역 단계의 조절을 받는다고 알려져 있다. 생물은 변하는 상황에 맞추어 특정 단백질을 만들거나 생산을 중단하거나 하는 유전자 발현 조절 기작을 전사 단계와 번역 단계에 여러 겹으로 마련해둔 것이다.

2 인간 게놈에서 드러난 비밀

인간 게놈의 염기서열을 분석하는 미국의 **인간 게놈 계획**(human genome project, HGP)가 예상보다 일찍 2003년에 완성되어 전 세계에 공개되었다. 염기서열을 읽어보면 게놈에 단백질 유전암호가 몇 개 들어있는지 알 수 있는데, 인간의 유전자 수는 예상외로 2만여 개에 불과했다. 당시 과학자들은 5만~10만 개로 예상하고 있었다. 더구나 게놈의 대부분(현재 99%로 밝혀짐)에는 아무 유전 암호가 없었다. 그래서 이 비암호화 부분을 한때 '쓰레기 DNA(junk DNA)'라고 부른 적도 있는데, 큰 오해였음이 후속 연구로 드러나기 시작하였다.

비암호화 영역은 우선 유전자 발현 조절에 중요한 역할을 한다. 유전자를 꼈다 켰다 하는 스위치 역할을 하는 프로모터(promoter), 유전자에서 멀리 떨어져서 전사를 돕는 **인핸서**(enhancer), 전사를 억제하는 **사일런서**(silencer)들이 이 영역에 있다. 또, 염색체 말단을 보호하는 **텔로미어**(telomere), 자매염색체 쌍이 붙어서 X자 형태를 이루게 하는 동원체의 위성 DNA 등, 염색체 구조 유지에 중요한 역할을 하는 것도 있다. 비암호화 영역에서는 다양한 RNA 분자가 전사되기도 한다. 단백질 제조에 필요한 mRNA와 tRNA, 단백질합성 과정을 차단하는 짧은 miRNA, 유전자 활성을 조절하는 긴 lncRNA(long non-coding RNA)들이 여기에 속한다.

게놈의 비암호화 부분의 다른 특징으로는, 의사유전자(pseudogene), 위성유전자(satelite gene), 이동유전자(transposon), 역이동유전자(retrotransposon) 등의 **반복**되는 염기서열이 가득하다는 것이다. 이런 유전자들은 틈만 나면 자신을 복제하려는 것처럼 보이는 '이기적 DNA'들이다. 이기적이라는 표현은 진화학자 리처드 도킨스(Richard Dawkins)가 만든 개념인 '이기적 유전자(selfish gene)'에서 따왔는데, 간단히 알아보자.

2.1 진화론과 유전자 결정론

다윈 진화론의 **자연선택** 논리에 의하면 생물들 사이에는 한정된 자원을 두고 생존경쟁이 있기 마련이며, 경쟁에서 이긴 개체가 살아남아 자손을 남기고 자신의 유전자를 후세에 전달한다. 여기서 말하는 자원에는 먹잇감, 서식처, 짝짓기 상대 등 여러 가지가 있다. 그런데 다윈도 알고 있었던 사실은, 자연에는 생물들 사이의 투쟁만 있는 것은 아니며, 오히려 협동과 공생의 예가 넘쳐난다는 것이다. 생물 집단에 나의 생존과 번식의 기회를 남을 위해 양보하는 이타적이고 고귀한 품성은 혹시 생겨나더라도 자손을 남기지 못하므로 진화되지 못할 것이다. 그렇다면 여왕벌을 돌보며 자신의 번식을 포기하고 일만 하는 일벌은 어떻게 진화될 수 있었을까?

1964년 윌리엄 해밀턴(William Hamilton)이 이것을 **혈연선택**(kin selection) 개념으로 설명하였다. 친족이 모인 집단에서 내가 번식하는 것은 나의 유전자를 공유하는 사촌 8명이 번식하는 것과 등가이다. 나와 피를 나눈 개체를 돕는 이타적인 행동 양식을 가진 집단은 그렇지 않은 집단보다 생존에 유리하고 따라서 그 집단에 속한 개체에도 이롭기 때문에 협동이 진화될 수 있다는 것이다. 이 말은 자연선택이 개체가 아니라 집단 수준에서도 일어날 수 있다는 의미여서 학계의 큰 논란이 되었다. 또, 자연에는 친족이 아닌 개체들 사이에서의 협력도 흔히 발견되는데 이것은 **호혜주의**(reciprocity)로 설명된다. 먹이를 먹지 못한 박쥐는 배불리 먹은 이웃이 게워 준 먹이를 얻어먹고, 다음 번 반대 입장이 되었을 때 그 은혜를 갚는 식으로 서로 돕는 것이다.

리처드 도킨스는 1975년 발표한 그의 책 『이기적 유전자』에서 자연선택은 개체가 아니라 유전자 수준에서 일어난다고 설명하였다. 유전자 수준의 자연선택 관점으로 보면 해밀턴의 혈연선택 이론은 잘 이해될 수 있었다. 도킨스는 문화 역시 유전자처럼 변이, 경쟁, 자연선택 과정을 거쳐 확산되어 나간다고 하였다. 유전자가 자기복제를 통해 생물학적 정보를 전달하듯이 사회에서도 인기가 있는 문화는 모방을 통해 뇌에서 뇌로 전달되고 전 세계로 확산되어 나간다는 것이다. 이렇게 복제되는 문화의 단위를 **밈**(meme)이라고 불렀다.

한편, 하바드 대학의 에드워드 윌슨(E. Wilson)은 『사회생물학-새로운 통합 Sciobiology: The New Synthesis), 1975』에서 곤충에서부터 동물과 인간의 모든 행동, 이타적 자기 희생까지 유전자의 범위 안에서 설명하였다. 인간의 국가, 회사, 교회에 대한 충성심, 모성애 등은 자기에게 유리한 것을 상호교환하는 개체를 생존시키는 유전자가 자연선택되기 때문이라는 것이다. 같은 대학의 로버트 트리버스(R. Trivers)는 정치학, 법학, 경제학, 심리학 및 정신병에 이르기까지 모든 학문은 결국 사회생물학의 한 분야가 될 것이라고까지 말하였다.

이러한 주장들에 대해 가장 강력한 반대 의견은 인간의 두뇌, 의식, 문화의 출현을 무시하고 있다는 것이다. '문화가 가져다 준 뜻밖의 선물인 문화적 혜택을 과소 평가하고 있다'고 해리스(M. Harris)는 논평하였다(그림 7-9 참조). 최근에 후성유전학(뒤에서 설명)이 활발히 연구되면서 유전자로 생명현상을 설명하려는 소위 **유전자 환원주의** 혹은 **유전자 결정론**의 입지는 흔들리고 있다.

2.2 게놈은 반복 서열로 가득

인류의 게놈에는 크고 작은 염기서열 조각이 반복된 것들이 널려있다. 전체의 약 35%가 이런 반복서열들로 되어 있다. 가장 흔한 반복서열은 역전사효소를 만드는 유전자로, 전체 염색체에 수백에서 수천 개가 있다. RNA에서 DNA를 복사하는 역전사효소는 사람 세포에서는 아무 쓸모가 없는 것인데 왜 이렇게 많이 있을까? 이 역전사효소 반복서열은 AIDS 바이러스와 같은 레트로바이러스 종류의 역전사효소 유전자와 같은 것으로 밝혀졌다. 이 바이러스는 증식 과정에서 자신의 RNA 게놈을 DNA로 바꾸어 사람의 게놈에 끼어드는데, 수백만 년 전 사람을 감염하였다가 문제가 생겨 증식을 하지 못하고 그대로 게놈에 남아있게 된 것으로 보인다. 이것을 HERVs(사람 내생 레트로바이러스 human endogenous retroviruses)라고 부르며 전체 게놈의 8%를 차지한다. 인간의 모든 단백질 정보를 가진 유전자를 다 합쳐도 게놈의 1%인 것을 생각해 보면 엄청나게 많은 양이다.

레트로바이러스 유전자의 대부분이 제거되고 역전사효소 유전자만으로 된 것도 있는데 역이동유전자(retrotransposon)라고 한다. 이동유전자(transposon)는 바바라 매클린톡(Barbara McClintock)이 옥수수 알갱이의 다채로운 색깔이 나타나는 원인으로 처음 발견하여 1983년 노벨 생리의학상을 수상한 것이다. 유전자 속을 여기저기 튀어서 옮겨 다녀서 점핑 유전자(jumping gene)라고도 한다. 역이동유전자는 게놈 사이 끼어 들어간 부위에서 RNA 복사본을 만들고 다시 이것을 DNA로 변환시켜 다른 곳으로 점프해 끼어 들어간다. 점핑 유전자들이 단백질 정보를 가진 유전자 중간에 끼어들면 그 유전자의 단백질에 문제가 생겨 생물에 치명적 영향을 끼칠 수 있다. 종양억제 유전자에 삽입되어 암 발생 확률을 증가시키는 것이 그 예다. 원예식물에서는 색소를 결정하는 유전자 중간에 끼어들어 꽃잎이나 잎에 무늬를 나타내기도 한다.

역이동유전자 중에서 가장 흔한 LINE-1은 100개에서 수천 개의 염기로 되어 있는데 중간에 역전사효소를 만드는 설명서, 즉 유전자를 가지고 있다. LINE-1은 약 10만 개가 여기저기에 군집을 이루고 있으면서 전체 사람 게놈의 15%나 차지한다. 역전사효소를 이용해 RNA 사본을 DNA로 만들어 이것을 게놈 여기저기 집어넣는다. LINE-1보다 더 작으면서 훨씬 더 많은 Alu라고 하는 반복서열도 있다. 300개 염기로 되어 있는 조각을 다른 역이동유전자의 역전사효소를 빌려 복제한다. 사람 게놈에 100만 개나 있으며, 전체 텍스트의 10%를 차지하고 있다. Alu는 단백질 제조 공장인 리보솜을 만드는 유전자와 비슷한데, 중대한 돌연변이가 생겨 지금은 기능은 하지 않는 의사유전자(pseudogene)인 셈이다.

대부분의 다른 유전자들의 경우도 게놈 어딘가에 돌연변이가 누적되어 망가진 사본이 여러 개 의사유전자로 잠자고 있을 것으로 생각된다. 한 예로 9번 염색체 위에 있는 어떤 의사유전자는 11개 염색체의 14개 영역에 같은 복사본이 존재한다. 정체를 알 수 없는 이것은 원숭이 게놈에도 있다. 그에 비해 Alu는 원숭이에는 없고 유인원류에만 있다. 이것은 Alu가 비교적 최근, 즉 원숭이에서 유인원류가 갈라져 나온 후에 진화되었음을 의미한다.

게놈에는 이렇게 복제만이 존재 이유로 보이는 기생자들이 가득하다는 사실은 예상치 못한 발견이었다. 자연계에는 다양한 계층의 기생 관계가 있다. 동물 내장 기관에는 기생충이 있고, 피 속에는 박테리아가 있고, 세포 내에는 바이러스가 기생한다. 따라서 유전자 수준에도 기생자가 없으리라는 법은 없겠다.

2.3 생물의 진화를 가속시키는 이동유전자

옥수수는 유전체의 90%가 이동 유전자로 채워져 있다. 현대의 알갱이가 큰 옥수수는 7,500년~1만 2,000년 전 멕시코에 자생하던 잡초 티오신테(teosinte)를 지속적으로 개량하여 얻은 것이다. 이렇게 짧은 기간에 일어난 변화 과정에 이동유전자가 옥수수 게놈을 다양하게 재구성하는 데 큰 역할을 했을 것이다. 이동유전자가 처음 알려졌을 때는 이기적으로 자기 자신을 복제하고 증식해 나가는 기생체로, 여기저기 튀어 다녀 게놈을 뒤죽박죽으로 만들어 놓는 골칫덩어리로 생각되었다. 그러나 오늘날은 오히려 생물체가 오랜 진화의 역사에서 환경에 적응하기 위해 필요한 획기적 유전적 변화를 얻는 데 큰 역할을 하였다고 생각된다.

오늘날은 새로운 유전자 점핑이 별로 발견되지 않고 다양한 스트레스에 처한 생물의 게놈에서 주로 발견된다. 세포에는 점핑을 억제하고 게놈의 항상성을 유지하려는 기제가 있으며, 세포가 스트레스에 노출되어 감시 체계가 허술해지면 구속을 벗어나 다시 튀어 다니는 것이다. 생물정보학의 발달로 다양한 분석 프로그램을 이용해 생물 유전체에서 이동유전자의 점핑해 다니는 궤적을 역추적하는 연구도 활발하다. 식물은 이동성이 없기에 생활사 전반에서 다양한 스트레스를 받으며 살아가야 하고, 오랜 세월 스트레스에 적응하는 과정에서 유전적 다양성이 커지고 여러 종으로 가지쳐 나갔을 것이다. 이동유전자의 점핑 지도를 작성하면 유전자의 진화 경로를 연구할 수 있다.

2.4 유전자 지문 감식과 짧은 반복 서열

손가락 지문은 개인마다 다르며 평생 변하지 않아 개인 식별에 널리 사용될 수 있으나 지문이 남지 않은 범죄에서는 수사에 도움이 안 된다. **DNA 지문 감식**(DNA fingerprinting)은 현장에 남아있는 극미량의 DNA 만으로 용의자의 신원 확인을 하게 해준다. 80억 인구가 모두 30억 개의 염기서열이 다르지만 전체를 분석하기는 어렵고 그럴 필요도 없다. 현재 기술적으로 효율적인 방법이 개발되어 있는데, 특정 염기서열을 인지한 후 그 자리에서 DNA를 자르는 **제한효소**(restriction enzyme)를 이용하는 것이다. 이 효소로 용의자의 DNA와 범죄현장에서 수집된 DNA를 잘라 비교해 보는데, 아무 곳이나 자르는 것이 아니고 사람마다 다 다른 염기서열을 가지고 있는 부분을 자른다. 자른 결과가 동일하면 범인이 확인된다.

인류는 30억 염기 중 0.1%만 서로 다르다. 거의 같은데 특히 어떤 영역에 개인마다 다 다른 염기서열을 갖는 부분이 있는데 이런 것을 **다형성(polymorphism)**이라고 한다. 오늘날 유전자 지문 감식에서 주로 분석하는 부분은 이 암호화 부위에 있는 반복 서열 중에서 2개~9개의 염기서열이 반복되는 곳들이다. 예를 들면 CAG 가 반복되는 CAGCAGCAGCAG 같은 서열이다. 여기서 CAG를 짧은 반복 서열 STR(short tandem repeat)이라 하는데 사람마다 4번, 12번 등 중복 회수가 달라 비교 구별이 된다. STR 반복 구간은 전 염색체의 여기저기에 있는데 보통 15군데를 분석해 모두 일치하면 친자관계로, 혹은 범인으로 판단한다.

사건 현장의 증거물 칫솔에 남아있는 구강세포, 빗에 있는 모근 세포, 미세한 혈흔 등으로부터 얻은 극미량의 DNA를 분석하기 위해서는 DNA 양을 단시간에 증폭시키는 PCR 유전자증폭 기술을 이용하여 DNA 양을 충분히 확보한다. PCR은 뒤에 4부에서 자세히 설명한다.

2.5 시토신 메틸화의 역할 진화

인간의 게놈에는 여기저기 복제하여 이동하는 이동 유전자가 35%를 차지하고 옥수수에는 90%라고 하였다. 이런 것들이 활동 중인 유전자 중간에 들어가면 유전자가 못쓰게 되어 돌연변이가 되고 다시 빠져나오면 돌연변이가 복구되기도 한다. 사람에서 LINE-1 과 Alu는 여러 유전자 돌연변이를 일으킨다. 그중의 한 예가 혈우병으로, 이동유전자가 혈액응고 유전자에 끼어들어가 생기는 질병이다. 다행히도 인간은 다른 생물에 비해 이동유전자의 해가 크지 않다. 쥐에서는 돌연변이의 10%가 이동 유전자에 의한 것인데 비해 사람은 700개 돌연변이 중 1개 정도다. 사람에는 이기적 DNA들의 복제를 억제하는 **시토신 메틸화**(cytosine methylation)라고 하는 기작이 있기 때문이다.

염기 C 시토신에 CH_3 메틸기가 붙으면 전사가 안된다. 게놈의 대부분은 메틸화되어 있어 대부분의 유전자는 발현이 억제되어 있고 필요한 유전자만 전사되고 발현된다. 간이나 피부 조직은 같은 게놈을 가지고 있지만 다른 단백질을 만들고 다른 기능을 한다. 이런 **조직 특이성**은 메틸화와 관계가 있다. 최근에는 메틸화가 이동유전자를 억제하는 것과도 관련이 있다고 보고 있다. 발생 초기 태아에서 유전자에 있는 모든 메틸기가 제거되고 곧이어 전체 게놈에서 반복 서열이 검색되고 메틸화되는 현상이 이 주장을 뒷받침한다.

3 유전자 변화에 의한 암과 노화

3.1 유전자 잘못에 의한 질병들

유전학 지식의 발달로 그동안 많은 질병이 유전자 결함과 관련된 것으로 밝혀졌다. 물론 유전자에 선천적 결함이 있더라도 후천적 요인에 의해 개선되거나 치료될 수도 있다고 최근 '후성유전학'이 계속 밝히고 있다. 이것은 다음 절에서 다룬다. 부모에서 자손으로 전달되는 유전병은 4,000여 종이 규명되어 있다. 이제는 심장 질환, 당뇨병, 암도 유전자 결함이 중요한 원인으로 보고 되었다. 신체 건강은 수천 개의 단백질이 적절한 양 생산되어 적절한 시기에 적절한 위치에서 정상적으로 상호작용하는 데에서 온다.

건강한 단백질은 온전한 유전자 발현에서 온다. 그런데 살아있는 세포에서는 DNA에 종종 돌연변이가 일어난다. 특히 세포분열 과정에서 DNA 복제의 실수가 생기기 쉬운데 대부분은 곧 교정되고, 교정되지 못한 것이 돌연변이가 된다. DNA 보수 효율은 동물의 수명과 상관관계가 있는 것으로 알려졌다. 평균수명이 긴 동물일수록 세포의 DNA 보수 효율이 높다. DNA 복제 시 실수가 일어날 확률은 인간과 포유동물에서 5,000만 염기 당 1개 정도로, 새로운 딸세포 하나 당 약 120개의 돌연변이로 계산된다. 그러나 게놈의 대부분에는 유전자가 없기 때문에 돌연변이 효과는 거의 나타나지 않는다. 활동성 유전자에 돌연변이가 일어날 확률은 약 2만 분의 1 정도다. 게다가 정자와 난자가 만나 생기는 자손에서 동일한 유전자에 돌연변이가 있을 확률은 더욱 낮아진다.

드물게 돌연변이로 중요한 유전자의 염기가 변하면 단백질 산물도 변하고 그 결과 정상 기능을 못 하게 될 수 있다. 단일 염기가 변해 일어나는 유전 질환으로 낫세포빈혈증, 낭성섬유증, 일부 암, 페닐케톤뇨증, 테이-삭스병이 있다(그림 3-8). 염기가 변해 유전자형이 변해도 단백질 구조에는 영향을 주지 않아 표현형은 달라지지 않을 수도 있다. 여러 개의 염기가 삽입되거나 결실되어 일어나는 돌연변이도 있다. 이 경우 번역들이 바뀌고 전혀 다른 단백질이 만들어지고 심각한 결과가 초래될 수 있다. DNA 일부 조각이 중복, 삽입, 결실, 전좌 되기도 한다. 한 염색체의 일부가 잘라져 다른 염색체에 이전하는 전좌로 일어나는 것이 다운증후군이다. 여러 종류의 암에서도 염색체가 소실되거나 뒤집히거나 다른 곳으로 일어난 것이 관찰된다.

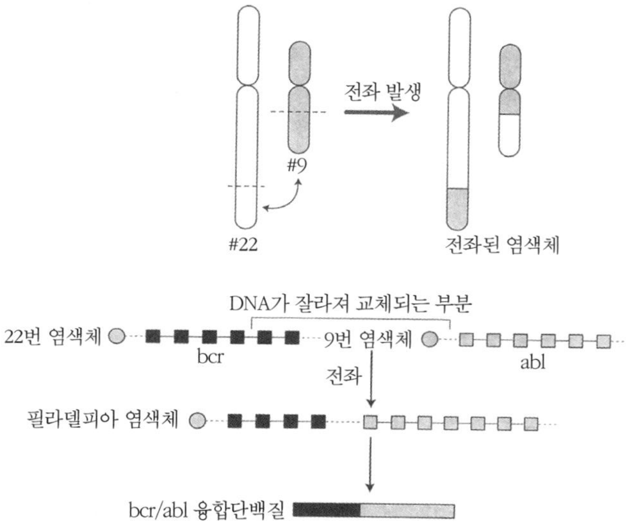

그림 3-8 낫세포빈혈증 환자와 정상인의 헤모글로빈(베타 사슬)의 아미노산 서열과 유전자 서열 비교

돌연변이는 자연적으로 발생하지만 물리 화학적 요인들에 의해 수준 이상으로 증가될 수 있다. 방사선, 자외선, 겨자가스, 벤조피렌, DDT 등 우리가 알고 있는 발암물질들이 대부분 돌연변이 유발물질이다. 부모에게서 물려받은 돌연변이 유전자는 선천성 유전병을 일으키고 자손 대대로 전해진다. 부모가 살아가는 동안 체세포 DNA에 입은 손상은 자손에 전달되지 않는다. 피부나 간에 생긴 돌연변이는 세포를 죽이거나 암을 일으키지만 유전되지는 않는다. 많은 종류의 암이 DNA 돌연변이에 의한 것으로 밝혀져 있다. 대부분의 암은 부모에게 물려받은 유전자 탓보다는 개인이 살아가는 동안 체세포에서 방사선이나 화학물질 등에 의해 일어난 DNA를 보수하는 과정의 실수에서 온다.

자손에게 전해지는 유전병은 대개 열성 유전병이며 우성 유전병은 드물다. 예를 들어 헌팅턴무도병은 우성 유전병으로 부모 중 한 사람이 이 질병을 보이면 자녀의 50%는 반드시 질병을 물려받는다.

아직은 인간의 질병에 대한 유전적 이해가 희귀한 병에 국한되어 있으나 앞으로는 정신병까지도 유전적 연관성을 알게 될 것이다. 인간게놈계획으로 30억 개 염기서열이 밝혀지고 2만여 개 유전자의 지도가 완성되었다. 이를 바탕으로 각 개인의 질병에 대한 유전적 성향을 알게 되면 그에 맞는 생활 스타일이 추천되고 치료약도 각자의 유전적 필요에 맞게 고안될 수 있을 것이다. 물론 그렇게 되면 잠재 질병 유전자를 가진 사람은 의료 보험에서 불리하게 될 수 있다는 우려가 있다.

3.2 암은 유전자 결함의 누적으로 발생

암은 질서 있는 세포분열을 관리하는 유전자들이 단계적으로 손상되어 세포가 무한정 분열하고 이웃 조직에까지 침범하고 결국은 온몸으로 퍼져 자라나는 것이다. 건강한 신체는 60조 개의 세포들의 연합으로 서로의 증식을 감시하고 있다. 이웃 세포의 신호를 받기 전에는 마음대로 세포분열하지 않는다. 그런 끝없는 공조 체제하에서 신체의 전체적인 크기, 형태가 적절하게 유지되는 것이다. 암세포는 이러한 설계를 무시하고 주변의 통제를 받아들이지 않고 자신의 번식 명령만을 따른다.

정상세포는 얼마나 빨리 분열해야 하는지 언제 분열을 멈추어야 하는지 안다. 상처 난 부위의 상처가 아무는 과정을 생각해 보라. 간세포는 평상시에 세포분열이 매우 느린데 수술로 간의 일부가 절단되면 빠르게 증식을 시작하고 간조직이 완전히 회복되면 증식을 멈춘다. 그런가 하면 골수세포는 수명이 짧은 적혈구와 백혈구를 대체하기 위해 끊임없이 혈구세포를 만들어낸다.

또한 정상세포들은 각각 정해진 장소에서만 살 수 있다. 이웃 세포의 신호가 중요하다는 뜻이다. 피부세포를 골수에 이식하면 분열하지 못하고 얼마 못가 죽는다. 골수세포를 피부에 이식해도 마찬가지다. 그러나 암세포는 원래의 종양 덩어리에서 떨어져 나와 혈액이나 림프를 따라 돌아다니다가 몸의 다른 부위에 자리 잡고 증식하여 새로운 종양으로 자라난다. 정상세포와 암세포는 실험실에서 배양해도 증식 양상이 다르다. 정상세포는 50회 정도 분열한 후에는 배양이 불가능하나 암세포는 배양액에서 영원히 분열한다. 정상세포는 배양 접시에서 서로 맞닿아 한 층으로 자라다 표면을 다 덮으면 분열을 멈추는 데 반해 암세포는 계속 위로 겹쳐 자라나 덩어리를 이룬다.

(1) 종양유전자와 종양억제유전자

모든 암을 단 하나의 잘못된 세포에서 유래한 세포 집단이다. 말기 암 환자의 몸에는 수십억 개의 암세포가 존재하는데, 모두 단 1개의 세포에서 유래했음을 실험으로 증명할 수 있다. 암은 크게 종양 형성을 촉진하는 종양유전자(oncogene)와 다행스럽게도 이것을 억제하는 종양억제유전자(tumor suppressor gene) 두 종류의 유전자에 결함이 여러 단계에 걸쳐 누적될 때 생기는 병이다. 종양 유전자는 돌연변이로 계속 켜져 있으면 암이 되고, 종양억제유전자는 계속 켜져 있어야 하는데 꺼져 있으면 암을 일으킨다.

종양유전자로 대표적인 **라스(Ras)**는 암 환자의 20~30%에서 발견되는데 **세포분열촉진유전자**다. 이 유전자는 정상세포에서는 꺼진 상태이나 돌연변이가 일어나면 항상 켜져 있는 고장난 스위치가 되어 세포에게 분열하라는 신호를 지속적으로 보낸다. 1980년대에 발견된 종양억제유전자는 **세포분열억제** 단백질을 만든다. 처음 규명된 p53 단백질은 17번 염색체에 위치한 **TP53** 유전자에서 만들어지며 모든 암의 55%, 폐암의 90% 이상이 이 유전자 돌연변이 단백질에 의한 것이다. 직장 암의 경우 APC라고 하는 종양억제유전자의 돌연변이로 시작된다.

(2) 암의 다단계 발전 과정

암의 발전단계는 다단계를 거치며 대장암의 경우 자세히 연구되어 있다(그림 3-9). 우선(1) 정상 대장 세포에서 5번 염색체의 종양억제유전자에 돌연변이가 일어나 휴지상태에 있어야 할 세포가 분열을 시작하여 작은 폴립을 형성한다. 그러나 세포 형태는 아직 정상세포와 다르지 않은 양성 종양이다.(2) 몇 년 후 이런 세포 100만 개 중 하나에서 12번 염색체의 Ras 유전자에 돌연변이가 일어나 세포 성장조절이 더욱 흐트러진다.(3) 18번 염색체의 종양억제유전자에 결손이 일어나고 악성 세포들이 자리잡기 시작한다. 이제 세포가 과다하게 분열할 뿐 아니라 겉모습과 배열이 비정상적인 큰 폴립(polip)이 된다. 그러나 다른 조직의 경계를 침범하지 않고 원 위치에서 더 이상 발전하지 않을 수도 있다.(4) 이들 세포에 다시 17번 염색체의 TP53 종양 억제유전자 결손이나 염기 돌연변이가 발생하면 대장암이 된다. 암세포가 저변 조직으로 침투해 들어가고 혈액이나 림프액에 세포를 떨어내기 시작하며, 떨어져 나온 세포들이 다른 곳으로 전이되는 악성 종양으로 자라난다.

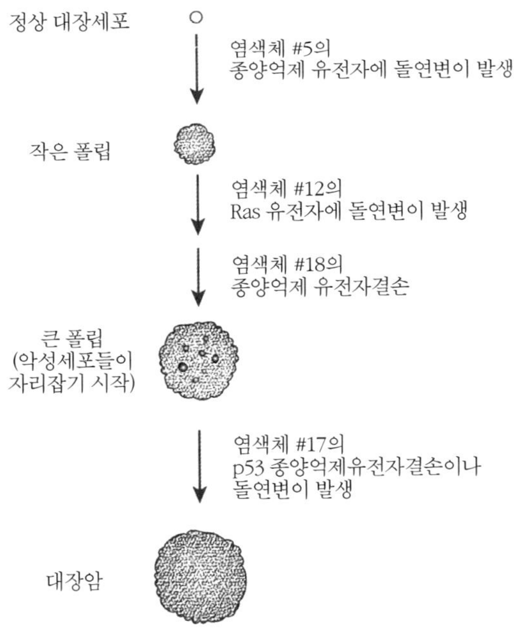

그림 3-9 암의 전이 과정(대장암의 예)

마침내 종양이 그 기관의 기능을 파괴하면 사망에 이른다. 다른 종류의 암에서도 이와 유사한 **다단계 유전자 변화**가 나타나는데 TP53 돌연변이가 최종 단계가 된다. 종양이 커질수록 다시 돌연변이가 일어날 가능성이 높아진다. 종양세포가 빠르게 증식하는 까닭에 복제 오류에 의한 돌연변이 확률이 커지기 때문이다. 암은 왜 조기 발견이 중요한지를 알 수 있을 것이다. 암은 나이를 10살 먹을 때마다 발생률이 2배 증가하며 암에 의한 사망률은 50세 이후 급격히 증가하여 70세 집단의 암 발생률은 35세 집단의 약 64 배이다. 현대에 100년 전보다 암 사망률이 크게 증가한 것도 인간의 평균 수명이 늘어났기 때문이기도 하다. 대부분의 사람들이 세포의 DNA 손상 보수 기능이 떨어져 적어도 4종류의 유전자 돌연변이가 한 세포에 축적되어 암세포가 될 만큼 오래 살게 된 것이다.

(3) 종양억제유전자 TP53의 중요성

우리 몸에는 돌연변이가 일어날 가망성이 많은데도 암이 생각보다 흔치 않다. 그 이유는 살아가는 동안 체내에 빈번하게 생겨나는 비정상적인 세포들이 위험한 종양으로 진행되기 전에 면역계와 여러 방어기작에 의해 제거되기 때문이다. **종양 억제 단백질 p53**는 게놈의 보호자라는 별명을 갖고 있다. TP53 유전자는 1,179개 염기로 된 작은 유전자로 DNA 손상과 같은 신호를 받으면 p53 단백질의 생산이 급격히 증가하여 세포 전체 운영을 총괄하기 시작한다. 세포로 하여금 증식을 멈추게 하고 DNA 복제도 중지시키며 잘못이 보수되지 못하면 자살을 하게 만든다. DNA 손상과 함께 산소부족도 TP53 유전자를 활성화시킨다. 종양세포는 공 모양으로 자라나 덩어리 안쪽 세포들은 영양분과 산소가 부족하여 종양 안에 새로운 핏줄을 생성하라는 신호를 보낸다. 이 성질을 이용하여 개발한 암 치료제 '엔지오 제네시스'는 혈관 생성을 차단하는 약이다.

TP53 유전자가 **세포자살**(apoptosis)을 유도함으로써 종양을 억제한다는 사실은 최근에 발견되었다. 이전에는 방사선이나 화학요법이 세포의 DNA 복제를 차단하여 분열하는 세포를 선택적으로 죽인다고 생각하였다. 그러나 최근 연구로 이런 요법들이 사실은 DNA에 손상을 주지만 세포를 죽일 정도는 아니고 대신 TP53를 일깨워 손상된 세포들을 자살하게 만든다는 사실이 밝혀졌다. p53은 현재 암 치료제로 가장 유망한 물질이다.

(4) 세포자살은 정상적인 조절 과정

세포자살은 암세포 제거 외에도 일상 감염성 질병에 대항하는 기작으로도 유용하다. 세포는 바이러스에 감염되면 스스로 죽는다. 그래서 엡스타인 바(EB Barr) 바이러스의 경우에는 세포가 죽으면 자신이 증식할 수 없으므로 감염된 세포의 자살을 막는 막단백질을 가지고 있다. 인간 유두종(papilloma) 바이러스는 세포자살을 유도하는 TP53과 다른 종양 억제 유전자의 작동을 막는 유전자를 가지고 있기도 하다.

세포자살은 암과 질병을 억제하는 역할도 하지만 생물의 발생 과정에서 중요한 역할을 한다. 5개월 된 태아의 난소에는 700만 개의 난자가 생성되어 있는데 출생 시에는 200만 개 만 남고 나머지는 세포자살 명령을 받아 도태한다. 뇌 발달 과정에서는 ced-9와 다른 유전자들이 온전하지 못한 세포들에 대량 세포 자살을 일으킨다. 그렇게 하여 세포들 집단의 평균적인 질을 향상시키는 것이다. 면역세포에서도 이런 식의 세포자살이 일어나는 것으로 알려져 있다. 그런데 세포자살은 누가 중앙에서 통제하고 지시하는 것이 아니다. 배 발생처럼 각 세포는 자신의 정보와 내부 명령에 따라 움직일 뿐인데 거시적인 조화와 질서가 나타난다.

3.3 인간의 노화와 유전자

무성생식으로 번식하는 미생물은 양분 고갈, 생존에 부적합한 물리적 환경 등 외부 조건의 작용이 없는 한 영원히 성장, 번식하며 노화되지도 않는다. 그러나 유성생식을 하는 모든 동식물은 아무리 영양물질이 풍부하고 최적의 환경 조건이 주어져도 일정한 시기가 되면 신체 기관들이 노화하기 시작하고 정해진 수명에 따라 죽는다. 생물의 노화는 어떻게 일어날까?

사람의 노화에 대한 설명으로는 이미 정해진 수명에 따라 자기 파괴되어

간다는 **수명프로그램설**과 유전자 과실 등으로 유기체가 자기치유 능력을 상실해 늙는다는 **과실론**이 있다. 미국 국립 노화연구소가 20~29세 남녀 1,000명을 대상으로 2년마다 개인의 신체, 생리, 생화학, 병리 기능을 지속적으로 추적하였다. 그 결과 인간의 노화 과정은 개체, 조직, 세포마다 다른 속도로 진행되며 유전, 생활 습관, 질병 상태가 영향을 미치는 것으로 나타났다. 현재 노화 연구의 핵심은 노화유전자를 찾는 것이다. 따라서 일찍 늙는 조로증 환자에서만 발현되는 유전자 조사에 연구의 초점이 맞춰져 있다.

노화유전자로 처음 밝혀진 것이 **염색체말단소립(telomere)** 관련 효소(telomerase) 유전자이다. 염색체말단소립은 운동화 끈의 끝이 풀어지지 않게 붙어있는 플라스틱 조각처럼 염색체 끝부분을 보호해 주는 것이라고 생각하면 된다. 사람의 경우 짧은 염기서열 TTAGGG가 2,000여 개 반복된 구조다. DNA 복제는 복제효소의 특성상 복제할 때마다 염색체 끝의 일부가 복제되지 못하고, 그 결과 복제할 때마다 길이가 조금씩 짧아진다. 물론 이 부분에 중요한 유전자는 없으므로 손실되어도 단백질 생산과는 상관없다. 그런데 염색체 말단 소립의 길이가 일정 기준 이하가 되면 DNA 복제가 멈추고 세포분열도 멈춘다. 염색체 말단 소립은 일종의 세포 내 분자시계인 셈이다.

실험실에서 배양된 정상 세포는 일정 회수 분열한 후 죽는데 여기에 염색체말단소립을 보수하는 효소 유전자를 넣어주면 다시 활발하게 분열을 시작한다는 보고가 있었다. 그러나 염색체말단소립의 길이를 늘리는 방법으로 노화의 시계를 거꾸로 돌릴 수는 없다. 노화를 역행하는 것은 암을 유발할지도 모른다. 암세포에서는 실제로 정상세포에서는 발현이 되지 않는 염색체말단소립 보수 효소가 과다하게 발현된다. 이 효소의 유전자를 정상 세포에 넣어 암세포로 만드는 데 성공했다. 이 말은 이 효소를 억제하면 암을 치료할 수 있다는 뜻이기도 하다. 노화와 암은 칼의 양날과 같다.

노화의 원인에 대한 분자생물학적 설명은 여러가지가 있다. 앞서 살펴본 염색체말단소립의 길이가 일정 수준에 이르면 세포 분열이 멈추고 노화가 뒤따른다는 이론이 있다. **유해활성산소설**은 산소에서 생성된 활성이 높은 자유기가 미토콘드리아를 손상시켜 에너지 생산을 방해하고 그 결과 세포 활성이 떨어진다는 주장이다. 미토콘드리아의 산소 전달계가 손상되면 당 분자가 서서히 축적되어 단백질에 고착되고 전반적으로 세포의 기능을 저하시켜 노화를 초래한다는 것이다.

수명프로그램설은 모든 생명체가 발생, 성장, 노화의 3단계를 밟도록 프로그램되어 있다고 한다. 노화와 수명은 태생시 짜놓은 유전 프로그램에 따라 결정된다는 것이다. 이 이론을 뒷받침하는 예가 조로병 환자 연구에서 나왔다. 20세 이전에 머리털이 백발이 되고 피부 주름이 생기는 조로병 환자의 세포는 수명이 정상인 세포의 절반이라고 한다.

DNA복제오류설은 프로그램설과 대립되는 것으로, 세포가 계속 분열하는 동안 DNA가 손상을 입거나 복제 실수가 일어나 변이 단백질이 만들어져 세포가 늙는다고 한다. **교차결합설은** 나이가 들수록 여러 자기 단백질끼리 결합하고 엉켜서 단백질들의 활동이 저하되고 그 결과 세포 노화가 진행된다고 주장한다.

노화방지는 가능할까? 동물에서 노화는 혈액의 포도당 농도 증가, 단백질 합성 감소, 조직의 경직화, 근육량 감소, 학습 속도 감소 등으로 나타난다. 인간은 그 외에도 시력, 청력, 기억력 저하, 신체 능력의 전반적인 감퇴 등을 경험한다. 쥐와 원숭이를 이용한 실험에서 칼로리 섭취를 줄이면 노화가 늦춰지고 수명이 연장되는 결과가 얻어졌다. 사람에서는 아직 증명되지 않았다. 칼로리 제한이 세포분열을 억제하고 혈당량을 낮추는 효과가 있다. 과다한 운동은 산소 흡입량을 늘리고 미토콘드리아를 손상시키는 결과를 가져와 노화를 촉진할 수도 있다. 최근에는 부신에서 생산되는 스테로이드 호르몬인 DHEA나 멜라토닌, 비타민, 성장 호르몬, 성호르몬을 정기적으로 주사하는 방법이 노화 방지 요법으로 관심을 끌고 있다. DHEA는 나이가 들면서 분비량이 줄기 때문에 DHEA 혈중 농도 검사로 노화 정도를 측정하기도 한다. 수면 호르몬으로 알려진 멜라토닌 역시 20대 초 절정에 이르렀다가 분비량이 급격히 떨어진다. 동물 실험에서는 이들 물질 투여가 노화방지 효과를 보이지만 인체 효과에 대한 실험적 근거는 아직 부족하다.

4 포스트-게놈 후성유전학 시대

예전에는 우리의 몸을 컴퓨터 하드웨어라고 하면 유전자는 컴퓨터가 작동하게 하는 프로그램 소프트웨어로 생각되었다. 그런데 **후성유전**(epigenome)이 본격적으로 알려지면서 후성유전을 설명할 때 유전자는 하드웨어고 후성유전은 소프트웨어라고 비유하기 시작하였다. 하드웨어는 소프트웨어가 없으면 소용이 없다. 컴퓨터가 텍스트 작업을 할지 그래픽 작업을 할지 게임 작업을 할지를 결정하는 것이 소프트웨어이듯이 우리의 세포들이 소화를 할지, 호르몬을 분비할지, 질병과 싸울지의 결정은 후성유전 프로그램을 따른다. 후성유전 프로그램을 바꾸는 법을 알아낸다면 유전자의 잠재력을 우리의 의도대로 이용할 수 있게 될 것이다. 이러한 기대로부터 예방의학, 종양학, 심리학, 정신의학, 노화 연구, 진화생물학 등의 온갖 분야들에서 새로운 학문인 후성유전학을 연구에 반영하고 있다.

4.1 후성유전은 제2의 유전 체계

최신 과학 연구들은 우리가 하는 거의 모든 행동이 우리 세포에 영향을 준다는 보고를 하고 있다. 행동이 세포의 분자생물학 수준에 흔적을 남기며, 나아가서 이 흔적들이 일정 강도 이상으로 지속될 경우 유전자에도 영향을 줄 수 있다는 주장이다. 미국 듀크 대학의 생의학자 랜디 저틀(Randy Jirtle)은 유전자가 같아도 어미 쥐들이 임신 기간 동안 섭취한 영양의 질에 따라 새끼들의 건강과 외모가 크게 달라진다는 연구는 이미 유명하다. **특정 비타민**과 **영양제**가 함유된 먹이를 준 어미 쥐가 낳은 새끼들은 갈색 털 가죽에 건강하게 자라났으며, 이런 성분이 함유되지 않은 먹이를 준 쥐의 새끼들은 노란색을 띠고 비대하고 병약하게 자라났다는 것이다. 임신 중 무엇인가가 분명히 달라졌을 것인데, 조사 결과 두 그룹 쥐의 유전자에는 아무 변화와 차이가 없었다.

이런 수수께끼 같은 현상을 연구하는 학문이 후성유전학이다. 유전체(게놈)

위, 혹은 밖에 존재한다는 의미로 영어로는 에피-게놈(epi-genome)이라 하는데 우리 말로 후성유전 혹은 후성유전체라고 번역되었다. 유전자가 타고난 선천성이라면 이 현상은 후천성이라는 뜻이다. 생물학적 정의로는 '세포에 저장되고 딸세포에 전달되나 유전체에는 없는 모든 분자생물학적 정보'가 후성유전이다.

침팬지와 인간의 유전자는 1.5%만 다르다. 유전 텍스트가 모든 것을 결정한다면 침팬지와 우리의 모습이나 행동은 1.5%만 달라야 할 것이다. 또한, 우리 몸의 신경세포, 피부세포, 간세포, 근육세포 등 200가지 종류의 세포들은 모두 같은 유전자를 가지고 있다. 어떻게 동일한 유전자에서 이렇게 다양한 세포가 만들어질까? 각 세포들에 정체성을 부여하는 세포의 다양한 **발현조절 기구** 혹은 후성유전 프로그램 전체를 '후성유전체'라고 한다.

후성유전체는 세포의 단백질 설계도 중에 시시각각 변하는 상황에 맞추어 어떤 것이 활용되어야 하는지 지시를 내린다. 이런 지시는 세포가 세포분열할 때 딸세포에 유전 텍스트와 더불어 함께 전달된다. 그래서 '제2의 유전체계'라고도 하는 것이다. 후성유전체는 유전체가 가진 잠재력 중에서 무엇이 활용될지를 결정한다. 어떤 유전자가 어떤 시간에 활동하고 어떤 유전자는 활동하지 않을지, 나아가서 세포가 빠르게 노화할지, 천천히 노화할지, 외부 자극에 예민하게 반응할지 적당히 반응할지, 과제를 오래 수행할지 빠르게 끝낼지 등은 모두 각기 다른 후성 유전 프로그램의 작용에 의한 것이다.

4.2 후성유전이 작용하는 3가지 방법

후성유전체가 작동하는 방식은 유전자를 켜고 끄는 다양한 기작들을 활용한다. 그럼으로써 후성유전체는 유전 텍스트에 문법을 입힌다고 할 수 있다. 후성유전체 문법에 따라 세포들이 텍스트를 제때에 제대로 읽히지 못하고 단백질이 적절히 생성되지 못하면 혼란을 초래하고 인체는 질병에 이를 것이다.

후성유전체의 도구, 즉 유전자조절 스위치는 크게 **DNA 메틸화**, **히스톤 아세틸화**, **RNA 간섭**, 3가지가 있다. 이 스위치들은 서로 밀접하게 연관되어 작용한다. 메틸화는 가장 많이 연구된 것으로, DNA 메틸기전달효소(DNA methyl trasferase, DNMT)가 C(시토신) 와 G(구아닌)이 두 가닥에서 여러 번 엇갈려 있는 곳에서 시토신에 탄소 원자 하나와 수소 원자 3개로 된 메틸기를 붙이면 전사가 안된다. 예를 들면 한 가닥은 CGCGCG이고 이에 상보적인 다른 가닥은 GCGCGC인 곳이 두 가닥 모두 메틸화되어 세포가 분열할 때 딸세포 둘 다 메틸화 패턴을 물려받는다. 게놈의 대부분에는 메틸화 빗장이 걸려 있으며 세포 종류마다 메틸화 패턴이 다르다. DNA에 메틸화가 되어 있으면 전사 인자가 붙지 못해 유전자 발현이 억제되는 것이다.

두 번째 스위치는 히스톤 단백질의 아세틸화이다. 히스톤은 길고 가느다란 실과 같은 DNA와 결합하여 짧고 굵은 염색체를 형성하게 하는 단백질이다. DNA는 음전하를 많이 가진 분자라 자체의 반발력으로 뭉쳐지지 않는데, 양전기를 띈 히스톤 단백질 8개로 이루어진 뉴클레오좀(nucleosome)을 실패처럼 감으며 뭉쳐진다. 고무줄의 양 끝을 붙잡고 계속 꼬이면 중앙에서 다시 꼬이듯, DNA와 뉴클레오좀도 2차, 3차 수준으로 계속 꼬여서 궁극적으로 굵고 짧은 염색체가 된다. 히스톤 단백질의 꼬리 부분에 붙는 아세틸기, 메틸기 등의 결합 여부에 따라서 뉴클레오좀과 DNA 결합이 응축되어 유전자가 침묵하거나 느슨하게 풀어져 유전자 발현여부가 결정된다.

세 번째 유전자 발현 스위치는 RNA 간섭(RNA interference)이다. RNA 간섭은 mRNA가 단백질로 번역되는 과정을 RNA가 방해하는 방식의 후성유전이라는 뜻이다. 세포에는 외부에서 들어온 이물질 RNA나 바이러스 RNA를 제거하는 기능이 있는데 세포 내에서 전사된 RNA에도 작용한다. 게놈의 이 암호화 부분에서 전사가 일어나 RNA 바이러스 유전자처럼 보이는 이중가닥 RNA 조각이 형성되는데 이것을 마이크로 RNA(miRNA)라고 한다. 세포는 **다이서**(Dicer)라는 가수분해효소를 이용해 이중 가닥 RNA를 곧 작게 조각 내버린다. 대부분의 조각은 파괴되고 제거되지만 일부는 단일 가닥으로 분리된 후 RISC(RNA-induced silencing complex)라는 단백질과 결합한다. 이 RNA-단백질 복합체는 자신의 RNA 염기서열과 상보적인 mRNA를 찾아다니다 만나면 결합하고, RISC 효소가 번역 중인 mRNA를 조각내어 버린다. RNA 간섭은 '전사 후' 단백질 합성 단계에서 일어나는 발현 조절이다.

4.3 유전학에서 후성유전학으로

인간 게놈 계획으로 전체 게놈의 염기서열을 밝히고 모든 유전자를 찾아내면 질병 유전자 규명과 치료제 개발에 많은 도움이 될 것으로 생각하였다. 그러나 2003년 인간 게놈 계획의 완성으로 알게 된 것은 유전자가 게놈 전체의 1%에 불과하며 게놈의 99%는 아무 정보도 없다는 수수께끼 같은 사실이었다. 생물이 쓸모없는 DNA를 그렇게 많이 보존한다는 것은 자연선택의 관점에서 있을 수 없는 일이었다. 그러나 곧 유전 정보가 없는 게놈의 대부분이 사실은 유전자 발현 조절에 중요한 역할을 한다는 사실이 서서히 여러 가지 연구에서 축적되기 시작하였다.

한편, 인간 게놈 계획이 시작될 때 일부 과학자들은 유전자가 생명이 모든 것을 결정한다는 환원주의적 발상이라고 비난하였는데, 오늘날 보면 그들의 말도 일리가 있다. 생명의 정보는 염기서열에만 담겨있지 않은 게 분명하다. 인간 게놈의 염기서열을 아는 것으로는 수정란이 어떻게 태아로 발생하는가 이해할 수 없다. 따라서 최근에는 발생 과정을 유전자 발현 조절 수준에서 연구하기 시작하였다. 생물의 기능이나 형태와 같은 표현형은 선천적으로 타고난 유전자 뿐 아니라 후천적 환경의 영향도 받는다는 사실이 분자생물학적으로 규명되기 시작한 것이다. 후천적 영향은 생식세포를 변화시키거나, 임신 중 태아에 영향을 주어 다음 세대에도 전달 될 수 있다(그림 3-10).

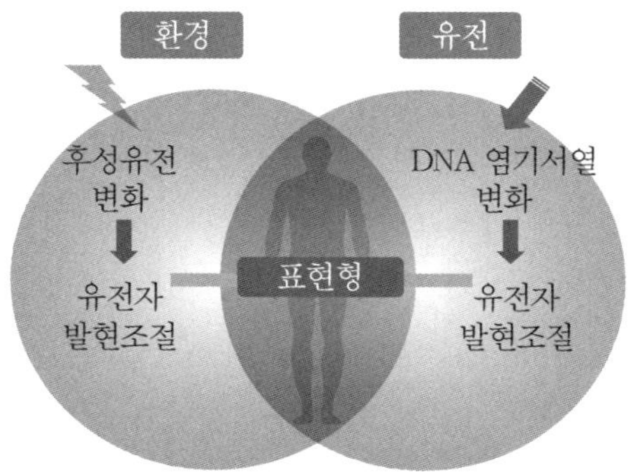

그림 3-10 후성유전학은 생물의 표현형이 유전자 염기서열과 환경 두 가지 모두에 의해 결정됨을 보여준다.

애벌레에서 번데기를 거쳐 나비로 탈피하는 과정에서 유전자는 그대로이며 바뀌는 것은 후성유전 프로그램뿐이다. 세포의 운명은 유전체와 후성유전체 둘 다에 의해 결정된다고 최신 과학 연구자들이 증언한다. 나비의 세포에는 애벌레와 나비를 위한 유전암호가 다 들어있는데 어떤 설계도를 택할지는 후성유전암호가 결정한다. 후성유전체에 변화를 주는 요인은 미세해서 알기 어려운데, 꿀벌의 경우 예외적으로 그것을 명확하게 볼 수 있다.

꿀벌은 집단 전체가 암벌로만 이루어져 있다. 일벌은 태어날 때부터 일벌로 태어나는 것이 아니고 여왕벌도 마찬가지다. 둘 다 동일한 애벌레에서 시작하며, 모든 암컷 유충은 여왕벌이 될 수 있는 잠재력을 가지고 있다. 누가 여왕벌이 될지는 알에서 부화한지 3일 만에 결정된다. 처음에 유모 벌은 모든 유충에게 로열젤리를 먹이는데 3일째부터는 대다수에게 꽃가루와 꿀을 먹이고 여왕벌로 키울 유충만 번데기가 될 때까지 로열젤리를 먹인다. 로열젤리의 어떤 성분이 여왕벌을 만들어내는지는 아직 밝혀지지 않았으나 모종의 생물학적 효능이 있음은 의심할 바 없다고 하겠다.

2008년 호주의 연구팀이 유충들에게 DNA 메틸화 효소를 감소시키는 조작을 하였더니 로열젤리를 먹이지 않았는데도 그중의 3분의 2 이상이 여왕벌이 되는 것을 관찰하였다. 여왕벌의 세포핵 DNA를 조사해 본 결과 일벌의 DNA보다 메틸화가 확연히 적은 상태였다. 여왕벌에서는 더 많은 유전자가 활성화되어 있으며, 로열젤리 속 어떤 성분이 유충을 여왕벌로 만드는 유전자의 DNA 메틸화를 억제한다고 추정할 수 있다. 연구팀은 DNA 메틸화가 꿀벌 사회의 분업을 조절하는 후성유전 시스템이라고 표현했다. 이 사례는 **영양이 생물의 유전체에 영향**을 줌을 보여주는 최상의 예이기도 하다.

4.4 인간과 환경을 이어주는 후성유전학

환경의 여러 요인들은 유전에 영향을 미친다. 1850년~1950년 사이 약 100년 동안 영국의 공업지대에서 나방들의 색이 검게 변하는 공업암화(industrial melanism) 현상이 일어났다. 대기오염에 의해 나무껍질이 검게 변해 밝은 색 나방은 천적에게 포식되고 짙은 색 나방이 자연선택된 것이다. 후에 환경 개선으로 나무의 그을음이 사라지자 나방들의 색이 다시 밝아졌다. 이것은 환경 변화에 의해 집단 내 대립유전자의 빈도 변화가 일어나는 전형적인 진화의 예로 설명된다.

초파리와 쥐를 이용한 실험에서는 이들의 생육 환경 조건을 바꾸면 10~20세대 만에 행동 양식이 바뀌는 것이 관찰되었다. 사람의 낫세포빈혈증은 헤모글로빈의 아미노산 하나의 돌연변이에 의해 적혈구가 낫꼴로 바뀌고 산소 결합력이 떨어져 악성 빈혈을 일으키는 질병이다. 이 유전병은 특히 말라리아가 성행하는 아프리카와 아시아에서 많이 나타난다. 낫세포가 말라리아 병원충의 감염에 저항성을 주기 때문이다. 그런데 미국으로 이주한 아프리카인들에서는 낫 세포빈혈증이 훨씬 적은 것으로 조사되었다. 말라리아가 없는 환경에서는 낫세포빈혈증 유전자가 10세대 만에 변한 것이다.

과거에 인류가 생활하던 환경이 목축지, 고산지 또는 기후 조건이 다른 지역에 따라 환경에 적응하는 생활형이 분명히 형성되었을 것이다. 그리고 10세대 전후에 일부 유전자의 변화가 일어났을 것이다. 한 예로 오랫동안 우유를 먹어온 북유럽의 성인들은 대개 우유를 소화하는 젖당 분해 효소(락타제 lactase)를 가지고 있다. 다른 지역의 성인들은 이 효소를 가지고 있지 않아 우유를 마시면 속이 불편해진다. 산소가 부족한 고지에 사는 티베트인들에서는 혈액 순환을 촉진하는 방식의 변이가 일어나 이를 해결하였다. 에스키모인은 상대적으로 비만한 체격과 작은 체표면적을 가져 체온 보존에 유리하고, 반면에 나일강변의 수단인은 키가 크고 체표면적이 넓어 열 발산에 유리하게 변모하였다.

인류가 여러 인종으로 분화한 것은 장기간 다른 환경에서 적응한 것이 한 요인일 것이다. 특정 환경은 신체, 뇌와 행동이 변하도록 영향을 주고 나아가서 다양한 집단의 문화 형성과도 관련이 깊다. 환경 변화에 의한 생활 양식의 변화는 지금도 진행 중이다. 소음과 인공 자극이 큰 도시에서 자동화 기기와 컴퓨터에 의존하고 신체 활동이 거의 없이 여러 세대 살게 되면 이에 적응하는 인간형이 만들어질 것이 분명하다. 환경이 유전자에 미치는 영향에 대한 것은 그동안 생물학적으로 설명할 수 없었는데 이제 후성유전학으로 부분적으로 이해하기 시작하였다.

5 고유전체학이 밝히는 인류의 진화

2022년 노벨 생리의학상은 고유전체학(paleogenomics)이라는 새로운 분야를 확립한 스반테 페보(Svante Paabo)에게 수여되었다. 인류가 코로나19 범유행을 겪고 있는 상황이라 코로나19 치료 관련 연구 쪽의 수상이 기대되었는데, 진화유전학 분야에 수여된 것은 뜻밖이었다고 할 수 있다. 고유전체학이란 화석의 뼈와 같은 고시료에서 미량의 DNA를 추출하여 전체 유전체(게놈)를 알아내고 이로부터 집단의 진화 역사나 집단 사이의 관계를 추론하는 신학문이다.

진화인류학자 페보는 고 유물에서 DNA를 채취하여 분석 연구하는 획기적인 기술 개발에 성공하였고, 네안데르탈인의 게놈 전체 염기서열을 분석하였다. 그것을 현재 인류의 유전체와 비교해 본 결과, 네안데르탈인과 현생 인류 사이에 교잡이 있었다는 놀라운 발견도 하였다. 이들의 이종교배 자손들은 전 세계로 퍼져 나갔으며 현재까지 우리는 게놈에 약 2~4% 정도 네안데르탈인에서 유래된 유전자를 가지고 있다. 오래 유지되어온 유전자는 인체 생리에 중요한 것이라고 짐작할 수 있다. 실제로 페보는 그런 유전자의 하나가 코로나19에 감염되었을 때 위중증으로 진행될지 여부를 결정하는 유전자임을 밝히기도 하였다.

분석을 통해 재구성된 고 생물 유전체는 현존 생물의 유전체와 비교하여 두 종이 언제 분지 되었는지, 혹은 두 종 사이 이종교배가 있었는지 등의 지난 역사를 추정할 수 있는 귀한 자료가 된다. 고고학이나 언어학 자료보다 더 믿을 수 있는 분석 자료가 될 수 있다. 또 인간이 다른 유인원류와 다르게 진화하게 된 결정적 요인이 무엇인가와 같은 질문도 유전체 비교로 연구할 수 있다. 지난 20여 년간 획기적으로 발전한 고유전체학 분야에 대해 알아본다.

5.1 고유전체 분석 기술 혁명

완전히 광물화된 화석이 아닌 수십, 수만 년 된 준 화석 상태 동물의 뼈에는 극미량이나마 생체조직이 남아있다. 이로부터 연구용 DNA 시료를 추출하여 분석한다는 것은 불가능에 가까워 보인다. 미량의 조직에서 DNA를 얻더라도 대부분 너무 오래되어 작은 조각으로 분해되고 화학적으로 변형되어 있을 뿐 아니라, 부패 미생물이나 곤충 등 다양한 이물질 DNA로 오염되어 있기 때문이다. 실제로 고시료에서 얻는 DNA는 거의 99%까지 박테리아의 것이라고 한다. 그런데 2010년 스반테 페보가 고시료 염기서열 분석이라는 혁명적 기술을 확립하여 고인류학 연구에 획기적인 전기를 마련하였다(그림 3-11).

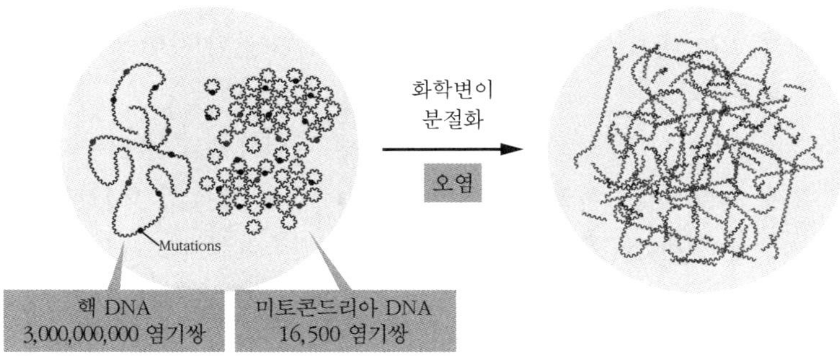

그림 3-11 고유전체학의 오래된 시료 데이터에서 변형과 오염을 제거해야 한다. 핵 DNA를 분석하므로 미토콘드리아분석보다 신뢰도가 훨씬 높다.

뼈와 같은 고 시료에서 추출한 DNA는 우선 연구할 수 있는 만큼 그 양을 증폭시켜야 한다. 이때 사용되는 방법이 코로나 바이러스 검사에 사용되는 것과 같은 **중합효소연쇄반응**(PCR)이다. PCR로 얻은 DNA는 **차세대염기서열결정법**(NGS, Next Generation Sequencing)으로 처리되고 이로부터 대량의 염기서열 정보를 얻게 된다. 고생물의 DNA는 생물 사후 보통 수십 염기 길이로 짧게 조각나는데 서로 다른 크기와 위치에서 잘라지기 때문에 단편들이 게놈 여기저기 교차 위치하게 된다. 단편들을 퍼즐 맞추기 하듯 배

치해나가면 게놈 전체를 재구성할 수 있게 된다. 이런 작업은 사람이 하려면 엄청난 시간이 걸리지만 염기서열 정보 빅데이터를 처리하는 **생물정보학**(bioinformatics)의 도움으로 빠르게 이루어진다.

고시료에서 추출되는 DNA의 대부분이 그 뼈에 서식한 미생물이라는 난제를 해결하기 위해 연구자들은 DNA 칩을 사용하였다. 즉 DNA 시료에서 게놈 전체의 2% 정도 가장 관심있는 DNA만 추출하고 나머지는 버리는 것이다. 그 방법으로 우선 21번 염색체 대부분을 교차로 덮을 수 있는 52개 염기로 된 작은 DNA 조각들을 합성하여 유리 판에 붙인 **DNA 칩**(DNA 마이크로어레이)을 제작하였다. 이 칩에 뼈에서 추출된 DNA 시료를 흘려주면 칩의 DNA와 상보적인 서열을 가진 DNA들만 낚여서 결합된다. 이렇게 얻은 DNA는 오염 DNA가 제거된 고대인의 DNA 만으로 이루어진다. 이 방법으로 중국 텐위안 동굴에서 발견된 4만 년 된 다리뼈에서 추출한 DNA 시료의 0.02% 밖에 안 되는 인류 DNA가 분석될 수 있었다. 그 결과 **텐위안인**은 동아시아인으로 이어지는 초기 현생인류의 한 계통임이 밝혔다.

일부 유전자가 아니라 유전체 전체를 조사하기 위한 방법으로, 하버드대학의 데이비드 라이크(David Reich)는 게놈에서 사람들마다 염기 차이가 있다고 알려져 있는 100만 개 위치를 포함하는 52개 염기 조각을 합성하여 DNA 칩을 제작하였다. 이것을 미끼로 사용하면 시료에서 인간의 DNA 농도가 100배 이상 늘어나며, 게놈에서도 관심있는 유전 정보를 포함하고 있는 위치를 표적으로 했기 때문에 분석 효율도 10배 더 높아진다. 라이크는 전 과정을 자동화하여 한 번에 90개 이상의 시료를 며칠 안에 조사할 수 있게 하였다. 그 결과 게놈 전체를 무차별적으로 분석하는 것보다 수십 배나 저렴하게 고대 게놈을 분석할 수 있었다. 이제는 고대 DNA의 전체 게놈을 연구할 때 많은 수의 뼈를 선별할 필요가 없을 뿐 아니라, 선별된 1만 년 전 시료의 상당 부분에서 게놈 데이터를 얻을 수 있게 되었다. 유럽 페보 박사 연구실에서 개발된 기법을 토대로 하버드대에 '아메리칸 스타일 게놈 데이터 공장'을 지은 것이다.

5.2 고인류 연구의 게놈 혁명

2015년 이후 라이크가 개발한 대량 분석 기술로 그의 팀은 한 번에 수백 개의 시료를 효율적으로 분석하여 북유럽인들이 5천 년 전 이후 동유럽의 온대 초원에서 대규모로 이주한 집단으로 대체되었다는 사실, 농경이 중동 여러 집단에서 1만 년 전 발생하여 이후 사방으로 퍼져나가며 농경을 전파하고 서로 섞였다는 사실 등을 밝혀냈다.

먼 과거 인간 집단에 일어난 일에 대한 연구는 고대 사회의 인공물을 조사하는 고고학, 언어학, 역사학 등의 전통적 방법이 있다. 그러나 이제 과거와 현재 인간 유전체의 차이를 분석하는 유전학적 방법은 기존 연구 방법을 보완하던 부수적 위치에서 주도적이 되어가고 있다. 2009년부터는 고유전체 데이터가 고고학, 역사학, 인류학, 심지어 언어학 분야에서까지 정통 학설에 도전하기 시작하였고 해묵은 논쟁을 깔끔히 해결하기까지 하고 있다.

이 모든 혁명은 **고시료 유전체 분석**에서 시작되었다. 이전에는 전체 게놈 분석 같은 것은 엄두도 못 내고, 부분적으로 모계로만 유전되는 미토콘드리아 DNA나 정자에만 있는 Y염색체, 혹은 게놈 내 한두 개 위치같이 작은 단편 분석 자료에 의존했다. 그러나 이제 2010년부터 유전체 전체 서열이라는 놀라운 정보를 이용해 과거의 모습을 더 명료하게 이해할 수 있게 된 것이다.

이 분야는 지금 매우 빠른 속도로 발전해가고 있고 우리나라에서도 서울대를 중심으로 연구자들이 성과를 내고 있다. 고고미술사학자 이선복 교수는 2006년 몽골 살킷 지역에서 발굴된 두개골 화석을 독일 막스플랑크 진화인류학 연구소 등과 협동 연구를 하였다. 눈두덩이 큰 특성 때문에 호모 에렉투스나 네안데르탈인이라는 추정도 있었지만, 한국인 연구팀이 유전체를 해독하여 이것은 3만 4,000년 전 현생인류 화석임을 증명하였다. 또 이를 바탕으로 동아시아인의 복잡한 유전적 관계도 추정해냈다.

5.3 5만 년 전 인류다운 행동으로 도약하게 한 유전자 찾기

1987년 앨런 윌슨 연구팀은 전 세계인의 **미토콘드리아 DNA**를 분석하여 누적된 돌연변이를 비교하는 방법으로 인류의 계통수를 만들었다. 그 결과 모든 인류는 16만 년 전 아프리카에 살았던 모계 조상이 되는 미토콘드리아 이브의 후손이라고 발표하였다. 이것은 호모 에렉투스가 아프리카를 떠나 유라시아 여러 지역에 살았고 그로부터 현생인류가 탄생하였다는 다지역 기원설과 맞지 않아 문제가 있었다. 미토콘드리아 DNA는 전체 게놈의 20만 분의 1에 불과하고, 돌연변이 발생률에는 불확실한 요소가 많음을 감안해야 하는 연구 결과이다.

고고학 기록에 의하면 5만 년 전을 기점으로 인류의 석기 양식이 크게 변하고 영적인 세계에 관심을 보였음을 나타내는 장신구 등 인공물이 많이 보이기 시작한다. 프랑스 쇼베의 3만 년 전 동굴벽화의 뛰어난 예술성은 잘 알려져 있다. 현대인과는 다른 구인류에 속하는 네안데르탈인은 40만 년 전 유럽에서 진화했고 5만 년 전 현생인류가 확산돼가면서 수천 년 내에 절멸하였다. 왜 네안데르탈인은 멸종하고 인간은 살아남았을까?

5만 년 전 갑자기 현생인류가 인류다운 행동을 보이기 시작한 것은 어떤 유전자 돌연변이가 발생한 후 자연선택된 것과 연관이 있지 않을까? 페보는 이러한 가정 하에 2010년부터 네안데르탈인의 유전체를 완독하고 현생인류의 유전체와 비교하여 변화가 없는 약 10만 개의 영역을 살펴보고 있다. 아직은 10만 개 네안데르탈인과 차이 나는 부분이 모두 어떤 의미가 있는지 알지 못하나 인류의 인지와 행동과 관련된 유전자의 변화를 탐구해나가고 있다. 네안데르탈인과 인간이 한 조상에서 갈라진 뒤 일어난 유전자의 변화를 찾은 결과 두 종에서 아미노산이 바뀌는 변화가 일어난 78개 위치를 찾아냈다. 페보 연구팀은 그 부분들에서 발달심리학자, 영장류 학자, 비교언어학자, 유전학자들과 함께 다학제적으로 현생인류가 다른 동물과 다르게 생각하고 행동하는 방식과 관련 있는 유전자를 찾는 중이다. DNA가 모든 것을 결정하지 않는다는 것을 후성유전학이 증명하지만 유전적 토대를 아는 것은 연구에 도움이 된다.

5.4 인간만의 특별한 '언어 유전자'는 없다

영장류 중에서도 인간만이 정교한 언어를 사용하기 때문에 과학자들은 그동안 인간만이 가진 특별한 언어 유전자가 있을 것으로 믿고 있었다. 그 유전자의 후보로 2002년 폭스피투(FOXP2) 유전자가 제안되었다. 인지능력은 정상이지만 복잡한 언어 구사를 못하는 증후군을 겪는 사람들에서 이 유전자에 변이가 있다는 발견이 있었기 때문이다. 페보 연구팀의 고유전체 연구로 이 유전자가 20만년 전부터 현생인류에서 빠르게 퍼져나갔음이 밝혀져 이 유전자는 더욱 언어 능력과 인류의 번성과 연관이 있을 것으로 추정되었다. 이후 문법을 지닌 언어 구사와 같은 노래를 하는 명금류에도 비슷한 유전자가 있다는 사실이 알려지면서 이러한 믿음은 굳어졌다.

그런데 네안데르탈인이나 데니소바인의 고유전체 분석 결과 이들도 우리와 같은 폭스피투 유전자가 있다는 충격적인 발견이 이루어졌다. 폭스피투 유전자에 의한 고도의 언어구사가 현생인류의 특징이라고 믿었던 인류학자들은 네안데르탈인이나 데니소바인도 현생인류와 못지않은 언어 능력이 있었을 것이라고 해석을 할 수 밖에 없었다. 그러나 유전학자들은 언어라는 복잡한 현상을 단 한개의 유전자로 설명할 수는 없다고 회의하고, 이 유전자가 직접적으로 언어구사와 관계 있기 보다는 신경세포 성장을 촉진해 성장기 어린이 뇌의 언어 중추 발달에 영향을 미칠 가능성을 제기하였다.

그런데 2018년 8월 미국 브로드 연구소의 엘리자벳 앳킨슨 연구원이 폭스피투 유전자가 현생인류가 모두 가지고 있는 특별한 유전자가 아니라는 연구 결과를 '셀(Cell)' 온라인 판에 발표하였다. 그는 기존 연구가 유럽인과 아시아이만을 대상으로 해서 자료 선정에 문제가 있다고 보고 기존보다 2배 많은 53명의 사람과 침팬지 10마리, 3명의 네안데르탈인과 데니소바인의 게놈에서 폭스피투 유전자 전 영역을 비교분석하였다. 그 결과 이 유전자가 20만 년 전 빠르게 퍼졌다는 증거가 없을 뿐더러, 이 유전자에 변이가 있어도 언어구사에 문제가 없는 사람도 많다는 사실을 밝혀냈다. 인간에게 언어를 선사한 특별한 유전자라는 기존 학설이 고유전체학에 의해 뒤집힌 것이다.

한편, 폭스피투 유전자는 침팬지와 쥐가 공통 조상에서 분기된 후 1억 년간 보존되었고, 인류가 침팬지와 분기된 후 2개의 변화가 일어났다. 그런데 이 두 개 돌연변이는 현생 인류와 네안데르탈인에 모두 있으므로 5만 년 전 이후의 급진적 변화와는 관계가 없을 것이다. 페보팀은 현생인류가 네안데르탈인과 갈라진 후, 현생인류에만 나타난 제3의 돌연변이를 찾아냈다. 이것은 폭스피투의 유전자 발현에 영향을 주는 것으로 알려져 있으며, 현생인류에만 나타났으므로 인간을 인간답게 만드는 유전적 변화의 후보로 연구되고 있다.

5.5 호모 사피엔스는 네안데르탈인 등과 다양하게 섞였다

현재 고유전체 분석 혁명이 압도적 성공을 거두고 있는 분야는 인간이 다른 동물과 어떻게 다른가 생물학적으로 해명하는 분야보다는 인간의 **이주**를 조명하는 분야다. 지난 몇 년 동안 가속된 고유전체 연구는 인간 집단들이 대규모로 섞이고, 이전 집단을 대체하고 확산하는 일이 광범위하게 일어났음을 밝혔다.

오늘날에는 인류의 하위집단으로 호모 사피엔스 현생인류만 남아있다. 화석과 유전자에 의하면 현생인류는 동아프리카에서 출현하여 서남아시아로 기존의 인류 집단과 다양한 정도의 혼합을 계속하면서 확산하였고, 아프리카 전역 및 남아시아, 유라시아로 퍼져나갔다. 5만 년 전에는 유라시아 전역으로 확산하며 다른 인류를 절멸시켰을 것이다.

우리와 가장 가까운 친척은 침팬지, 보노보, 고릴라 같은 유인원류인데 이들은 정교한 도구를 만들지 못하고 언어를 사용하지 못한다. 그러나 4만 년 전까지 직립보행을 하고 높은 인지능력을 가진 다양한 구인류가 살았다. 이 중에 가장 잘 연구된 **네안데르탈인**은 40만 년 전부터 유럽을 지배했고 현생인류와 같은 방법으로 몸돌에서 격지를 떼어내는 방식으로 석기를 만들었다. 그러려면 석공은 완성된 도구의 모양을 머릿속에 계속 그리고 있어야 하고 복잡한 공정을 거쳐 목표를 완성해야 한다. 네안데르탈인은 환자와 고령자를 보살피기도 했으며 독수리 발톱으로 장신구를 만들고 원형 돌담을 만든 것으로 보아 상징도 이해했던 것 같다.

그럼에도 불구하고 네안데르탈인과 현생인류는 외모부터 크게 다르며 인류와는 다른 종으로 여겨져 왔다. 고고학 유적을 보면 네안데르탈인과 현생인류는 유럽과 중동에서 만났음이 확실하다. 현생인류는 10만 년 전 이전 서남아시아에서 서유럽에 진출하였고, 네안데르탈인은 7만 년 전 유럽에서 중앙아시아로 진출하였다. 그러다가 6만 년 전 현생인류가 중동에서 우위를 차지하면서부터 두 집단이 만날 때마다 네안데르탈인을 대체하기 시작하였다. 그리고 두 집단 사이에 교잡도 있었음이 네안데르탈인 유전체 분석으로 밝혀졌다. 유럽에 살았던 네안데르탈인 여성 네 명의 DNA 분석 결과 오늘날의 아시아인과 유럽인 모두 네안데르탈인의 DNA를 평균 1~2% 가지고 있었다. 개인마다 가지고 있는 네안데르탈인 DNA 부분이 다르므로 모두 합치면 현생 인류는 전체로 네안데르탈인 DNA의 약 20%를 가지고 있는 셈이다.

그후 네안데르탈인 뿐 아니라 **데니소바인** 집단과 현생인류 간에도 유전적 교류가 있었음이 밝혀졌다. 데니소바인은 2008년 시베리아의 데니소바 동굴에서 발견된 새끼손가락 뼈 조각 하나에서 추출한 DNA 유전체 분석이 성공하면서 처음 알려진 고인류로 네안데르탈인의 사촌 정도 된다. 종의 정의는 서로 교잡이 되지 않는 생식장벽을 의미하는데, 기원한 지 1~2백만 년이 안되는 종끼리는 유전적 교류가 가능하다는 연구 결과가 있다. 따라서 20만 년 전에 기원한 **현생인류**가 새로운 종인지 여부와 상관없이, 현생인류는 여러 **구인류**와 교류하고 유전적으로 교잡을 한 것으로 보인다. 호모 사피엔스와 데니소바인이 교잡한 후손들은 주로 남쪽으로 이동하여 오늘날 태평양의 멜라네시아인과 동남아시아인들이 데니소바인의 DNA를 6%까지 가지고 있음이 확인되었다(그림 3-12, 7-5 참조).

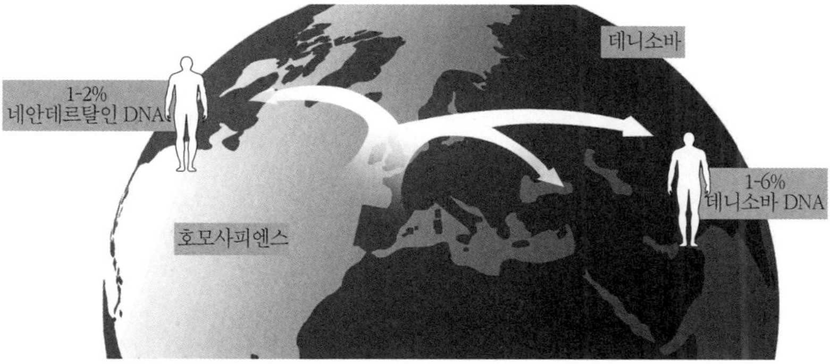

그림 3-12 현생인류 호모 사피엔스는 구인류인 네안데르탈인과 데니소바인들과 교잡을 하였고, 그 결과 오늘날 인류는 평균 1~4%의 네안데르탈인 DNA, 1~6%의 데니소바인 DNA를 유전체에 가지고 있다.

5.6 질병 연구에 이용되는 고유전체학

고인류의 유전체 연구는 인류의 기원과 진화 역사를 밝히는 데 큰 역할을 하고, 나아가서 질병 연구에도 새로운 길을 열고 있다. 코로나19 환자가 중증으로 갈 위험을 22% 낮춰주는 유전자 3개가 발견되었는데 이들은 네안데르탈인에서 유래한 것으로 밝혀졌다. 코로나 환자 2,200여명의 유전자를 5만 년, 7만 년, 12만 년 전 살았던 네안데르탈인의 유전자와 비교한 결과 12번 염색체에 있는 OAS1, OAS2, OAS3 유전자가 네안데르탈인에게서 물려받은 형태이면 코로나19에 감염돼도 중증으로 발전할 위험이 줄어들었다. **OAS 유전자**는 RNA바이러스를 공격하는 효소를 생산하여 코로나19 바이러스와 싸우는 데 도움을 준다. 2020년 9월 네이처(Nature)에는 또 다른 발표가 있었다. 이탈리아와 스페인에서 코로나19 증상이 심한 사람 약 2,000명의 유전자를 분석했더니 3번 염색체에 네안데르탈인의 유전자가 있는 사람은 중증으로 될 위험이 2배 높다는 것이다. 그런데 현생인류는 3번 염색체보다 12번 염색체의 네안데르탈인 유전자를 더 많이 갖고 있어 코로나19를 막는 효과를 더 보고 있는 셈이다.

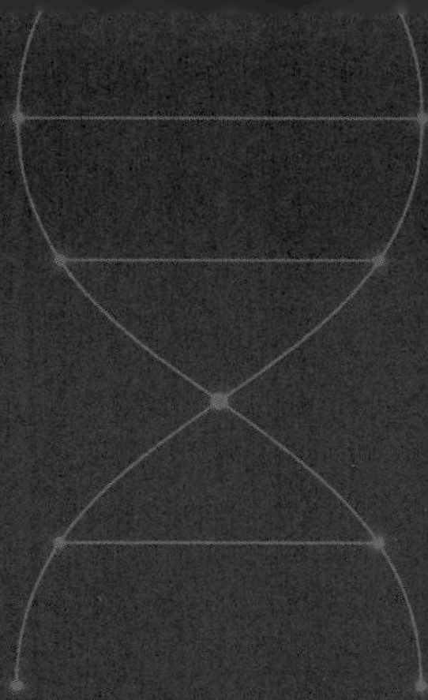

4장

유전자 개조 생명공학의 선용과 우려

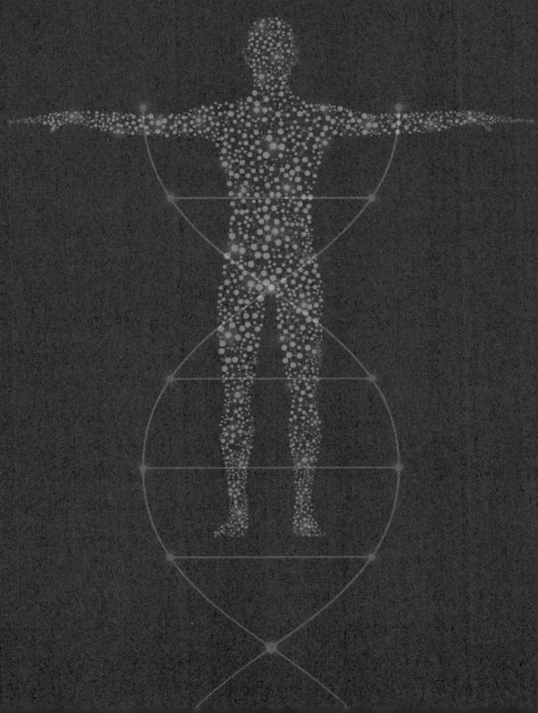

인류는 1만여 년 전부터 술, 빵, 요구르트 등의 발효식품을 만들었고 동식물의 선택 교배로 새로운 품종을 만드는 등의 **생명공학**(biotechnology)을 해왔다. 생명공학은 살아있는 생물을 식량 증산, 의료, 환경 개선 등에 이용하는 것을 말한다. 1970년대 이후로는 유전자 재조합 기술 등의 획기적인 발달로 유전공학(genetic engineering)은 생명공학의 중심이 되고 있다.

1973년 미국 스탠퍼드 대학의 생화학자들이 인류 최초로 한 미생물의 DNA를 잘라 다른 미생물의 DNA에 붙여 넣어주어 그 미생물의 특성을 바꾸는데 성공함으로써 유전자 재조합의 시대가 열렸다. 미생물에 이어 유전자 변형 동물과 식물도 곧 등장하였다. 그 후 생명과학은 동물 복제, DNA 칩, 배아줄기세포, 크리스퍼(CRISPER) 기술 등 믿을 수 없을 정도의 큰 성과를 냈다. 2003년 인간 게놈의 30억 염기서열 분석과 2만여 개 유전자 지도가 완성된 것도 빼놓을 수 없는 성취다. 질병 치료, 식량 생산, 환경 관리 등 모든 분야들에서 첨단 생명공학 기술을 활발하게 적용하고 있다.

4부에서는 유전공학 기술이 무엇이고 어떻게 진행되고 있는지 요약하고 인류의 복지에 어떻게 이용될 수 있는지 알아본다. 또 유전자 조작 기술이 궁극적으로 어떤 윤리적, 사회적 문제를 야기하게 될지, 인류는 그러한 파장에 대비되어 있는지, 유전공학 기술이 핵 기술처럼 인류가 안고 살아야 할 또 하나의 애물단지가 되는 것은 아닐지 생각해 본다.

1 유전공학 기술의 발전

1.1 유전자 재조합과 클로닝

하나의 동물, 유전자, 혹은 DNA 조각을 수없이 많이 복제하는 것을 클로닝(cloning)이라고 한다. 클로닝은 유전공학에서 가장 기본으로 사용하는 기술의 하나다(그림 4-1). 예를 들어 인슐린 유전자를 클로닝하려면 우선 사람의 인슐린 유전자를 사람의 게놈에서 잘라내고 이것을 대장균에서 추출한 작은 이동성 **플라스미드 DNA**에 붙여 넣는다. 이것을 서로 다른 생물체의 유전자가 섞여 새롭게 조합되었다는 뜻으로 **유전자 재조합**(DNA recombination)이라고 한다. 이 재조합 플라스미드(plasmid)를 대장균에 다시 넣어주면 대장균은 그 플라스미드를 수천, 수만 개로 복제하고, 삽입된 인슐린 유전자로부터 인슐린 단백질을 생산해 내게 된다. 이 플라스미드는 대장균이 증식할 때마다 딸세포에 들어가서 대장균 집단 전체가 인슐린 유전자를 가지고 인슐린을 생산해 낸다. 클로닝에 의한 유전자증폭(gene amplification)이 일어난 것이다. 요즘은 대장균 외에 진핵세포인 효모, 동식물의 배양 세포를 사용하는 기술도 발달하였다. 유전자 **운반체(vector)**도 플라스미드뿐 아니라 다양한 바이러스를 사용한다.

글상자 4-1. 플라스미드

플라스미드는 세균이 염색체 외에 별도로 가지고 있는 작은 원형 DNA분자다. 보통 5,000~50,000 염기쌍 정도이며 한 세균에 수백, 수천 개씩 존재하면서 염색체와는 별도로 복제하며 세포분열시 딸세포에도 전달된다. 세균의 생존에 필수적이지는 않고, 항생제 내성 유전자, 중금속 내성 유전자 같은 것이 여기에 있다. 예를 들어 페니실린 내성 유전자를 플라스미드에 가진 미생물은 페니실린을 분해하는 효소를 만들어내 죽지 않는다. R6라고 하는 플라스미드는 무려 6종류의 항생제에 대한 내성 유전자를 가지고 있는데다 유연관계가 먼 미생물들 사이에서도 전이가 될 수 있어 의학상 문제가 되고 있다. 유전공학에서는 플라스미드를 세균에서 분리해 내거나 다시 집어넣어주기 쉬워서 유전자 운반 벡터로 흔히 쓰고 있다.

재조합 DNA 기술에서 필수적인 것이 DNA를 자르고 붙이는 효소인데 1950년대 미생물에서 처음 발견된 이래 현재까지 수백 종류가 발견되어 유용하게 쓰이고 있다(그림 4-2). GTTAAC 와 같은 특정 염기서열을 인식하고 자르는 **유전자 가위**인 제한효소(restriction enzyme)와 DNA를 이어주는 연결효소인 **리가제**(ligase)가 유전공학에서 가장 많이 쓰이는 도구들이다. 제한효소는 원래 미생물에서 세포 내 침투한 바이러스나 외래 DNA를 파괴하는 방어 기작으로 진화된 것이다.

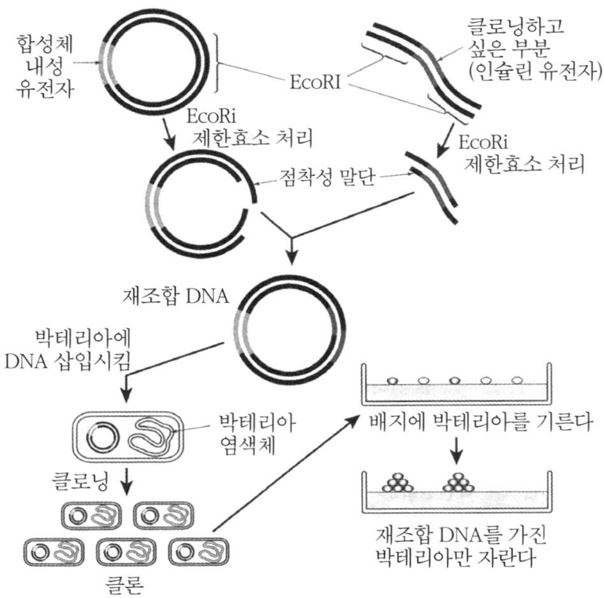

그림 4-1 인슐린 유전자를 클로닝하는 과정

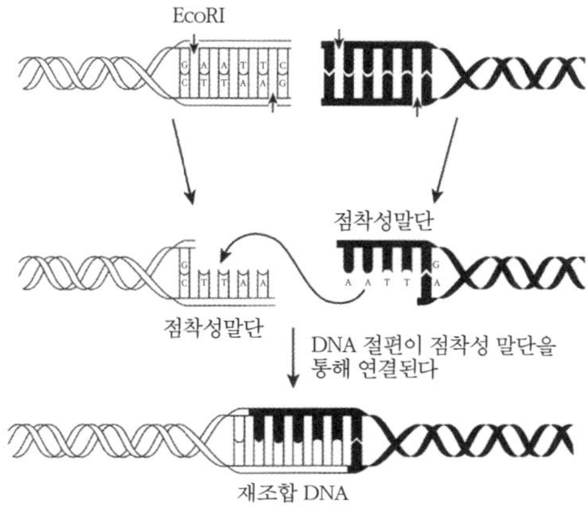

그림 4-2 생물과 인간

1.2 유전자 가위 크리스퍼-캐스 혁명

제한효소는 유전자 가위로 가장 먼저 발견되어 유전공학에 큰 공헌을 해왔다. 그런데 제한효소보다 정확하고 빠르게 유전자를 조작할 수 있는 시스템이 발견되었다. 바로 2020년 노벨 화학 상을 받은 제3세대 유전자가위 **크리스퍼-캐스9** CRISPR-Cas9 다. 크리스퍼(clusters of regularly inter-spaced palindromic repeats)는 **회문구조** 염기서열이 일정 간격으로 반복되어 있는 부분에 붙인 명칭이다. 회문구조란 '소주 만 병만 주소'처럼 앞에서부터 읽으나 뒤에서 읽으나 똑같은 문장의 패턴이다. 크리스퍼 가위는 미생물의 DNA에 흔하게 존재하는데, 미생물이 바이러스를 물리치기 위해 진화시킨 일종의 면역체계라고 할 수 있다.

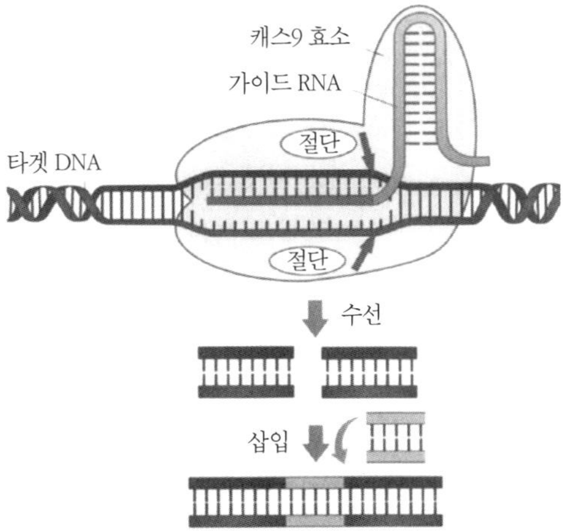

그림 4-3 유전자 가위 크리스퍼-캐스9의 작용 방법

박테리아가 박테리오파지 바이러스에 감염되면 대부분 죽지만 일부는 살아남아 파지의 DNA 일부를 잘라 자신의 DNA에 삽입한다. 바로 이 부분이 유전자가위로, RNA로 전사되고 잘게 쪼게진 후 세포 내 Cas-9단백질과 복합체를 이룬다. 후에 같은 파지가 다시 박테리아에 침입하면 크리스퍼-캐스 9 복합체가 파지의 염기서열을 인식하고 그것에 결합한 후 절단해 버린다. 크리스퍼 가위는 RNA-단백질 복합체다(그림 4-3).

세포에는 이렇게 RNA와 단백질이 연합하여 작업을 하는 예가 많다. 가장 대표적인 예가 단백질 합성이라고 하는 복잡한 공정을 수행하는 리보솜이다. 크리스퍼 가위는 제한효소에 비해 여러 면에서 월등하다. 우선 제한효소가 인지해 자르는 염기서열은 보통 4~6개의 회문 서열인데 비해 크리스퍼가 인식하는 서열은 20여 개이다. 인식하는 서열이 길수록 원하는 서열에 결합하는 정확도가 커질 것은 당연하다. 따라서 크리스퍼는 제한효소보다 훨씬 정확하게 자른다. 이 RNA 서열을 우리가 원하는 서열, 예를 들어 질병유전자에 상보적인 염기서열 RNA로 바꾸고, 세포에 넣어주면 질병 유전자를 정확하게 대체할 수 있다. 크리스퍼 가위는 정확하고, 빠르고, 가격이 저렴하다. 크리스퍼 가위는 손상된 유전자를 수리하여 유전병과 암을 치료하고, 식물에서는 식량

생산성을 높이는 등 그 활용 방법이 무한하다.

유전자 가위 기술은 이미 상용화 단계에 진입하였다. 2016년 미국 국립보건원은 암 치료에 크리스퍼 유전자 가위를 사용하려는 연구를 승인하였고, 중국도 폐암 치료 임상 시험을 승인하였다. 앞으로 유전자를 다루는 모든 연구와 실험에서 크리스퍼 가위는 위력을 활용하게 될 것이다. 노벨 화학상을 공동 수상한 에마뉘엘 샤르팡티에 교수가 설립한 생명공학기업 크리스터 테라퓨틱스는 악성빈형 유전병인 겸상적혈구 환자 31명에 크리스퍼를 활용한 유전자 치료(gene therapy)를 하여 성과를 얻었다고 공개하였다. 태아일 때만 활성화되고 출생 후 활동이 멈추는 유전자가 있는데 연구진은 환자의 골수에서 미성숙한 혈액세포를 추출해 크리스퍼 가위로 이 스위치 부분을 잘라냈다. 이렇게 유전자가 교정된 혈액세포를 환자에게 이식하였더니 헤모글로빈이 풍부한 정상 적혈구가 생성되는 결과를 얻었다.

2023년 5월 우리나라 연구팀이 RNA가위를 이용하여 코로나19 바이러스 유전체를 직접 분해하여 바이러스 증식을 억제하는 치료 효과가 있다는 쥐 실험 결과를 발표하였다. 이들이 개발한 CRISPER-Cas13은 코로나 바이러스의 복제에 중요한 슈도낫pseudoknot이라는 부위를 파괴시키는데, 슈도낫은 코로나 바이러스 SARS-CoV 다양한 변이체들 뿐 아니라 MERS 바이러스에서도 보존된 염기서열이다. 이 부분은 유전자 발현을 조절하며, 다른 부위를 타겟으로 하는 것보다 바이러스 증식 억제 효과가 뛰어나다고 한다.

연구자들은 유전자 가위 기술은 다른 종의 유전자를 삽입하는 유전자변형생물(GMO, genetically modified organism)과는 근본적으로 다르다고 주장한다. 이것은 생물을 교배하는 육종에 가깝다고 본다. 교배를 통해 좋은 형질을 선택하듯, 정확하게 특정 유전자 부분만 변이를 유도하는 것뿐이라고 한다. 영국 정부는 크리스퍼를 이용한 농작물을 GMO 규제 대상에서 제외하는 법안을 의회에 상정한 상태다. 통과하면 비타민D가 추가된 토마토를 수퍼마켓 진열대에서 보게 될 것이다. 한국의 김진수 교수팀은 유전자 가위 기술로 병충해에 강한 상추를 개발하였다. 유전자가위 기술은 **대사공학**(metabolic engineering)에서 많이 이용되고 있다. 대사공학은 미생물에서 의약품이나 원료를 만드는 분야이다. 예를 들어 인삼의 사포닌 성분 유전자만 찾으면 미생물 유전체에 삽입하여 미생물을 배양함으로써 사포닌을 대량으로 얻을 수 있다. 인삼을 밭에서 재배하지 않아도 되는 것이다.

하버드대학 연구팀은 돼지 유전자에서 사람에게 면역거부반응을 일으키는 유전자 62개를 잘라내는 데 성공하였다. 돼지 장기 이식을 위한 실험이었다. 2016년 영국에서는 인간 배아를 교정하는 실험이 허용되었고, 2018년 중국 난팡기술대는 크리스퍼를 이용해 인간 배아에 에이즈 바이러스에 면역성을 가진 유전자를 도입하여 유전자 교정 아기가 태어나게 했다. 유전자 가위가 난치병 치료 뿐 아니라 눈동자 색을 바꾸고, 지능을 높이는 등, 부모의 취향대로 배아를 교정하는 데 사용될 가능성에 대한 우려가 한 편에서 제기되고 있다.

1.3 중합효소연쇄반응 PCR의 위력

중합효소연쇄반응 PCR(polymerase chain reaction)은 코로나19 팬데믹 동안 코로나 바이러스 확진자 검사에서 사용한 기술로서 일반인에게 익숙해진 중요한 유전공학 기술이다. 이것을 개발한 미국의 생물학자는 1993년도 노벨 생리학상을 수상하였다. DNA중합효소의 DNA 복제 작용은 수십 년간 자세히 연구되어 누구나 알고 있고 PCR의 원리는 당연한 것이어서 노벨상이 주어질 수 없다는 회의론도 있었다. 그러나 PCR의 위력과 응용 범위가 워낙 커서 생물공학에 일대 도약을 가져온 중대한 발견이라는 데 동의하지 않을 수 없었다.

PCR은 짧은 DNA 염기 구간을 중합효소를 이용해 단시간에 증폭시키는 **유전자 증폭 기술**이다. 소량의 DNA에 중합효소와 복제 개시에 필요한 시발체(primer)를 넣고 몇 분간 90도로 가열하면 이중나선이 풀린다. 이 혼합액을 서서히 식히면 시발체가 DNA에 붙고 중합효소가 증폭하려는 DNA 부분만 복제하여 2개 분자가 된다. 다시 가열하였다 식히면 2분자에서 4분자가 생성된다. 이런 과정을 2~3시간에 걸쳐 30번만 반복하면 이 부분의 DNA 조각이 2^{30} 개로 엄청나게 증폭되는 것이다(그림 4-4).

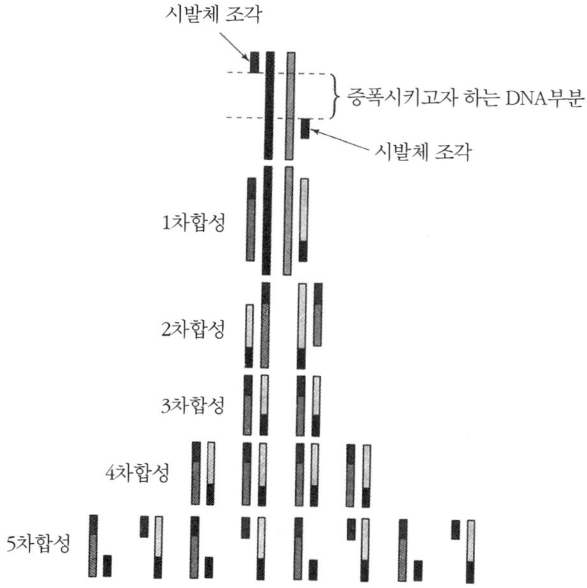

그림 4-4 PCR의 유전자 증폭 원리

PCR 기술을 이용하면 극미량의 DNA를 단 시간에 대량으로 증폭시켜 실험에 쓰일 수 있게 해주므로 상상할 수 있는 모든 분야에서 응용되고 있다. 범죄 수사에서 범죄 현장에 남아있는 단 하나의 머리카락에 붙은 모근 세포의 DNA를 이용해 유전자 지문 감식으로 용의자 확인을 할 수 있다. 의학에서는 감염성 질병의 감염 초기에 적은 수의 원인균을 찾아내어 신속한 초기 진단에 기여한다. 코로나19 검사는 역전사중합효소연쇄반응 RT-PCR 기술을 이용한다. 콧속 점막 세포를 면봉으로 채취하여 코로나 바이러스 RNA 여부를 조사하는데 RNA를 역전사효소로 DNA로 변환시킨 후 PCR 단계로 들어간다. 바이러스 존재 여부는 유전자 증폭이 일어나면 발현되는 형광 단백질로 확인한다. 코로나19 PCR 검사는 항원 항체 반응 검사보다 빠르고 정확하다.

희귀한 고고학 발굴 자료에서 채집된 DNA로 생물 종간 진화적 관계를 밝히는 데도 사용되고, 복잡한 생태계의 생물 간 상호 관계 조사에도 이용되는 등, DNA 조작기술의 기본으로서 응용 분야가 계속 늘어나고 있다.

1.4 유전자 변형 생물 제조

특정 유전자를 미생물, 동물, 식물의 DNA에 삽입시켜 이들 생물이 그 유전자의 단백질을 생산하게 만드는 유전자 변형 생물 GMO(genetically modified organism) 연구가 활발하다. 유전자를 이들 세포 DNA에 넣어주는 운반자 벡터(vector)로는 바이러스나 플라스미드를 사용한다. 예를 들면 나비나 나방 애벌레에 독성이 있는 단백질의 유전자를 농작물 DNA에 넣어주어 작물이 애벌레에 내성을 가지게 할 수 있다. 또 한류에서 사는 가자미의 내한성 유전자를 딸기에 넣어주어 서리에 강한 종자를 만들고, 인간의 성장호르몬 유전자를 소에 넣어 소젖에서 성장호르몬을 추출해 낸다. 인간의 인슐린 유전자를 옥수수에 넣어 옥수수가 식량이 아니라 인체 물질 생산용으로 대량 경작되기도 한다(그림 4-5).

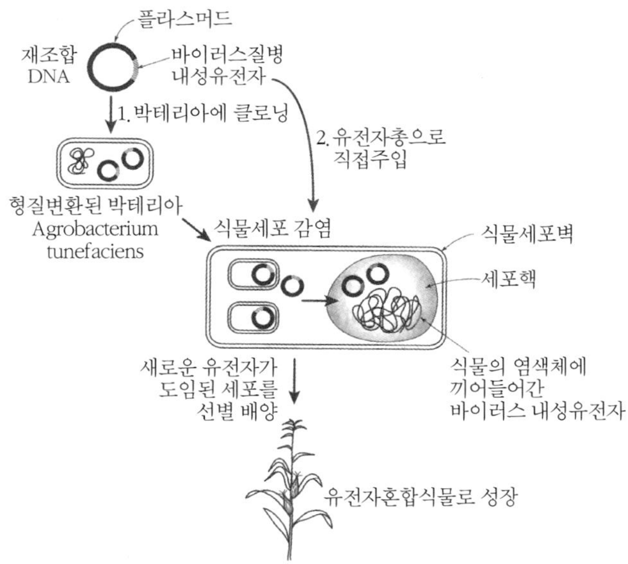

그림 4-5 식물 세포에 원하는 특성의 유전자를 도입하여 GMO작물을 만드는 두 가지 방법.

2015년에는 유전자 변형 연어도 시판되기 시작하였다. 사시사철 연어가 자라도록 다른 물고기의 성장호르몬 유전자를 넣어준 연어다. 크리스퍼 유전자 가위를 사용하면 의학과 전 과학계가 더 빠르고 값싸게 유전자 혼합 동식물 제조를 할 수 있다. 이미 유전자 변형 생물이 엄청나게 많이 시장에 나와있다. 2010년 전 세계 작물의 10%가 유전자 변형된 것이다. 2014년 미국에서는 콩의 94%, 옥수수 93%가 유전자 변형체다. 인도나 동남아에서 경작하는 작물의 반은 유전자 변형 식물이라고 한다(그림 6-6). 동물과 식물, 종 간의 장벽을 넘어 유전자들이 마구 혼합되는 것에 거부감과 우려를 가진 사람들이 많은 것이 사실이다.

그림 4-6 고초균 *Bacillus thuringiensis* 의 독성유전자를 도입하여 병충해 내성을 갖게 된 목화(왼쪽)와 벌레가 먹은 목화(가운데).

1.5 배아줄기세포와 유전자 치료

줄기세포(stem cell)는 줄기에서 가지가 뻗어나가는 것처럼 다른 세포들이 유래하는 근간이 되는 세포이다. 우리 몸의 모든 세포는 수명이 있어서 50여 번 분열하고 나면 더 이상 분열하지 않고 죽는다. 그런데 줄기세포는 계속 분열할 수 있어 손상된 조직을 복구하거나 성장하거나 사멸된 세포를 보충하기 위해 평생 세포 분열이 그치지 않는다. 각 조직에는 그 조직 세포를 만들어내는 줄기세포가 있다. 예를 들어 피부의 줄기세포는 피부 세포를 생산하고 간의 줄기세포는 간세포만 생산한다. 뇌세포는 성인이 되면 분열하지 않는 것으로 알고 있었는데 최근에 뇌에서도 줄기세포가 발견되었다.

피부세포나 간세포는 사실 똑같은 유전자를 가지고 있다. 그런데 어떻게 전혀 다른 능력을 가지게 되었을까? 유전자는 같지만 유전자발현 조절 과정에 의해 다른 단백질이 만들어지기 때문에 다른 형태와 기능을 갖게 된다. 유전자 발현 조절은 수정란에서부터 시작된다. 우리 몸의 약 50조 개 세포는 원래 단 하나의 세포, 즉 수정란에서 시작된 것이다. 수정란이 세포분열을 하여 배를 이루어 자궁내막에 착상하기 전, 수정 후 4~5일 후 배반포를 형성한다. 50~150개의 세포로 된 배반포 안쪽의 세포 덩어리들은 앞으로 태아가 될 부분으로 태아의 뼈, 간, 심장 등의 장기로 발전할 수 있다. 이것을 **배아줄기세포**(ES, embryonic stem cell)라고 하며 모든 종류의 세포로 분화될 수 있는 만능세포다.

배아줄기세포는 연구와 재생 의학 분야에서 활용 방안이 무궁무진하다. 현재 백혈병, 파킨슨병, 당뇨병, 척추 부상 환자에게 손상된 세포 대신 배아줄기에포에서 얻는 정상세포를 넣어주는 세포치료가 시도되고 있다(그림 4-7).

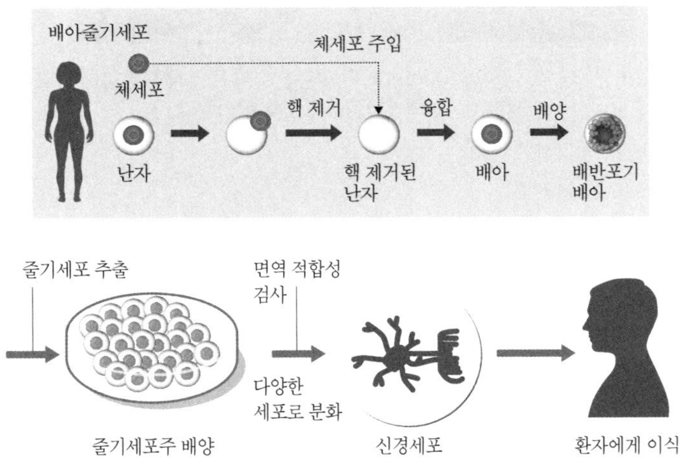

그림 4-7 배아줄기세포를 만드는 과정과 이것을 이용한 세포치료 원리

배아줄기세포는 모든 유형의 세포로 분화될 수 있는 반면, 성체줄기세포는 제한된 수의 세포 유형만 생산할 수 있다. 그런데 배아줄기세포는 생명 윤리와 관련한 문제가 커서 연구 진행이 어려웠는데, 2006년 성체 줄기세포로부터 배아줄기세포와 같은 만능의 줄기세포를 만드는 기술이 개발되었다. 이것을 **유도만능줄기세포** 혹은 **역분화줄기세포**라고 하며, 성체줄기세포에 전사 인자 유전자 4개를 도입하면 세포가 재프로그램되어 만능성을 가지게 된다. 이 발견의 공로로 야마나카 신야(Shinya Yamanake) 와 존 고든(John Gurdon)은 노벨상을 수상하였다. 이로써 배아 없이 만능줄기세포를 생성할 수 있게 되었고 빠른 속도로 새로운 치료제에 응용하는 연구들이 성과를 내기 시작하였다. 2007년 쥐의 유도만능줄기세포로 낫꼴 적혈구 빈혈증 쥐 치료에 성공하였고, 2008년 성인 피부세포로부터 인간 배아를 만들었다는 발표가 있었다.

성체줄기세포는 유전자 치료에서 활용되고 있다. 유전자 치료는 선천적 유전병이나 암에서 해당 질병의 결함 있는 유전자를 정상 유전자로 대체하는 치료법이다. 세포에 정상 유전자를 전달하는 운반체로는 주로 바이러스가 사용된다. 유전자 치료의 문제는 준비된 세포를 여러 번 환자에 넣었어야 한다는 것이다. 그런데 자가 분열하는 능력을 가진 줄기세포를 이용하면 번거로운 주입 과정과 횟수를 줄일 수 있다는 큰 장점이 있다. 이것이 줄기세포 유전자치료다. 줄기세포로는 골수에서 추출한 조혈모세포(hematopoietic stem cell)가 주로 사용되고 있다.

줄기세포는 사람의 발생 과정 연구에도 유용한 실험 모델이 되는 등 이용 분야가 무궁무진하다. 줄기세포의 분화 과정을 연구하여 발생과 분화 과정과 관련된 유전자를 밝힐 수 있다. 또 줄기세포에서 얻은 조직, 세포를 이용해 신약의 약물 검사, 독성 검사를 시행하면 신약 개발 속도에 박차를 가하게 될 것이다. 줄기세포의 가장 큰 활용은 난치병 세포 치료다. 손상된 조직, 세포를 대체하는 조직과 세포를 줄기세포 배양으로 다량으로 얻을 수 있기 때문이다. 예를 들어 파킨슨병은 도파민을 생산하는 신경세포의 사멸에 의한 퇴행성 질병인데 줄기세포에서 신경원세포를 다량으로 얻어 환자 뇌에 이식할 수 있다.

또 제1형 당뇨병 환자에게 줄기세포에서 얻은 인슐린을 분비하는 베타 세포를 주입하여 치료할 수도 있다.

2 유전공학 기술의 이용

유전공학 기술은 식량 생산, 유용한 물질 생산, 질병 진단 및 치료, 생태계 복원 등의 분야에서 사용될 수 있다. 과학자들은 어떤 유전자에 대한 연구를 하고자 하면 우선 유전자를 대장균 같은 미생물에 클로닝한다. 그래야 분석에 필요한 DNA나 단백질을 다량 얻을 수 있기 때문이다. 미생물을 대량 배양하면 미생물이 배양기에서 인체 물질을 대량 생산해 준다. 인슐린, 성장호르몬, 혈액응고 용해제, 인터루킨 등이 이런 방법으로 생산되어 이미 시판되고 있다. 바이러스나 세균의 항원 유전자를 클로닝하여 생산되는 단백질을 백신 제조에 이용하기도 한다. 간염, 소아마비, 아데노바이러스 백신이 이렇게 제조된다.

2.1 질병 유전자 검사

인간게놈계획의 완료와 함께 인간의 유전자와 질병과의 관계에 대한 정보가 방대하게 축적되었다. 덕분에 각 개인들이 유전자 자신의 질병 유전자를 검사하여 그 질병에 걸릴 위험 정도를 예견할 수 게 되었다. 혈액이나 체액, 조직 표본의 세포를 채취하여 DNA를 뽑아서 이상이 있는지 검사하는 것이다. 염색체 조각, 전체 염색체의 삽입이나 결손은 현미경으로도 관찰이 가능하다. 하나나 여러 개의 염기 치환, 결실, 삽입이 일어난 경우 유전자가 과다하게 발현되거나, 불활성화 되거나, 완전히 손실되어 질병 상태가 야기된다. 그래서 이런 결함의 신호가 되는 중요한 단백질의 존재 여부도 검사하게 된다.

여러 세대에 걸쳐 특정 질병이 많이 나타나는 가계를 찾아 그 구성원들로부터 DNA를 채취한다. 그리고 병 증상이 있는 사람에서는 나타나지만 건강한 사람에는 없는 유전자를 찾는다. 큰 DNA 조각에서 시작하여 차츰 범위를 좁혀가면서 후보 유전자를 찾아 돌연변이가 일어났는지 조사하는데, 이것은 만만치 않은 작업이다. 헌팅턴무도병의 경우 관련된 DNA 조각을 찾고도 거기서 유전자를 집어내는데 10년이 걸렸다. 현재는 상세한 유전자 지도와 염기서열 분석 기술의 발달로 새로운 질병 유전자를 찾는 속도가 훨씬 빨라졌다.

암의 경우 부모로부터 물려받은 유전자 결함이 원인인 경우는 암에 따라 전체 암의 5~10%라고 한다. 대부분의 암은 선천성이 아니라 후천적으로 개인이 살면서 유전자 돌연변이가 누적되어 발병하는 것이다. 특히 노년에 진단되는 암들은 거의 살면서 획득한 유전자 돌연변이에 의한다.

유전성 암으로는 유방암, 대장 및 직장암, 췌장암, 난소암, 요도암, 피부암들이 있는데 이들 암이 모두 유전성은 아니고 그중 일부만 물려받은 유전자 결함이 원인이다. 예를 들어 장암 유전자 HNPCC는 장암 환자의 15%에서만 발견된다. 유방암과 난소암 유전자 BRCA1은 염색체 17번에 있는데 전체 유방암 환자의 5%, 45세 이전 발병한 환자의 25%가 가지고 있다. 그리고 BRCA1 돌연변이 유전자를 가진 여성의 80%는 65세 이전에 유방암을 발전시킨다. 미국의 배우 앤젤리나 졸리가 2013년 유방과 난소 절제술을 받은 것으로 유명하다. 그녀의 어머니가 57세에 유방암으로 사망하였는데 검사 결과 자신도 BRCA1 돌연변이 유전자를 가지고 있는 것으로 확인된 것이다. 그럴 경우 유방암이 발병할 확률이 87%, 난소암 발병 확률이 50%로 계산되었다고 한다.

2.2 질병의 동물 모델 생산: 의학의 혁명

쥐는 작고 다루기 좋으며 대단히 번식이 빠르고 수명도 2~3년 밖에 되지 않아 질병의 경과를 짧은 시간 동안 처음부터 끝까지 관찰할 수 있다. 또한 진화적으로 인간과 7,500만 년 전 갈라졌는데도 인간과 놀랄 만큼 유사하다. 따라서 인간의 질병 유전자 찾기의 기초로 사용할 수 있다. 그뿐만 아니라 인간 실험을 할 수 없는 약품 테스트, 새로운 치료법 개발, 유전병의 생리, 생화학 연구 모델로 이상적이다. 현재 연구에 사용되고 있는 돌연변이 쥐들은 대부분 자연적으로 생긴 것들로 신경 결함을 가진 것, 성장호르몬 생산이 안되는 난쟁이 등 500여 종 있으며 매해 10종 이상이 추가되고 있다. 이들 중에는 인간의 당뇨병과 같은 질병을 가지고 있어 당뇨병의 유전적 요인, 환경적 요인을 분리해 내는 연구에 쓰이고 있다. 그러나 대부분의 인간 질병은 연구용 동물 모델이 없다. 과학자들은 자연이 돌연변이 쥐를 만들어 주기를 기다리지 않고 유전공학 기술로 생산을 할 수 있게 되었다. 인간의 질병 유전자를 쥐에 삽입하여 유전자 혼합 쥐를 만드는 것이다.

1982년 연구의 시작은 쥐의 성장호르몬 유전자를 쥐의 수정란에 주사하는 실험이었다. 성장호르몬 유전자에 간세포에서 발현되도록 하는 프로모터(promoter)를 붙여 간에서 다량의 호르몬을 생산하도록 조작하였다. 수정란을 대리모 쥐에 이식하자 정상 크기의 쥐가 태어났으나 비정상적으로 빠르게 성장하여 다른 쥐의 2배 크기가 되었다. 이 **슈퍼 쥐**의 사진은 전 세계 신문과 잡지를 장식했었다. 이어서 에이즈(AIDS, 선천성 면역결핍증)의 첫 동물 모델이 개발되었다. 인간 에이즈 바이러스 HTLV는 원래 고등 유인원류만 감염하고 쥐는 감염되지 않는다. 그래서 인간의 백혈구를 면역체계를 가지고 있지 않은 돌연변이 쥐에 이식한 후 바이러스를 감염시키는 방법을 썼는데 실험은 성공적이었다. 에이즈에 감염된 쥐에게 치료제 AZT를 각기 다른 간격으로 주사하여 가장 효과적인 치료 방법이 테스트되었다. 그 외 항암제 등 다양한 약제들이 조합으로 에이즈 치료 효과가 있는지 조사될 수 있었다. 비슷한 논리로 인간의 폐, 췌장, 장, 뇌의 세포와 조직들을 이 이 면역체계가 없는 쥐에 이식하는 데 성공하여 암, 뇌 질환 연구, 유전자 치료 개발에 이용하고 있다.

헤모글로빈 유전자의 단 한 개 염기 돌연변이로 일어나는 질병인 낫세포 빈혈증 쥐 모델도 만들어졌다. 비정상 헤모글로빈 유전자를 쥐의 수정란에 주사하고 태어난 새끼 중에서 이 유전자를 가진 것들을 찾아내는 것이다. 이 쥐들은 인간의 질병 유전자를 게놈의 일부로 영원히 가지게 된다. 이들은 쥐의 헤모글로빈 유전자도 가지고 있어 빈혈 증상은 보이지 않는다. 따라서 인간의 유전자를 더할 때 동물의 유전자를 제거하는 문제가 생기는데 해결 방법이 개발되었다. 쥐의 배아줄기세포에 유전자를 넣어주면 정확하게 쥐의 유전자를 대체하고 삽입됨을 발견한 것이다. 원래 동물 유전자를 인간 유전자로 마음대로 대치할 수 있게 되어 질병 연구의 막강한 유전적 도구가 되었다. 다양한 암 유전자들이 쥐의 게놈에 삽입되었는데 특정 세포에서 유전자가 발현되도록 유전자 앞에 프로모터를 붙여준다. 이렇게 하여 충실하게 유방암과 림프암을 진전시키는 '암쥐'가 창조되고 특허를 획득하였다. 이 암쥐들은 암 치료법과 치료 약 테스트를 위해 전 세계에서 사용되고 있다.

2.3 DNA, RNA 유전자 백신 개발

백신은 현대의학의 큰 업적의 하나이다. 백신으로 천연두가 완전히 퇴치되었고, 소아마비는 거의 사라졌으며, 티푸스, 파상풍, 홍역, A형·B형 간염 등 수많은 질병으로부터 인류가 구제되었다. 그러나 말라리아, 에이즈, 헤르페스, C형 간염과 같은 병의 백신은 아직 없다. 기존 면역 방법이 효과가 없거나 안정성의 문제가 있기 때문으로 새로운 전략이 요구된다. 질병균의 DNA와 RNA를 이용하는 방법이 집중적으로 연구되어 인체 실험을 하는 단계까지 온 것도 있다. 코로나19 바이러스의 mRNA 백신은 이미 2019년 팬데믹에 사용되어 효과가 뛰어남이 증명되었다.

DNA백신은 병원균의 항원성 유전자들을 동시에 박테리아 플라스미드에 클로닝하여 만든다. 이렇게 만들어진 재조합 DNA를 근육에 주사하면 세포 안으로 들어가 병균의 항원 단백질이 합성된다. 항원 단백질이 세포 밖으로 나가면 면역반응을 일으키게 된다. 병원균이 질병을 일으키거나 증식하는 데 필요한 유전자들은 제거되었기 때문에 DNA 백신이 병을 일으킬 우려는 없다. DNA 백신은 대량 생산이 가능하고 장기간의 저장에도 일반 백신보다 안정적이라 저렴한 가격에 널리 보급될 수 있다. 또한 여러 유전자를 한꺼번에 클로닝할 수 있어 인플루엔자나 에이즈 바이러스처럼 변이가 대단히 많은 경우 특히 유용하다. RNA 백신은 한 가닥으로 된 mRNA를 사용하는데 세포 안에 들어가면 즉각 단백질을 합성할 수 있다는 장점이 있다.

유전자 백신이 발전된 역사는 흥미롭다. 70년대부터 유전자 치료를 연구하던 학자들은 치료를 위해 세포에 유전자를 넣어주면 치료 단백질이 만들어지나 동물의 면역체계가 이것을 이물질로 간주하여 파괴하여 버리는 것을 알았다. 유전자 치료 면에서 대단히 실망스러운 현상인데 90년대 와서 이 면역반응을 오히려 이용할 방법이 없을까 연구하기 시작하였다. 대부분의 사람들이 백신으로 쓸 만큼 충분한 면역반응을 일이키지는 못할 것으로 회의하였다. 그러나 쥐와 유인원류에서 다양한 병균의 DNA로 실험해 본 결과 만족스러운 결과가 얻어졌고 건강한 사람에서도 테스트한 후 DNA 백신으로 개발하기에 이르렀다.

2.4 유전자 칩 바이오 테크 시대

20세기 최대의 발명은 노래가 나오는 생일 카드에서 스마트폰에 이르기까지 모든 것에 심어진 마이크로컴퓨터 칩일 것이다. 이것은 1971년 인텔사가 2,300개의 트랜지스터를 하나의 IC(집적회로)로 줄이는데 성공하면서 세상에 태어났다. 마이크로프로세서의 대량생산으로 가격이 내리고 PC 시대가 열리게 되었다. 그로부터 25년 후 반도체 기술을 응용하여 유전자 칩(gene chip, DNA 칩이라고도 함)이라는 이름이 붙은 마이크로 칩이 제조되었다. 이 칩은 트랜지스터 대신 DNA를 붙잡는 DNA 족집게 분자가 빽빽하게 붙어 있고 전자 대신 DNA를 처리하는 것이 다를 뿐 정보를 훨씬 값싸고 빠르게 처리해 준다는 점에서 PC가 경제에 미친 것과 비슷한 영향을 유전·의학 분야에 끼치고 있다.

유전자칩은 우표 크기만 한 유리 판이 들어있는 단순한 플라스틱 케이스이다(그림 4-8). 여기에 환자의 DNA 샘플 한 방울만 떨어트리면 그가 에이즈 바이러스에 감염되었는지, 그 바이러스가 에이즈 치료제 내성 돌연변이가 있는지 서너 시간 내에 판명해 준다. 기존의 검사법으로는 12시간 이상 걸리는 일이다. 또 하나의 칩으로 낭성섬유증의 50여 종 돌연변이를 한 번에 구별해낼 수 있다. 이것도 기존 검사법으로 1주일 이상 걸리는 작업이다.

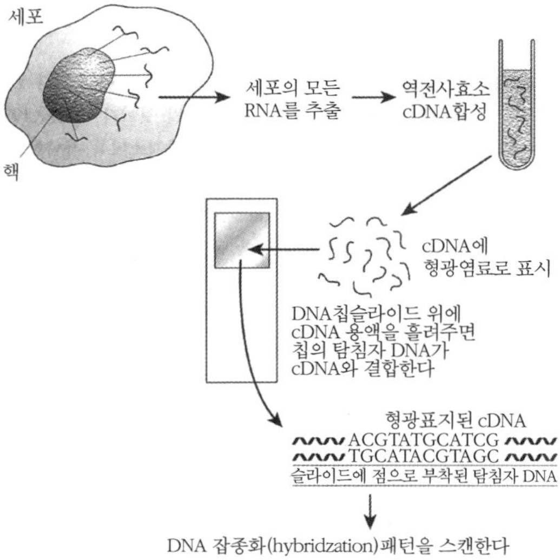

그림 4-8 유전자 칩을 이용해 질병유전자를 찾는 방법

최초의 유전자칩은 에이즈 치료제 내성 돌연변이 바이러스를 찾아내는 연구용이었다. 이어서 암유전자 TP53의 400가지 이상 돌연변이를 검색하는 칩이 개발되었다. 이 유전자 돌연변이는 60% 이상의 암에서 원인으로 알려져 있는데 유방암 환자가 이것을 가지고 있으면 암 전이가 훨씬 큰 것으로 알려져 있다. 이런 환자에게는 항암제와 방사선 치료를 병행하는 강력한 요법이 필요한데 유전자칩이 이런 판단을 내리는 데 도움을 준다.

2.5 동물 복제는 의학과 농축산업을 위한 기술

1997년 3월 평범해 보이는 스코틀랜드 양 한 마리의 사진이 전 세계 신문을 장식하였다. **돌리**라는 이름의 이 양은 아빠가 없고 암양의 클론, 즉 복제 동물이었다. 돌리의 복제 과정은 2월 27일 자 네이처(Nature)에 발표되었다. 핵을 제거한 암양의 난자에 6년생 다른 암양의 젖샘 세포에서 빼낸 핵을 넣어주자 난자가 수정이 된 것처럼 분열을 시작하였다. 이것을 단기간 배양한 후 대리모 양의 자궁에 이식하여 출생시키는 데 성공한 것이다(그림4-9).

돌리는 정자와 난자가 아니고 체세포의 염색체로부터 발생하였으므로 그 염색체 핵을 제공한 암양과 유전적으로 동일하다. 이 실험의 성공으로 체세포로부터 새로운 개체를 발생시키는 것은 불가능하다는 생물학의 믿음이 깨졌고, 분화된 체세포도 초기 배처럼 증식하도록 재프로그램될 수 있음이 증명되었다. 스코틀랜드 과학자 팀의 성공 비결은 핵을 채취하기 전에 배양된 세포에 5일간 영양분을 공급하지 않는 것이었다. 이 과정이 염색체가 새 개체로 성장할 수 있도록 재프로그램되는 것을 도운 것으로 생각된다.

돌리와 대리모

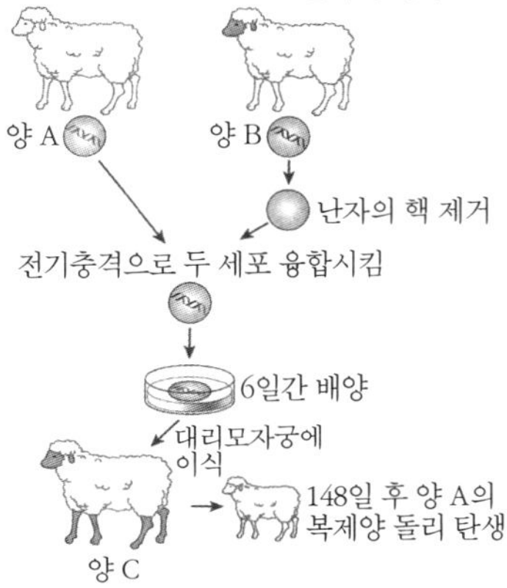

그림 4-9 복제양 돌리의 제조 과정

돌리 복제 기술은 세포 발달이 얼마나 유연한지 보여주었고, 전 세계 줄기세포 연구에 엄청난 변화 발전을 야기하였다. 성체 세포가 재프로그램 될 수 있다는 사실에 매료된 야마나카 신야가 역분화줄기세포를 만든 것을 복제동물 기술의 가장 큰 성과라는 이야기도 한다. 역분화 줄기세포는 피부세포나 혈액세포에 타깃 유전자를 켜고 끄는 전사 인자를 추가하여 어떤 세포로도 발달이 가능하게 만드는 획기적인 기술이다. 질병을 가진 환자의 혈액 샘플에서 세포를 추출해 유전적 결함을 수정하고 그 세포를 유도만능줄기세포로 만들어 환자의 손상된 조직을 회복시킬 수 있다.

돌리 발표 6개월 후 미국의 한 유전공학 회사는 좀 더 효율적인 복제 기술을 개발해 소와 돼지 복제에 성공하였다 핵을 이식하는 대신 세포 전체를 핵을 제거한 난자와 융합시킨 것이다. 이때 사용한 세포는 태아에서 얻은 비교적 덜 분화된 세포였다. 세포융합 후 배가 16세 포기까지 분열하면 16개 세포로 분리시켜 이들을 다시 핵을 제거한 난자와 융합시켜 2세대 배를 형성하고 대리모 자궁에 이식하였다. 이렇게 하여 한 번에 얻는 복제 동물의 수를 늘릴 수 있었다. 위스콘신 대학에서는 소와 난자 한 종류로 소, 양, 쥐, 돼지, 원숭이 5종 동물의 자궁에 모두 착상시킬 수 있는 **범용복제시스템**을 개발하였다.

동물복제는 특히 **장기이식연구** 분야에서 관심이 뜨겁다. 심장병 말기 환자에게 돼지 심장을 이식 시도가 있었다. 인간 면역체계의 이종 장기 거부 반응을 제거하기 위해 돼지 세포막의 10가지 유전자 조작을 한 것이다. 안타깝게도 환자는 두 달 밖에 살지 못했다. 유럽에서 장기 기증률이 가장 낮은 독일의 경우 8,500명의 환자가 장기 이식 외에 치료법이 없는 상태라고 한다. 돼지 장기는 크기와 기능이 사람에게 잘 맞고, 영장류를 사용하는 것보다 윤리적으로 거부감이 적어 돼지 복제 연구가 많이 연구되고 있다. 돼지 배아를 복제하기 전에 인체의 장기 거부반응과 세균 감염 위험을 최소화하도록 실험적 조작 과정을 거친다.

동물 복제는 반려동물 복제에 대중적으로 이용되고 있는 중이다. 미국의 생명공학 회사 '비아젠'은 돌리 복제 팀에서 복제 기술의 지적 재산권을 매입하여 고부가가치 가축 생산을 목표로 복제 연구를 시작하였다. 식물은 유용한 특성을 지닌 품종의 유전자를 유지하기 위해 꺾꽂이, 접붙이기 등의 무성생식 방법으로 번식시킨다. 그러나 가축은 우수한 품종을 선택 교배하여 우수한 형질을 유지하는 것이 최선의 방법인데, 동물 복제 기술이 이 문제를 해결해 줄 수 있다. 그러나 아직은 우유 생산량이 많다던가, 육질이 우수하다는 특성을 지닌 가축을 복제하기에는 기술이 너무 값비싸다. 2013에는 인간 배아 복제에 성공하였으나 사회적 논란이 일어 인간 복제는 시도되지 않았다. 이 회사는 2015년 반려동물 복제 서비스를 시작했다. 고양이 복제에 3만 5천 달러, 개 복제에 5만 달러지만 매년 고객이 늘고 있다고 한다.

동물복제 기술은 자이언트 판다와 흰코뿔소와 같은 **멸종 위기의 동물**을 살리는 데도 쓰이고 있다. 예를 들면 4,000여 년 전 멸종된 매머드를 되살리는 연구도 진행 중이다. 아시아 코끼리의 피부 세포에 매머드 사체에서 추출된 DNA를 도입하여 재 프로그램하여 코끼리와 매머드의 혼합 종을 만들려고 한다. 이 동물을 툰드라 지역에 살게 하면 툰드라 북극 초원을 복원하여 생태계에 활력을 불어넣고 기후 변화에 도움을 줄 수 있을 것으로 기대한다.

동물 복제 기술은 인간의 의학에서 이용되고 있다. 2016년 희귀한 미토콘드리아 질병을 가진 여성이 자녀가 질병을 물려받는 것을 막기 위해 돌리 복제 기술을 응용하여 건강한 남아를 출산하는데 성공하였다. 이 여성의 난자 핵을, 미리 핵을 제거한 건강한 여성의 난자에 넣어주어 자궁에 착상시키는 것이다. 수정란의 질병 미토콘드리아는 전부 건강한 여성 난자의 것으로 대체되는 것이다. 이 기술에는 **3인의 아기**(three person baby)라는 이름이 붙여졌다.

인간 단백질은 질병 치료에 쓰이기 때문에 그 수요가 막대하다. 보통 혈액에서 추출하는데 고가인데다 C형 간염이나 세균이나 바이러스 오염의 위험이 크다. 박테리아나 효모에 이들 유전자를 클로닝하여 대량 배양하면서 단백질을 생산하면 값이 싸고 쉬우나 미생물에서 생산된 단백질은 추축이 힘들고 인간 단백질과 약간 달라 기능이 떨어진다. 동물의 유전자를 인간 유전자로 교체시킨 **유전자혼합동물**(그림 4-10)이 단백질을 생산하게 하면 이런 문제가 해결된다. 현재 양, 염소, 소의 젖에서 낭성섬유증 환자 치료 단백질, 플라스미노겐이 추출되어 치료에 이용되고 있다. 화상이나 기타 질병에 많이 쓰이는 혈청 알부민 생산을 위한 연구도 진행 중이다. 이런 유전자 혼합동물을 한 마리 만든 다음에는 여러 마리를 만들기 위해 동물을 복제하는 방법을 사용한다.

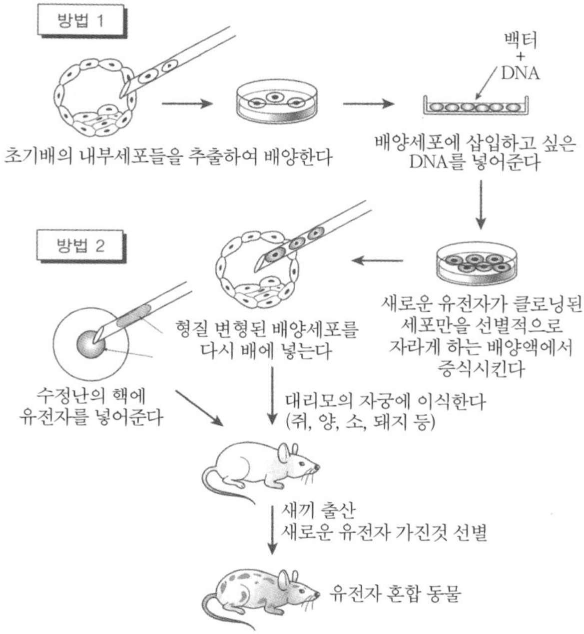

그림 4-10 유전자 혼합 동물 제조 과정. 쥐의 초기 배 세포에 유전자를 넣어 형질변환 시키고 이것을 다시 배에 넣어준 후 대리모의 자궁에 이식한다.

2.6 유전공학이 가져온 농업 혁명

인류 식량의 90%를 담당하고 있는 15종의 작물은 수천 년을 내려오면서 항상 당시 가능했던 기술, 즉 선택적 인공교배를 통해 유전자 조작되어 왔다. 따라서 오늘날 발달한 유전공학을 이용하여 식물 유전자를 훨씬 정확하게 조작하여 작물의 질, 양, 안정성을 높이려 노력하는 것은 당연하다. 미국의 경우 1987년부터 수 백 가지의 GM 작물의 야외 실험이 허용되었고, 전 세계적으로는 1,000 건이 넘었다. 옥수수, 쌀, 감자, 목화, 과일, 채소, 나무들에서 유전자 조작이 성공하고 이제 GM 작물이 시판되고 있다. 미국에서만 1990년도 심어진 메주콩의 50%가 GM 제초제 내성 종자였다. 앞으로 전세계적으로 경작되는 GM 작물은 폭발적으로 늘어날 것이다(그림 4-11).

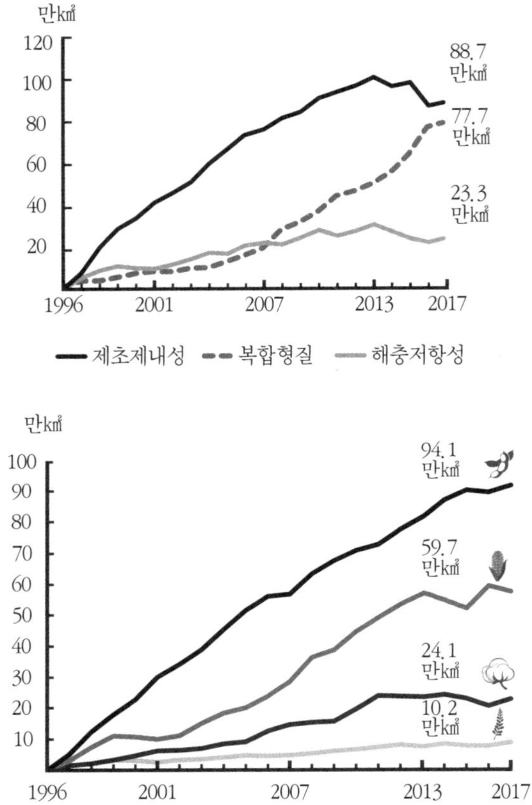

그림 4-11 세계의 GMO 작물 재배 현황. 위는 작물별, 아래는 형질별 현황.
(출처: BSAAA 2017)

전통적으로 노란색 토마토를 얻으려면 토마토와 교배될 수 있는 식물 중에서 노란색을 가진 것을 찾았다. 토마토가 호박하고 교배될 수는 없는 것이다. 그러나 유전공학으로는 민들레, 나비 어떤 생물종도 고려 대상이 될 수 있다. 노란색을 결정하는 유전자만 있으면 토마토에 넣어주면 된다. 교배에서는 수천, 수만 개의 유전자가 함께 섞이게 되지만 유전자 조작 기술로 한두 개의 원하는 유전자만 옮길 수 있게 된 것이다. 예를 들어 감자에 질병 내성을 주기 위해 닭, 누에나방, 바이러스의 유전자를 넣어주고, 살충제 내성을 위해 박테리아의 유전자를 도입할 수 있다. 많은 단체들이 지구가 제공해 줄 수 있는 깨끗한 공기와 물, 식량 생산을 위한 토양, 동식물 다양성이 현재의 80억 인구를 부양하기에 한계에 달했다고 진단하고 있다. 생물공학은 더 이상 열대우림이나 다른 동식물의 자연 서식처를 침범하지 않고 현재의 농경지에서 작물 수확을 증가시킬 잠재력을 가지고 있다.

유전공학 기술은 세계의 **식량 증산**과 **환경 개선**에 기여할 수 있다. 유전자 조작으로 작물에 결핍된 단백질, 지방, 무기질, 비타민 등을 증가시켜 주면 식품의 영양 가치가 높아지고, 동시에 식물이 성장이 빠르고 강인해져 생산량이 증가하게 된다. 질병과 곤충 내성을 주는 유전자를 도입하면 제초제, 살충제, 비료 사용을 줄여 경작 비용이 절약되고 환경 오염과 토양 유실화도 최소화할 수 있다. 염분 내성, 건조 내성 유전자를 도입하여 혹독한 환경에 내성을 가진 작물을 개발하며 사막이나 갯벌을 새로운 농경지로 활용할 수도 있다.

3 유전적 개조에 대한 우려

3.1 줄기세포 연구의 생명 윤리 문제

배아줄기세포 연구는 배아를 자궁에 착상하면 태아로 발전할 수 있기 때문에 윤리적으로 심각한 문제를 제기한다. 배아를 실험실에서 생산하고, 배아로부터 줄기세포를 추출하여 치료에 이용하는 등의 시도는 윤리적인가? 배아는 인간과 동등한 생명으로서 존재 가치를 가지고 있는가? 그런 배아를 임의로 조작하는 것은 인간의 존엄성을 해치는 일인가? 배아에 인격을 부여하는 것도 어색하지만 배아를 단순한 물질로 간주하는 것도 옳지 않을 것이다. 따라서 사회적 논의를 거쳐 적절한 도덕적 규제를 마련하는 것이 바람직할 것이다.

현재 **불임부부**를 위한 시험관아기 시술에서는 임신 성공률을 높이기 위해 다중 배아를 생성한다. 따라서 시술 후에 남은 **잉여 배아**들이 생산되기 쉽다. 어차피 폐기될 운명의 잉여 배아를 인간의 복지 증진을 위해 제한적으로 연구에 활용하는 것은 사회적으로 어느 정도 받아들여지고 있다. 정자와 난자를 기증하는 목적은 대개 불임부부를 돕기 위한 것인데 잉여 배아를 임의로 활용한다면 기증자의 의사를 무시하는 윤리적 문제가 제기될 수 있다. 단지 배아 연구를 위해 정자와 난자를 기증하는 행위 자체도 도덕적 문제가 있다. 정자와 난자의 수정으로 하나의 개체가 될 가능성이 있는 배아가 만들어지는 것을 알면서 기증하는 행위는 생명을 경시하는 것으로 여겨져 정당화되기 어렵다.

3.2 유전자 검사는 이로운가

유전자 검사는 돌연변이 유전자 보유 가능성이 큰 가족들이 검사를 통해 미래에 대한 불안과 빈번하게 받아야 하는 정기 검사에서 해방될 수 있다는 장점이 있다. 검사 결과 음성이라면 여러 가지 대비를 할 수 있을 것이다. 예를 들어 장암의 경우 초기에 발견하면 생존 확률이 크다. 따라서 고섬유질, 저지방 식사, 규칙적인 운동 등의 생활 습관을 유지하면 도움이 된다.

그러나 암유전자 검사의 한계로는, 현재 수준에서 유전자 검사 결과는 확정적이 아니다. 검사 결과 음성이라고 반드시 암에 걸리는 것은 아니고, 양성이라도 암에 걸릴 확률을 완전히 배제할 수 없다. 유전자 돌연변이의 종류가 많은데 현재의 유전자 검사는 가장 흔한 돌연변이들만 검사하기 때문이다. 또한 검사 결과 음성이나 치료법이 없는 경우 환자에게 심리적 피해를 줄 수 있다. 나아가서 가족의 한 사람이 검사를 함으로써 자신뿐 아니라 친척들에 대한 유전자 정보까지 알려지게 되어 문제가 될 수 있다. 1994년 미국의 타임/CNN 방송국이 미국인을 대상으로 유전자 검사를 통해 미래 질병을 가질 가능성을 알고 싶은지 조사했는데 49%가 알고 싶지 않다고 답했다. 치료법이 있는 것이라면 병이 나서 치료하면 되고, 치료법이 없다면 더욱 미리 알고 걱정하고 싶지 않다는 것이다. 그러나 치료법이 없더라도 상황을 더 효율적이고 유연성 있게 다룰 수 있으므로 미리 검사해 알고 싶다는 사람이 반이었다.

3.3 GMO 식품은 인체에 해로운가

1994년 세계 최초로 GM토마토가 시판된 이래 전 GM 작물 재배는 점차 늘어나 현재 세계의 재배 작물 상당수가 GM 작물이다. 현재 세계에서 GM 작물을 가장 많이 재배하는 나라는 미국이고 이어서 브라질, 아르헨티나, 캐나다, 인도가 뒤를 잇는다. 미국농무부는 최근에 항산화물질인 안토시아닌 유전자를 넣어준 보라색 GM토마토의 시판을 승인하였으며, GM작물에 대한 안정성, 위해성 검사는 그동안 이미 충분히 이루졌다고 보고있다(그림 4-12). 우리나라는 국내에서 GM작물의 재배를 허가하지 않으며, 98년부터 GMO 작물을 사용한 모든 식품에 GMO 여부를 표시하게 되어 있다. 재배는 허락하지 않으나 2015년 통계에 의하면 우리나라는 미국의 GM옥수수 수입 3위 국가다. 옥수수와 콩이 우리나라 수입 식품의 대부분을 차지하며 이중 95%가 GMO라고 한다. 옥수수는 동물 사료와 감미료 제조에 쓰이고, 콩은 식용유에 주로 사용되므로 GMO는 이미 우리의 식생활에 깊숙이 들어와 있다고 할 수 있다.

그림 4-12 보라색 GM토마토. 금어초에서 안토시아닌 유전자 2개를 가져다 토마토에 주입하여 만들었다. 시판 승인을 받기까지 약 14년 걸렸다고 한다.

세계 각국은 GMO 관련 제도를 마련하고 기술 개발을 앞다투어 진행하고 있다. 그에 반해 식량 자급률이 23% 밖에 안 되어 식품 수입량이 큰 상황에서 우리나라는 GMO 기술에 지나치게 까다롭다는 의견이 많다. GMO는 각국마다 다른 기준으로 관리하고 있다. 미국은 GM 식품에 관대하며 최근에는 GMO라는 용어 대신 **생물공학 식품(Bioengineered BE Foods)**으로 표기하도록 했다. 유럽연합은 GMO 표시 면제 식품 대상이 주요 국가들 중에서 가장 낮다. 일본에서는 변형 DNA나 단백질이 최종 제품에 남아있는 식품에만 표시를 하도록 하였다. 따라서 유전자 가위 기술을 이용한 농산물은 GMO가 아닌 것으로 간주하여 판매가 가능하다. 기존의 GMO 작물은 제조 과정에서 유전자가 작물의 게놈에 무작위로 도입되지만 유전자 가위를 이용하면 정확한 자리에 도입할 수 있으며 외래 유전자가 작물 내에 남지 않게 할 수 있기 때문이다.

GMO 식품의 인체 유해 여부는 표준 식품 안정성 검사로 판단하기 어렵다. 식품 독성 검사에서는 동물 모델을 사용하는데 GM 식품의 경우 미세한 유전자 변화가 동물에 일으키는 영향을 검사하려면 동물에게 불가능할 정도로 다량을 장기간 섭취시켜야 한다. GM 식품 개발자들은 우리가 일반적으로 먹는 작물도 그렇게 미세한 검사를 거치지 않음을 지적한다. 예를 들어 강낭콩은 덜 익히면 독성이 있고 복숭아 씨앗은 시안화물 독이 있어 한 해 수십 명이 먹고 사망하며, 곡류에는 곰팡이의 아플라톡신이 있지만 검사하지 않는다는 것이다. GM 식품에서 문제가 되는 것은 새로 도입된 유전자가 무작위로 작물의 게놈에 들어가기 때문에 기존 유전자 발현에 이상이 생길 수 있다는 것이다. 이런 변화가 인체에 어떤 해를 줄지 조사하기 어렵다. 식품은 여러 가지 성분이 섞여 있는 혼합체이고, 더구나 같은 토양에서 자란 개체들도 성분이 조금씩 달라 변화가 유전자 조작에 의한 것인지 추적하기가 현재 기술로는 불가능하다.

3.4 GM 작물의 생태계 위협 가능성

GM 작물이 재배되는 지역 주변의 환경으로 작물에 도입된 새로운 형질이 흘러들어갈 수 있으며 다음과 같은 원하지 않던 결과가 초래할 가능성이 있어 우려가 크다. 첫째, GM 작물 자체가 언젠가 잡초가 될 수 있다. 새로운 작물이 끊임없이 개발되기 때문이다. 그때는 GM 작물의 강인함 때문에 통제에 더 많은 노력이 들어갈 것이다.

둘째, 곤충이나 바람에 의해 GM 작물의 꽃가루가 주변의 인척 종에 수분될 수 있다. 그러면 살충제, 곤충해, 병충해에 대한 저항성과 같은 도입된 형질이 야생 집단에 옮겨갈 것이다. 벼에 도입된 염분 내성이 야생 잡초에 옮겨갔다고 해보자. 염분 내성을 갖데 된 잡초는 염도가 높은 습지에서 토종 식물들을 내몰게 될 것이다. 사라진 식물들이 습지에 서식하는 새들에게 더 좋은 먹이나 둥지를 제공했다든지, 새로운 잡초가 들쥐들의 좋은 서식처가 되면, 습지 생태계 전체의 교란으로 이어질 것이다. 궁극적으로는 그 해가 인간에게 해가 되돌아올 것이라고 **GMO 반대 환경론자**들이 주장한다. 이미 세계적인 종자회사 몬산토가 한 환경단체에 의해 고소되었다. GM 작물은 교잡 방지를 위해 근처 농경지와 5.4km 간격을 유지하도록 법으로 규정되어 있는데 이를 어겼다는 것이다.

셋째, 유전자 도입 벡터로 바이러스를 사용할 경우 그 벡터가 다른 바이러스와 재조합되어 신종 바이러스가 진화될 가능성이 있다. 새롭게 진화된 바이러스를 막으려면 또 다른 노력과 경비가 들어갈 것이다.

넷째, GM 작물 속의 애벌레를 죽이는 독성 물질은 새와 벌같이 의도치 않았던 생물에게 해를 줄 수 있다. 최근에 **Bt제** 도입 작물의 꽃가루를 먹고 제주 왕나비들이 죽는다는 보고가 있었다. Bt제는 박테리아(*Bacillus thuringiencis)*가 내는 단백질 독 유전자를 식물에 넣어 주어 곤충 내성을 갖게 하는 자연 살충제이다. 살충제 DDT가 생태계의 먹이 사슬을 통해 독수리와 같은 최종 소비자들에 축적되어 알이 부화되지 못한다는 사실이 DDT 사용한 지 20년이 지나서야 밝혀진 예를 잊어서는 안된다고 환경단체들이 지적한다.

그런가 하면 Bt제에 저항성을 가진 나방이 벌써 발견되어 과학계를 경악시켰다. 항생제 내성균의 진화와 새로운 항생제 개발 사이에 계속되는 악순환의 길을 GM 작물이 똑같이 밟고 있는 것은 아닌지 우려되고 있다. 마지막으로 GM 식물은 야생 식물 집단을 내몰고 자연계 종 다양성에 큰 위협이 될 수 있다. 지구상 생물종의 다양성 보고라고 할 수 있는 저개발국가의 열대, 아열대 경작지에서 GM 작물이 재배될 때 문제가 심각하다. 전통 교배에서나 유전공학에서나 유용한 질병 저항성은 결국 자연의 생물에서 발견한 것이다. 생물종 다양성이 GMO에 의해 줄어든다면 GM 생산기술은 결국 막다른 골목에 다다르게 될 것이다. 이미 인류는 소수 작물을 집중적으로 재배하여 생물종의 다양성을 급격히 감소한 상태다.

종자 회사들이 생산하는 GM 작물들은 불임 씨앗을 생성하도록 세 종류의 유전자가 도입되어 있다. 작물을 당대에서 끝내기 때문에 일명 터미네이터 유전자라고 한다. 이 유전자는 식물 성장에는 무해하나 씨앗 형성을 막는 독을 생산한다. 터미네이터를 사용하는 이유는 농부들이 매해 농사를 짓기 위해 전년도 작물에서 거둔 씨앗을 쓰지 못하고 새로 구입하도록 만드는 것이다. 엄청난 규모의 투자를 통해 개발한 GM 작물을 판매하는 회사로서는 자기 상품을 보호하려는 당연한 행위이나 큰 논란거리가 되었다. 핵 기술 개발로 인류 사회에서 해결한 문제보다는 새로 생겨난 문제가 더 많음을 상기하라고 환경론자들은 맞서고 있다.

3.5 동물복제와 인간복제의 윤리적 문제

반려동물 복제에는 불편해하는 과학자들이 많다. 우선 복제 동물은 유전적으로는 동일하지만 그 동물이 동일한 행동과 성격을 갖지는 않는다. 생물은 선천적 유전자와 후천적 환경 모두의 산물이기 때문이다. 사람들이 진정으로 원하는 것은 자신을 알아주고 이해해 주는 동물이므로 반려동물 복제는 명분이 없는 일이라는 것이다. 반려동물 복제 산업은 사람들의 슬픔을 이용하는 것이라고 비난받고 있다.

또 과거에 멸종된 생물을 동물 복제로 살려내는 것에 대한 문제도 제기되었다. 매머드와 코끼리 혼합으로 태어난 동물이 다른 코끼리와 정상적인 상호작용을 할 수 있을까? 오늘날의 기후와 생태계가 전혀 달랐던 시기에 살던 매머드를 오늘날 복원하는 게 과연 적절한지 의문이 제기된다. 이식용 장기 생산을 위한 돼지 복제에 대해서도 독일 동물보호운동가들과 동물보호협회는 돼지를 장기 공장으로 치부한다고 비판하고 생명 윤리 측면에서 문제가 있다고 주장하고 있다.

인간복제는 실현 가능할까? 복제 양 돌리가 태어나는 데는 277번의 실수로 끝난 시도가 있었다. 그중에는 임신 중에 낙태된 것, 심한 기형으로 출행 후 얼마 못 살고 죽은 것들이 포함되어 있다. 뿐만 아니라 성체의 체세포 복제 동물은 이른 노화와 암 발병 가능성이 있다. 현재 동물 복제 기술의 문제점들이 개선되어 한층 정교화되면 인간 복제도 언젠가 가능해질 것이다.

유럽에서는 현재 인간복제가 금지되어 있고 인간 배아와 태아 복제 연구도 엄격하게 규제되고 있다. 유네스코도 인간복제에 대한 윤리 협약을 마련했으며 미국은 곧 규제법령을 마련한다고 한다. 법이 아니라도 인간 복제는 과학, 윤리, 의학, 정치적으로 너무나 복잡한 문제를 야기하기 때문에 실현될 가능성은 없다고 전문가들은 내다본다. 그러나 일단 개발된 기술은 반드시 모종의 방법으로 악용된다는 것을 인류 역사가 말해준다. 아직 법적 규제 장치가 없는 제3국에 근거지를 두고 인간 복제 서비스를 한다고 인터넷으로 고객을 끌어모으는 기업들이 있다.

유전자가 동일한 일란성 쌍둥이도 성장 환경에 따라 달라지기 때문에 인간 복제를 하였다고 똑같은 인간으로 성장하지는 않을 것이다. 인간의 건강, 재능, 체질 등은 어느 정도 유전으로 결정되지만 DNA는 그 사람의 밑그림일 뿐, 같은 DNA에서 1,000가지 다른 개성이 나올 수 있다. 히틀러를 복제할 수는 있으나 그런 인간을 만들어낸 1930년대의 사회 상황은 복제할 수 없다. 그러므로 인간 복제에 대한 우려는 실패한 복제 실험의 결과라는 것이 전문가들의 중론이다.

복제를 위한 체세포 재프로그램은 수천 개의 유전자가 조절되어야 하는 대단히 복잡한 과정이다. 단 하나의 유전자가 중요한 시점에 중요한 단백질을 만들어내는 데 실패하면 정상적인 발생에 지장이 생긴다. 돌리는 정상 양으로 출산되었으나 이전의 실패한 시도 중에는 심각한 기형을 가지고 태어난 경우가 많았다. 양은 기형이나 유전적 결함, 장애를 갖고 태어나면 폐기해 버릴 수 있지만 인간은 한 번의 성공을 위해 실패한 결과들을 어떻게 할 것인가? 이것은 매우 실질적인 문제다.

3.6 과학은 신의 노릇을 하는가

동물복제 성공 뉴스는 과학이 신의 노릇을 한다는 유전공학에 대한 이전부터의 비판을 다시 불러일으켰다. 그러나 돌리를 탄생시킨 스콧틀랜드 과학자들은 인간이 이미 5,000년 전부터 동물들을 자연의 법칙에 거슬러 선택적으로 인공교배하여 왔음을 상기시켰다. 의학에서도 인간의 수명이 임신 관리, 항생물질 이용, 백신 등의 사용으로 70세까지 연장된 것은 자연법칙에 대한 간섭이라고 볼 수 있다. 인간의 조건을 일반적으로 진보로 믿어지는 방향으로 개선하는 것을 중지할 필요는 없다는 것이다. 그러나 문제는 인간의 탐욕은 끝이 없고 얼마나 진보하면 만족할 수 있을까 하는 데 있다.

유전자 조작 기술로 우리는 생물종 사이에서 유전자를 마음대로 옮기면서 진화의 과정에 간여하기 시작하였다. 유전자 혼합은 미래에 현대 과학자가 예측하기 못했던 엄청난 결과를 가져올 가능성이 있다. 과학은 계속 발전해 나가지만 자연의 모든 것을 알지는 못한다. 인간 위주의 동식물 복제는 생물의 유전적 다양성을 극도로 감소시킬 수 있다. 유전자 조작을 반대하는 사람들은 인간의 복지를 위해 과학기술을 일방적으로 사용하다 결국 지구를 훼손시켜 가듯이, 유전자조작기술도 궁극적으로 인류의 자기파멸의 길이 될 수도 있다고 우려한다.

인간이 모든 생명체의 공동 보금자리인 지구를 훼손할 권리가 없듯이 다른 생명체를 조작할 권리가 없다는 주장도 있다. 인간의 복지가 다른 생명체의 복지보다 우선하는가? 동물을 인간의 실험에 사용해서 고통을 주어도 되는가? 1986년 **동물헌장**의 기본 원칙은 고등 동물을 실험에 사용하는 것은 실험 결과가 동물에 끼치는 해보다 클 경우 허용될 수 있다고 되어있다. 이것은 정당화될 수 있는 이유가 될까?

이에 대한 과학자들의 답변은, 인간이 이미 선사시대부터 가축과 작물을 길러 식량으로 사용하여 왔음을 강조한다. 식량으로의 가치를 높이기 위해 선택적 교배를 하는 것이나 발달된 유전자혼합 기술을 사용하는 것이나 다르지 않다고 주장한다. 문제는 동식물은 식량으로서만이 아니라 인간의 호르몬과 같은 이체 물질을 생산하는 **약품 생산공장**으로서, 인간의 이식용 **장기 공급자**로 길러지게 되었다는 데 있다. 물론 동물원이나 서커스에서 애완동물로서 인간에게 즐거움을 주기 위해서도 사육된다.

아마 문제의 근원은 인간이 원하는 진보에 끝이 없다는 데 있을 것이다. 인간은 대단히 창의적인 동물이며 자연이 내준 문제를 푸는 데 희열을 느끼는 존재다. 지식 자체는 선도 악도 아니다. 지식은 어떻게 사용되는 가에 따라 선도 되고 악도 된다. 우리가 할 수 있는 일은 사회 전체가 과학 기술이 가져올 파장에 대하여 가능한 자세한 부분까지 함께 숙고하여 기술 이용 허용 범위를 마련하는 것이다.

생식 의학의 발달로 65세 여성이 아이를 낳을 수 있다면 낳아야 할까? 불임인 딸을 위해 딸이 제공한 난자를 이용해 아이를 낳은 60세가 넘은 여성에 대한 이야기가 보도된 적이 있다. 그 여성은 아이의 어머니인가 할머니인가? 딸은 그 아이와 무슨 관계가 될까? 유전공학 기술과 관련된 질문들은 인류가 아직 한 번도 생각해 보지 않은 새로운 문제들이기 때문에 각계각층의 전문가들이 모여 충분히 숙고해야 할 것이다.

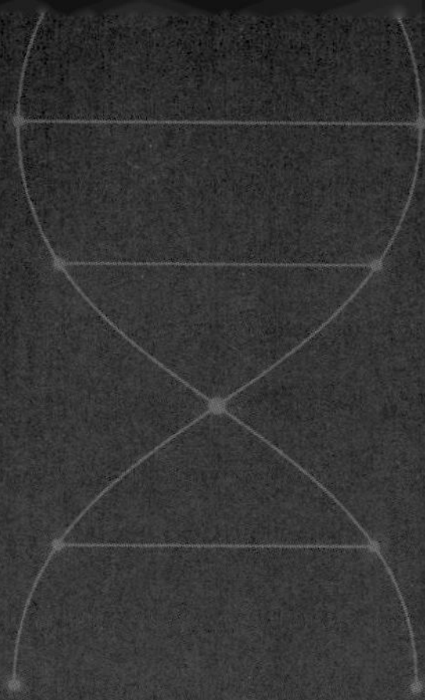

5장

생명체의 특성과 다양성

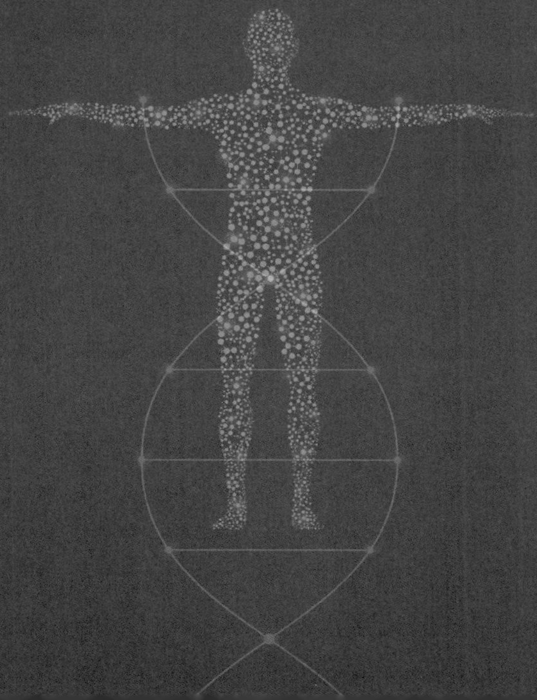

I 생명체의 특성

1.1 생명의 화학적 특성과 유기적 구성

모든 생명체는 세포(cell)라고 하는 구성단위로 되어 있다. 세포는 생명체의 구조적(structural) 기본단위이면서 기능적(functional) 기본단위라고 한다. 대장균과 같은 세균은 한 개의 세포로만 구성되어 있지만 생물로서의 생명현상을 훌륭히 발휘하고 있다. 이러한 단세포생물(unicellular organism)에는 효모, 클로렐라, 아메바, 집신벌레 등 얼마든지 있는데 모두 그들이 가진 생명의 특성을 빠짐없이 발현하고 있는 것이다. 여러 세포로 이루어진 다세포생물(multicellular organism)도 세포들이 발현하는 기능들이 통합되어 생명체로서의 활동을 수행하게 된다.

이러한 생명현상을 발현하는 구성단위인 세포는 과연 어떤 재료로 어떻게 이루어져 있는가? 영기나 정령, 또는 초자연적인 신비력에 의해서 이루어진 존재가 아니라 우리가 아는 물질들로 이루어진 것이다.

세포의 구성과 구성성분, 특히 유전물질에 대한 연구는 최근 70년간 분자 수준에서 눈부신 발전을 가져왔으며 , 생명현상의 연구에서 분자생물학이라는 새로운 분야가 집대성되고 있다.

생물을 이루고 있는 원소는 C, H, O, N이 대부분으로 사람의 몸에서는 96% 정도 차지하며, K, S, P, Ca이 3% 정도 차지한다. 미량 원소로 는 I, Fe, Na, Mg, Cu, Mn, Co, Zn, Cl 등이 있다. 생명물질을 이루는 원소는 2종류 이상의 원자나 이온으로 구성된 화합물로서 존재한다. 화합물의 최소입자가 분자이다. 세포 안에는 탄소를 포함하지 않는 무기 화합물로서 물(H_2O)과 염류들이 포함되어 있다. 탄소를 포함하는(탄산 염 제외) 유기화합물로는 함수탄소(carbohydrate), 단백질(protein), 지질(lipid), 핵산(nucleic acid) 등의 주요 성분이 되고 있다(표 5-1).

표 5-1 생명체를 이룬 분자의 조성(%)

	옥수수	성게의 알	유아	해파리
물	79.0	77.3	66	96.0
염류	1.2	0.3	5	3.0
함수탄소	17.5	1.4	0.5	미량
지질	0.5	4.8	12.5	미량
단백질	1.8	15.2	16	0.7

사람의 몸도 구조적인 기본단위는 세포이다. 약 60조로 알려진 인체의 세포는 구조와 가능의 차이에 따라 약 200종의 세포로 구분될 수 있지만 기능에 따라 상피세포, 결합조직 세포, 근육세포, 뉴런세포로 대별할 수 있다. 이러한 세포들은 모여 각각 상피조직, 결합조직, 근육조직, 신경조직을 구성한다. 이러한 조직들은 다양한 기관들을 구성한다. 심장은 혈관으로 연결되면서 외부와 내부에 상피조직이 있고 평활근이 그 가운데에서 벽을 이룬다. 여기에 신경조직이 연결되고 혈액은 액체성 결합조직으로 간주되고 있다. 허파, 위, 간, 췌장, 콩팥 등이 기관이다. 심장, 혈관, 혈액으로 구성되는 순환계 이 외에 림프계, 소화계, 면역계, 호흡계, 비뇨계, 생식계, 외피계, 근골격계, 신경계, 내

분비계 등이 전신을 이루고 있다. 식물은 잎, 줄기, 뿌리 등의 영양 기관과 꽃, 열매, 종자 등의 생식 기관으로만 이루어진다.

1.2 자기증식과 생장

생물의 한 개체는 영원히 살지 못하고 분열하여 새롭게 되거나 자손을 남겨야 한다. 단세포생물들은 주로 무성생식(asexual reproduction)이라는 방법으로 자손을 남기게 된다. 세균과 아메바는 분열법(이분법)으로 한 개의 세포가 두 개가 되면서 증식하며 새롭게 된다. 효모는 출아법에 의해서 새로운 개체를 만들어 낸다. 식물의 가지 또는 눈, 잎과 같은 부분이 똑같은 식물체로 성장할 수 있는데. 이러한 무성생식을 영양생식법이라 한다.

유성생식을 하는 다세포생물들은 생식기관에서 알 또는 정자와 같은 생식세포를 만들어 수정란으로 된 다음 발생과정을 거쳐서 새로운 개체(자손)을 만든다. 수정란의 난할에서 생긴 할구 즉, 분열된 세포들은 분화(分化, differentiation)되면서 여러 가지 조직, 기관, 기관계 등을 형성하며, 각각 독특한 기능을 맡게 된다. 새로운 개체가 부화되거나 출생된 후 성장하여야만 그 다음 세대를 위한 생식세포를 만들 수 있다.

무성생식의 경우 전 세대의 유전형질이 그대로 다음 세대로 전달되며, 유성생식에서는 생식세포가 만들어질 때 어버이의 유전형질이 자손에게 전달된다. 유전형질을 간직하고 있는 세포의 핵심되는 분자는 DNA이다(3부 참조). 생명체가 증식되기 전에 세포 속에 있는 DNA가 복제되어 두 배로 된 다음 구조를 만드는 단백질도 만들어 놓고 이 단백질의 일부는 세포의 기능을 수행하는 효소로 되어야 하고, 세포막이나 내막계를 이루어야만 두 개의 새로운 세포 즉, 자손이 될 수 있는 것이다. 이러한 생식과정을 반복하면서 생명체는 증식되는데 DNA가 간직한 유전형질은 그대로 자손에게 전달되지만 여러 세대를 거치는 동안 유전적인 변이가 생길 수 있다. 이러한 변이개체들이 증식하여 큰 집단을 이루어 선조들과 많이 달라지고 생식적 격리까지 되면 종분화(소진화)가 이루어지는 것이다.

1.3 물질대사

무생물인 돌을 구성하는 분자 또는 원자는 작년이나 금년, 또는 다음 해에도 그대로 그 돌을 구성하고 있다. 그러나 생명체를 구성하는 분자 또는 원자는 똑 같은 것이 아니라 시간에 따라 교체(turnover)되고 부가되기도 한다. 씨에서 발아된 어린 식물은 물과 탄산가스로부터 유기물질을 만드는 광합성 즉, 탄소동화작용을 하는데 이러한 동화작용(anabolism)을 통하여 필요한 물질을 스스로 만든다. 이 물질을 변화시켜 몸을 구성하는 물질을 교체하거나 부가시킨다. 그 결과 성장이나 활동물질을 얻게 된다. 동물도 체내에 필요한 물질을 외부에서 섭취하여 체내의 물질로 재합성하여 몸의 구성과 기능에 이용한다. 이러한 과정의 반응들은 조금 어려운 용어로 에너지론에서는 흡열반응(자유에너지 증가 반응, endergonic reaction)이라고 한다.

한편 동물이나 식물은 이러한 물질의 일부를 분해하여 에너지를 얻어서 활동하거나 항온동물의 경우처럼 체온유지에 이용한다. 체내유기물질의 분해과정을 이화작용(catablism)이라고 하는데 동화작용과는 반대로 물과 탄산가스가 나오고 에너지가 생성되는 것이다. 즉, 동식물의 세포호흡과정을 말하는데, 물질의 분해는 에너지론에서는 발열반응(자유 에너지 감소 반응, exergonic reaction)이라고 한다.

동·식물 뿐만 아니라 미생물까지 모든 생물은 이상과 같은 신진대사(metabolism)을 통하여 필요한 물질을 외부환경에서 흡수하거나 섭취하여 소화분해하며 체내 구성물질이나 활동물질로 이용한다. 신진대사의 결과 생성된 물, 탄산가스, 노폐물들은 세포 밖이나 체외로 배출한다.

1.4 자극 감수성

생물은 어떤 환경의 변화 즉, 자극에 대하여 반응하는 자극감수성(irritability)을 가지고 있다. 생물에 반응을 일으키는 자극에는 외적 자극과 내적 자극이 있다. 외적 자극은 빛, 온도, 소리, 전기, 중력, 공기의 운동 등과 같은 물리적 자극과 냄새와 맛 등을 일으키는 자극 물질, 무기 염류와 H^+농도의 변화 등과 같은 화학적 자극으로 구분할 수 있다. 내환경 즉, 혈액 속의 O_2, CO_2량이나 H^+농도, 호르몬량의 변화는 내적 자극이 될 수 있다.

감각 기관은 특정한 종류의 자극을 받아들이도록 분화되어 있다. 예를 들면 눈은 빛의 파장에, 귀는 음파에 자극을 받는다. 이와 같이, 어떤 기관만을 자극하여 흥분시킬 수 있는 자극을 적합 자극이라고 한다. 감각 기관은 적합 자극 이외의 자극에는 잘 흥분하지 않지만 가끔 흥분을 일으키는 경우도 있다. 눈에 강한 충격을 주면 번쩍하는 빛을 느끼는 경우가 그것이다.

적합 자극일지라도 그 자극의 세기가 어느 정도의 강도에 이르지 못하면 감각기를 흥분시키지 못한다. 감각기를 흥분시킬 수 있는 최소한의 자극의 세기를 역치(閾値, 문턱값, threshold)라고 하는데, 역치는 세포의 종류, 생물의 종류, 같은 세포에 대한 자극 횟수 등에 따라 다르다. 뉴런이나 단일근세포 등은 역치 이상의 자극을 아무리 크게 하더라도 반응의 크기는 일정한데 이 법칙을 실무율(다냐 아니냐의 법칙, all or none law)이라 한다. 그러나 근세포들로 구성된 근육은 자극의 세기가 커질수록 반응의 크기도 커져서 실무율을 따르지 않고 단계적 반응을 나타낸다(그림 5-1).

각 수용기가 받아들인 적합 자극은 감각 뉴런을 통해 대뇌의 감각피질의 해당부위에 전달되어 각각의 감각으로 해석된다(표 5-2). 따라서 외부환경의 변화를 파악하여 그에 따른 대응(responsiveness)을 할 수 있게 된다. 자극에 대응하여 취하는 반응은 반응기(효과기, effector)에 의해 이루어지는데, 반응기에 속하는 것은 근육, 분비선, 전기발생기관, 가스발생기관(부레) 등이다.

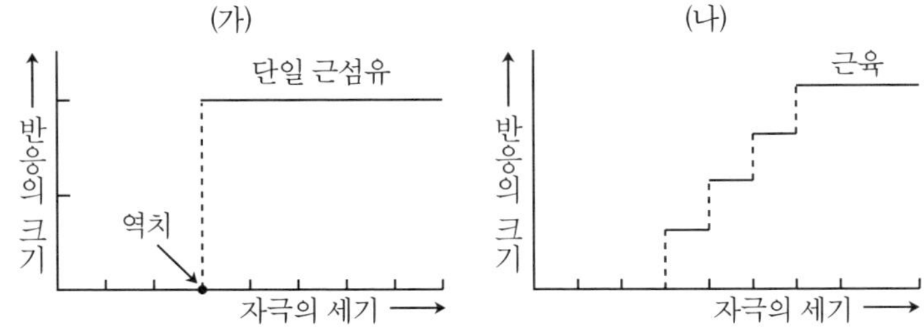

그림 5-1 실무율(가)과 단계적 반응(나)

표 5-2 사람의 수용기와 적합 자극

수용기		적합 자극	감각
눈	망 막	빛(파장 380~810mm)	시각
귀	달 팽 이 관	음파(진동수 16~ 1,000Hz)	청각
	전 정 기 관	몸의 기울기	평형각
	세반고리관	몸의 회전	
코	후 상 피	기체 상태의 화학 물질	후각
혀	미 뢰	액세 상태의 화학 물질	미각
피부	압 점	압력이나 접촉 등의 기계적 자극	입각
	통 점	강한 압력, 열, 화학 물질 등	통각
	온 점	높은 온도 쪽으로의 변화	온각
	냉 점	낮은 온도 쪽으로의 변화	냉각
	촉 점	접촉	촉각

우리가 음식을 씹을 때 구강의 미뢰(미각기)에 있는 미세포를 자극한다. 이러한 자극은 흥분파(impulse, 충격)가 되어 미신경을 따라 연수의 침분비반사중추에 전달되고 운동뉴런인 부교감신경이 타액선에서 침을 분비하도록 한다. 이 반사는 선천적으로 또는 생후 얼마 되지 않아서부터 생겨나는 것으로 무조건반사라고도 한다. 우리는 음식이라는 자극을 받아들여 신경계의 전달과정을 거쳐 타액선이라는 반응기가 침을 분비함으로써 음식을 소화시키고 삼킬 수 있도록 대응하는 것이다. 이것은 물론 반사행동이지만 음식을 먹을 때 종을 치거나 냄새를 맡거나 보는 등의 조건을 주어도 침이 분비된다. 이러한 조건반사의 경로는 다음과 같다. 맛있게 익고 있는 불고기→눈→시신경→대뇌감각피질의 시각중추→구강에서 오는 맛을 감지하는 피질미각중추→피질종합중추→연수의 침분비반사중추→부교감신경→타액선→침분비.

1.5 적응

사막에 사는 캥거루쥐는 수분의 증발을 줄이고 고농도의 오줌을 배설함으로써 물이 모자라는 사막에서 살아간다. 사막의 선인장은 물을 많이 함유하는 줄기가 두꺼운 겉껍질로 덮여 있으면서 잎은 침과 같이 변형되어 물의 증발을 막도록 외형태적으로 적응(adaptation)하고 있다.

바다의 가장자리인 조간대(intertidal zone)는 해안습지로서 많은 생물이 살고 있다. 이곳에는 조수의 강력한 힘과 공기에의 주기적 노출에 생존할 있도록 젤리 같은 물질을 갖추고 있는 갈조류와 홍조류는 물이 빠진 후에도 건조되지 않도록 적응되어 있다. 또 조개, 갯지렁이, 성게 등은 두꺼운 껍데기를 가지거나 진흙 속에 들어가서 건조를 방지한다.

하늘을 나는 동물은 몸이 가벼우면서 날개가 생겼으며, 물에 사는 동물은 몸이 유선형이면서 잘 뜨도록 부레에 공기가 발생하도록 내적(기능적)적응까지 되어 있다. 기온이 낮고 바람이 세게 부는 높은 산에 사는 식물은 솜털과 같은 보온구조를 가지거나 키가 작아져 있다. 이상과 같은 환경에 대한 생물들의 적응은 외부적 형태뿐만 아니라 내적인 구조와 기능에까지 변화가 일어나야 가능하다. 생물과 생물 사이에서 생기는 적응은 종간적응(interspecific adaptation)이라고 하는데 현화식물과 곤충, 벌새, 박쥐 등이 수분(受粉)을 받고 꿀과 먹이를 얻으면서 공존하는 예에서 잘 볼 수 있다.

1.6 진화

분류체계의 수립자 린네(C. Linnaeus, 1707~78)는 생물종은 창조되었으며 불변이라고 주장했으나 1742년에 어떤 식물에서 변이체를 관찰한 후 종은 교잡과 환경의 영향으로 변할 수 있다고 종의 불변설을 철회하였다. 만물은 조건에 따라 여러 가지로 변화하며 생물도 예외 없이 개체 수준의 변화뿐만 아니라 종 수준 또는 그 이상의 계통 수준의 변화까지 일어난다.

최근에 하버드대 지구화학자들이 사이언스지(*Science*)에 그린란드 서부에 있는 38억 년된 암석에서 최초의 미생물이 존재했을 가능성을 암시하는 탄소화합물을 발견했다고 발표하였다. 오스트랄리아의 서부에서는 34억 6천만 년 전의 남세균(cyanobacteria, 남조류)의 화석이 발견되었다. 생물은 지구상에 갑자기 모든 종들이 출현한 것이 아니고 화학 진화라는 과정을 거쳐서 시초의 미세한 원시생명체에서 발전되어 왔는데 무수히 많은 즉, 5번의 대멸종에서 추산하기 어렵지만 수천만 종에서 20억 종에 이르는 생물종은 절멸되었으며 일부의 종들이 현존 종으로 진화한 것이다.

생물의 진화는 화석상의 증거, 비교해부학상의 증거, 비교발생학상의 증거, 생화학상의 증거, 생물지리학상의 증거, 염색체의 구조적 증거, 공업암화된 나방 출현, 사육재배시의 품종 개량 등에서 입증된다. 최근에는 DNA의 염기 서열과 단백질의 아미노산 서열을 정확하게 알 수 있기 때문에 종간의 분기연대와 유연관계를 거의 정확하게 판단할 수 있다. 이러한 기술은 생물의 계통진화 또는 고유전체학의 등장으로 진화경로마저 새롭게 규명하게 됨으로써 생명체의 계통수를 새로 그리게 되었다(그림 5-8, 9, 10 참조).

급격한 환경변화에 적응하지 못했거나, 또는 다른 종과의 경쟁에서 살아남지 못한 종들은 절멸했으며 환경변화에 적극적으로 적응했거나 진화한 종들은 살아남은 것이다. 수천만 종이라는 현존 생물종들의 다양성도 진화를 통해서만 이루어졌고 존속도 여태까지 설명한 생명의 특성을 잘 발휘할 때만 가능한 것이다.

1.7 항상성 유지

가. 두 가지 양식의 항상성

생체의 내적 상태는 환경의 작용으로 변하게 된다. 어떤 동물은 환경에 순응(conform)하여 내적으로 변하는데, 예로는 온도변화에 따라 체온이 변하는 변온동물이 있다.

다른 동물은 변하는 환경에서 비교적 내부적 일정성(internal constancy)을 유지하는데, 항온동물은 체온을 조절(regulate)한다. 순응과 조절의 측정은 환경의 모든 물리적 요인에 확장될 수 있다. 일반적으로 순응자(conformer)는 넓은 내적 변이에, 그러나 좁은 환경적 한계에 인내한다. 반면에 조절자(regulator)

는 좁은 내적 변이에만, 그러나 더 넓은 환경적 범위에 인내한다(그림 5-2). 순화(acclimation)는 순응자에 대하여 인내하는 내적 한계를 변동시킬 수 있다. 순화는 조절자에서는 항상적 제어(homeostatic control)를 못하거나 활성화함에 따라 임계적 한계가 변할 수 있다. 순응자와 조절자는 변하는 환경에서 생존을 가능하게 하는 의미에서 항상적인데 대부분의 동물은 두 가지 양식의 조합을 나타낸다.

나. 고등동물의 항상성

현재 유용한 정보의 양과 측정의 정확성이 증가되어 체내의 조절계와 개체간의 변이성, 심지어 개체 내의 시간에 따른 변이성의 양이 크다는 사실을 알게 되었다. 진화적 척도에서 고등동물일수록 체내의 조건은 거의 일정치를 갖는데 이것은 고등동물일수록 하등동물보다 더 잘 조절한다는 것을 뜻한다. 그런데 고등동물의 생명지속은 이러한 일정성의 유지에 더욱 의존하게 되므로 조절기작의 손상은 그만큼 위험을 내포하는 것이다. 내환경의 일정성에 대한 개념은 19세기 중엽 베르나르(C. Bernard)가 내환경(milieu interieur)의 일정성의 중요성을 인정하면서 이루어졌다. 그 후 20세기 초 캐논(W. B. Canon)은 내환경의 일정성에 대하여 항상성(homeostasis)이라고 명명하였다.

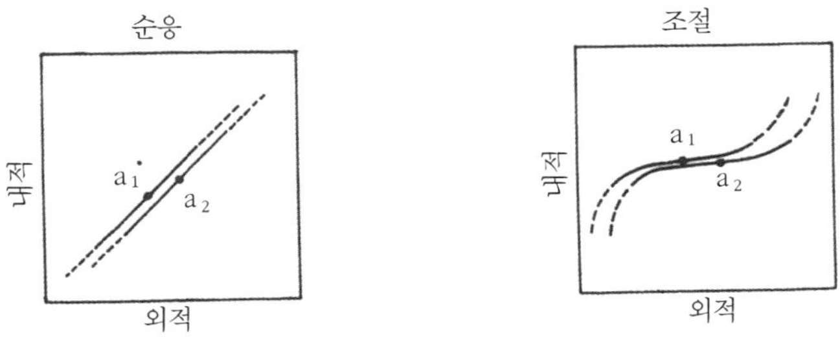

그림 5-2 주어진 변수에 대하여 외적 조건의 기능으로서 내적 상태를 나타내는 모식도.

a_1과 a_2는 순화의 두 가지 정도를 나타낸다. 실선은 정상적인 인내범위 내에 있는 것을 나타낸 것이며, 점선은 잠시 동안만 인내범위 내에 있음을 나타낸다. 조절에서 내적 상태가 외적 상태에 비해 약간 독립적임을 볼 수 있다(Prosser and Brown).

항상성은 생리학에서 가장 중요한 기본적 원리 중의 하나이다. 왜냐하면 최종적 분석에서 대부분의 생리학적 체계는 하나 또는 더 많은 생리학적 현상의 일정성을 유지하는 일차적 기능에 이바지하기 때문이다. 인체의 기능 중 순환, 호흡, 소화흡수, 면역, 신경, 내분비계는 조절 및 전달기능에 공헌하는 것으로 항상성에 가장 중요한 요인이 된다. 그 외의 기능도 각각 항상성에 관련된다. 즉 체내환경의 일정성을 유지하는 항상성은 실제적으로 모든 생리기능의 궁극적인 기초가 되고 있다.

동물체는 제어계통(control systems)의 작용으로 외적 환경의 큰 변이에 직면하여 비교적 작은 범위의 변동 내에서 내적 조건을 유지한다(그림 8-12 참조). 제어중추(control center)는 제어조건(control condition)이라고 하는 몸의 어떤 상태가 유지되는 점(설정점, set point)을 결정하고 점화속도를 변경한다. 몸에는 수백 가지의 제어조건이 있는데 몇 가지 예로는 심장박동률, 혈압, 혈당수준, 호흡률, 체온 등이 있다.

체온의 항상적 조절을 살펴보자. 17°C의 실내에서 적당한 습도하에 생활할 때 우리는 체열을 잃게 되지만 체세포의 화학반응으로 열손실만큼 열생산을 함으로써 일정한 중심 체온인 37°C를 유지하게 된다. 이 경우 특수한 변인(온도)은 변하지 않지만 에너지(열)는 그 변인을 일정하게 유지하기 위해 계속적으로 부가되어야만 하는 체계를 정상상태(定常狀態, steady state)라고 한다. 정상상태는 특수한 변인은 변하지 않지만 그 일정성을 유진하기 위해 어떤 에너지의 입력도 요구하지 않는 평형(equilibrium)과 다르다. 이 예에서 정상상태의 온도는 열조절계(thermoregulatory system)의 설정점으로 알려져 있다. 이 예는 항상성에 대한 결정적인 일반화를 나타내는데, 그 이유는 내환경적 변인의 안정성이 입력과 출력의 균형으로 이루어지기 때문이다.

실온을 3℃로 낮출 때 열손실이 갑자기 증가되어 체온은 떨어진다. 이 경우 피부혈관이 수축되고 몸을 움츠려서 열손실을 최소화하지만 과도한 열손실을 막을 수 없으면 전율을 시작하며, 전율을 포함하는 근수축에서의 화학반응은 많은 열을 생산하게 된다(그림 5-3). 이 열조절계는 음성 되먹임계(negative feedback system)의 예인데, 이것은 조절된 변인에서의 증감이 원래 변화방향의 반대(음성) 방향으로 움직이는 경향의 반응을 일으킨다. 이 계가 가장 일반적인 항상성 조절기구인데 다른 양식의 양성 되먹임도 있다. 양성 되먹임계의 예를 몇 가지 들어보자. 피부에는 외부의 온도를 감지하는 뉴런들이 있는데 냉환경에서 뇌에 냉정보를 보내는데 이때 뇌는 근육과 피부혈관에 열 보존과 열 생산을 증가하도록 하는데 미리 체온 조절반응을 활성화시킨다(그림 5-3 하단에서 +로 표시한 부분). 평상시는 혈관속에서 항응혈제의 작용이 응혈 촉진작용보다 우세하여 응혈이 되지 않지만 출혈시는 응혈촉진작용이 항응고제의 작용보다 우세하여 혈액응고가 일어나 상처부위의 출혈을 멈추게 한다. 음식을 보거나 냄새를 맡으면 침의 분비되는데 이때 위산의 생성도 일어난다.

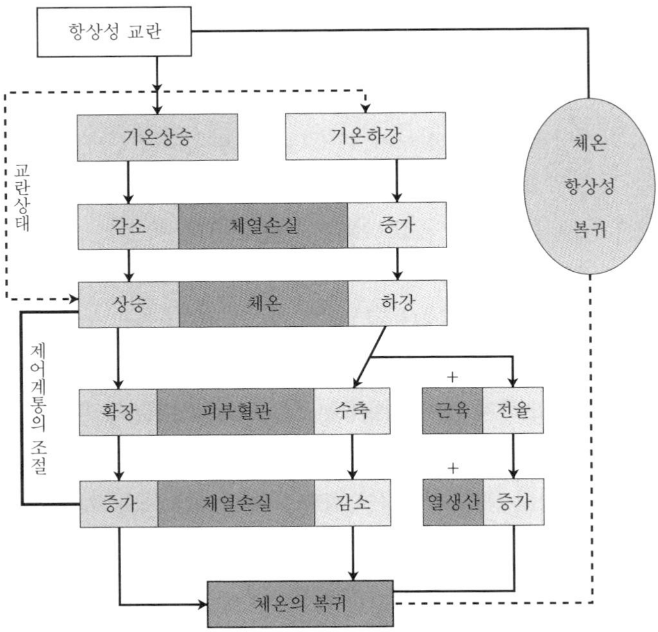

그림 5-3 체온조절의 음성 되먹임계.

몸 밖의 온도가 떨어질 때 체온을 일정하게 유지하는 항상적 조절은 체열손실을 감쇠키거나, 열생산을 증가시킴으로써 이루어진다. 반대로 몸 밖의 온도가 올라가면 열생산을 억제하고, 열손실(발한, 헐떡거림)을 증가시켜 체온을 일정하게 유지하게 된다. +표시는 양성 되먹임이다.

2 생명체의 출현

2.1 열역학 제2법칙에 위배되는 생명체의 탄생

46억년 전에 형성된 태양계에서 초기 지구의 대기는 수소 복합물이 많이 존재한 환원형 대기로서 수증기, 메탄, 암모니아, 황화수소(H_2S) 등으로 구성되었을 것으로 생각하고 있다. 이러한 물질들은 태양열, 방전, 화산 활동과 지열 등으로 대기나 바닷물에서 생명체가 필요로 하는 유기물, 아미노산, 핵산 성분들을 만들어졌을 것이다. 이러한 전생물적 즙액(prebiotic soup)을 생명 기원의 첫단계로 생각한다. 지질과 폴리펩티드 또는 다른 분자들로 만들어진 막형 작은 방울이나 소막들도 많이 만들어졌다. 최근에 섬모충들의 일종인 테트라히메나(*Tetrahymena*)에서 촉매활성 RNA 분자(리보자임, ribozyme)가 발견되었는데 원시세포에서도 이러한 RNA에 기초한 유전계가 즙액과 더불어 막의 흡수작용으로 막 안으로 들어가고 농축되면서 에너지도 운반되고 핵산의 복제 및 단백질합성이 이루어짐으로써 하나의 생명체가 되었을 것이다(그림 5-4). 이러한 과정은 우주의 무질서도(앤트로피)는 계속 증가한다는 열역학 제2법칙에 반대되는 외부 에너지로 무질서도가 더 낮은 상태를 유지하는 존재로서 세포분열과 생식에 의해서 약 40억년 동안 생명계가 계속 번창하고 있다. 즉, 생명계는 무질서도가 증가되는 존재가 아니라 반대로 질서도를 증가시키는 존재로써 인간도 예외가 아니다.

원시생명체의 존재는 오래된 암석이나 화석에서 찾아볼 수 있다(표 5-3, 6). 최근에 호주 서부 해저의 5km 깊이의 사암 석유 시추공에서 발견된 20~150nm 크기의 나노브(nanove)에 대하여 발견팀들은 최초의 생명체라고 주장하고 있다. DNA를 함유하여 C. H. O. 등의 원소를 풍부하게 가지며, 번식속도가 빠르다는 것이다. 최초의 생명체인지는 몰라도 스스로 증식하는 생명체임에는 틀림없다. 이러한 원핵세포들은 심해저 고열구에서 황화물이 분출하는 곳, 남북극 같은 빙하지역, 호산성·호알카리성·호염성환경, 지하 암석의 작은 구멍·틈새·갈라진 곳에 고인 물 속에서도 살고 있다. 몇 가지 전핵세포들의 모습과 크기를 그림으로 비교하고, 대장균의 전자현미경으로 촬영한 구조들을 그림 5-5에서 볼 수 있다.

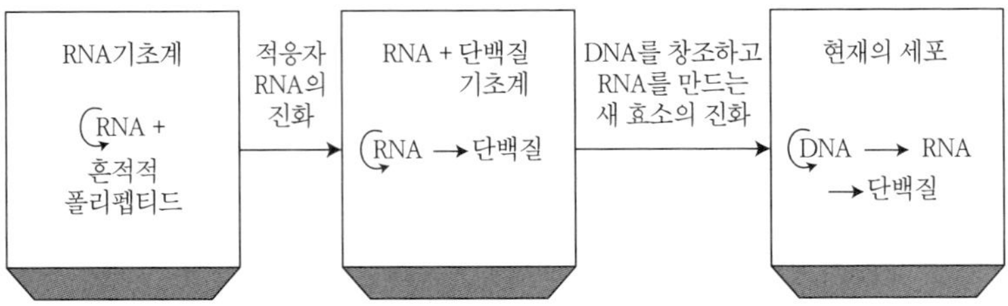

그림 5-4 단순한 자기 복제계의 RNA 분자로부터 현재의 세포 진화 추정 단계

왼쪽: 아마도 38~40억년 전에 작은 분자의 전행물적 합성, 촉매활성의 RNA분자가 자기복제, RNA 서열에서 아미노산 서열로의 번역, 및 지질분자의 조합에 의한 막으로 둘러싸인 격실이 발생하여 원시 세포가 생성되었을 것이다. 가운데: 자기복제 RNA(Loomis, W.F, 1988)가 폴리펩타드들로 단백질을 만드는 촉진작용을 하며 만들어진 단백질은 세포 구조를 이루며, 새로운 효소로도 작용함을 추정한다. 오른쪽: 3장에서 자세히 설명되었다.

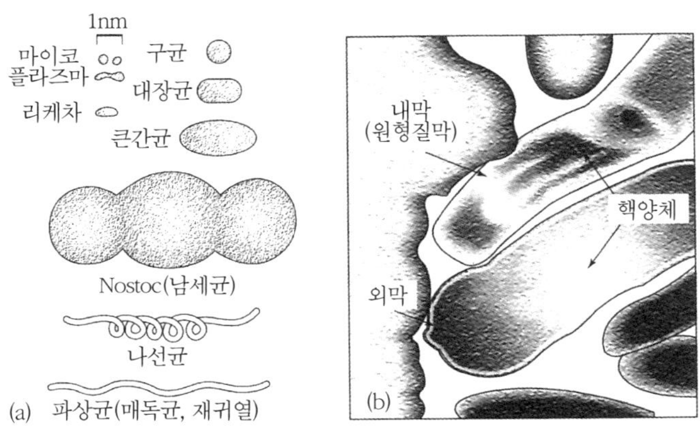

그림 5-5 몇 가지 전핵세포의 크기와 구조

표 5-3 선캄브리아의 사건과 화석출현의 시간표

나이(X10⁹년)	사건 및 출현
3.8	가장 오래된 암석에서 탄소화합물 발견: 그린랜드 서부(북극권 근처)
3.7	그린랜드에서 stromatolite(미생물 활동으로 생성되는 암석의 일종) 발견
3.5	호주 서북부의 변성퇴적암: 남세균의 stromatolite
3.4	가능한 생물발생기원의 구상미세구조를 가진 가장 오래된 침강 암석
2.7~3.1	Rhodesia의 Bulawaya의 stromatolite: 남세균의 군거가 증명
3.0	가장 오래된 화석의 간상형 세균: 남아프리카 Fig Tree층
2.2~2.3	가장 오래된 다양한 남세균: 남아프리카 Transvaal sequence 층
~2.0	다양한 원핵 미생물상: 남캐나다의 Gunflint 철형성층
~1.2~1.5	진핵생물에 닮은 가장 오래된 화석세포, 캘리포니아 Beck Spring: 호주의 Bungle-bungle dolomite
0.9	가장 오래된 진핵세포의 집단과 감수분열에 대한 증거: 호주의 Bitter spring formation
0.6~.07	가장 오래된 화석 다세포동물, 호주 Ediacara hill의 pound 암층: 해파리, 바다조름속
0.6	선캄브리아기의 말기

2.2 진핵생물의 출현

가. 공생에 의한 세포소기관 형성

진핵생물에 유사한 가장 오래된 화석은 약 12억~15억년 전에 나타났다. 그리고 진핵세포의 화석이 나온 곳은 호주의 비터 스프링(Bitter spring)층으로 9억년 된 층이다(표 5-3). 분명한 핵을 가진 녹조류가 발견되었는데 현재의 진핵녹조류와 상당히 유사한 것들이다. 원핵형에서 진핵형으로 진화는 어떻게 이루어졌을까? 진핵세포의 특징인 소포체와 핵막 또는 세포소기관들은 어떻게 형성되었을까?

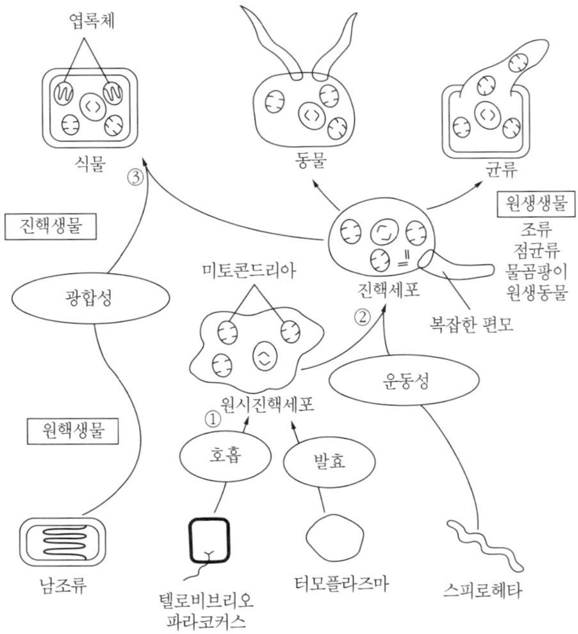

그림 5-6 진핵세포의 세포소기관의 기원을 설명하는 내부공생설

고대 독립생활을 하던 원핵생물이 숙주세포에 각기 다른 방법으로 함입되었고(1, 2, 3), 숙주와 상호 이익관계(symbiosis)로 공존하게 되었다. 궁극적으로 이들은 숙주의 세포소기관으로 진화하여(1. 미토콘드리아; 2. 편모; 3. 엽록체) 각기 산소호흡, 운동성, 광합성이라는 이점을 숙주에게 제공하였다.

19세기 말에 알트만(R. Altmann)과 쉼퍼(A. Schimper)와 같은 세포학자들은 순수한 형태학적인 견지에서 미토콘드리아와 엽록체가 전핵세포와 공생관계를 가진 세포내 기생체라고 추측하였다. 마굴리스(L. Margulis)는 1970년 진핵세포의 기원이라는 논문에서 호기성의 파라코커스(paracoccus)와 비슷한 세균이 미토콘드리아의 기원이며 광합성 남세균이 엽록체의 기원이라고 발표하였다. 또한 스피로헤타와 비슷한 생물과의 공생에서 진핵생물의 운동성(편묘형성)과 세포분열에 관련된 미세소관이 생겨나 원생생물, 균류, 동물세포 등이 진화되었다(그림 5-6 참조). 공생체는 크레브스 회로와 호흡연쇄의 반응물을 가지고 있어서 호흡과 산화성 인산화반응을 할 수 있다.

식물세포의 경우에 공생체가 빛에너지를 화학에너지로 전환시킬 수 있는 독립영양 미생물(autotrophic microorganism)이 엽록체가 되었다.

미토콘드리아, 엽록체 및 원핵생물 사이의 많은 유사점 중 특히 호흡 연쇄의 위치가 유사하다. 세균에서 이것은 원형질막 속에 위치하는데 또한 기질 속으로 돌출한 F_1-ATPase를 가지 고 있다. 어떤 세균은 원형질막에서 돌출하여 생긴 메소솜은 막 돌출물로서 크리스테와 비교되는데 이것은 분리시킬 수 있으며 호흡연쇄를 가지고 있음이 밝혀졌다. 미토콘드리아의 내막과 기질은 세포에서 만들어진 막내에 들어 있던 공생생물(symbiont)에서 유래한 것이다. 미토콘드리아 DNA는 원핵생물의 염색체에서 흔히 볼 수 있는 환상 형태이다. 미토콘드리아의 리보솜은 일반 세포의 것이나 세균의 것보다 일반적으로 더 작다.

미토콘드리아의 단백질 합성은 세균에서처럼 클로람페니콜에 의해 억제된다. 고등세포의 미토콘드리아 외의 세포질에서의 단백질 합성은 이에 영향을 받지 않는다. 미토콘드리아에서 RNA 합성이 증명됨으로써 세포소기관의 부분적인 자율성이 입증되었다. 그러나 미토콘드리아 DNA가 지닌 정보의 양은 자율적인 생체합성(autonomous biogenesis)에는 충분치 못하다.

미토콘드리아와 엽록체의 원핵세포 기원을 뒷받침해 주는 사실은 세포내 공생(intracellular symbiosis)이 자연상태에서 발견된다는 것이다. 짚신벌레(*Paramecia*)는 수백 개의 공생 조류와 세균을 함유하고 있으며 남조류는 간단한 체제의 동물 체내에 존재한다. 광합성 전핵생물(photosynthetic prokaryote)의 내부공생(endosymbiosis)은 숙주가 광에너지를 포획해서 여러 가지 유기물을 합성할 수 있게 해주며, 한편 숙주는 원핵생물에게 성장하고 증식할 수 있는 안정된 환경을 제공한다.

진핵세포와 호기성 세균의 공생관계를 확인시켜 주는 실험도 있다. 아메바를 독성이 강한 세균에 감염을 시키는 실험이었다. 많은 아메바들이 죽었지만 감염되었음에도 불구하고 계속 사는 아메바들이 있었다. 이들을 자세히 살펴보니 아메바 안에는 다른 세균이 같이 살고 있었다. 그런 세균이 몸속에 있는데도 불구하고 아메바는 계속 생존했던 것이다. 그러나 연구자들이 아메바 속의 세균을 제거하고 나니 그 아메바는 금방 죽고 말았다. 이로써 아메바와 세균이 공생관계에 있었다는 것을 알 수 있었다. 그리고 학자들은 이런 일이 원시 바다에서도 있었을 것이라고 추정하고 있다. 이렇게 두 종류의 세포가 합쳐져 새로운 세포를 형성하였다. 이렇게 하여 핵이 있으면서 산소호흡도 하는 세포가 탄생한 것이다.

표 5-4 진핵세포의 크기

체중량(g)	세포 또는 생물	체중량(g)	세포 또는 생물
10^{3}~10^{2}	공룡알, 타조알 소철 배주(직경 20cm)	10^{-5}	큰 Paramecium(직경 60μm) 개의 큰 감각 뉴런
10^{1}	Valonia macrophysa(성숙)	10^{-5}	사람의 평활근 섬유, Voricella 사람의 간세포(직경 20μm)
10^{0}	Valonia ventricosa(성숙)		
10^{-0}	Nitella(큰 절간)(직경 1mm)	10^{-5}	이질 아메바
10^{-2}~10^{-3}	개구리알	10^{-5}	개구리 적혈구, 말라리아 기생충, 사람의 정자, 가장 작은 원생돌물(Monas)
10^{-4}	사람의 횡무근		
10^{-5}	사람의 난자		

미토콘드리아는 분열을 통해서 수를 늘려가서 8,000개 이상을 갖는 세포도 생겨났다. 미토콘드리아는 핵의 명령에 따라 핵에 에너지를 공급하는 역할을 하는데 이 에너지로 세포는 성장과 분화를 하게 되는 것이다. 공생의 자연 상태에서의 관찰과 실험적인 확인은 원시바다에서의 공생 가능성을 말한다.

이렇게 생명이 시작하여 진핵세포에 이르는 데는 20억년의 세월이 흘렀고, 이 안에서 생명체들은 공존의 원칙을 세운 것이다. 진화적 입장에서 볼 때 공생관계가 현재의 상태로 진화되어 세포소기관은 어느 정도의 자율성만 갖고 그들에 특수한 성분의 대부분을 합성하는 데는 세포의 핵과 세포질에 의존한다고 볼 수 있다.

나. 세포핵의 공생적 기원

영국 옥스포드대의 톰 캐벌리어-스미스교수는 수십억 년 전 고세균에서 세포질에 막들이 만들어지면서 염색체를 둘러 싸서 보호하였고 이것이 핵이 형성되었다는 소위 원시진핵생물설(archeozoa theory)을 주장하였다. 그리고 이 원시진핵생물이 호기성 세균을 포획하여 공생한 것이 미토콘드리아가 되었을 것이다. 따라서 미토콘드리아가 없는 원시진핵생물도 있을 것으로 예측했는데 후에 실제로 발견되면서 캐벌리어-스미스 가설은 탄력을 받았다. 미토콘드리아의 게놈 크기는 세균보다 훨씬 작은데, 이는 대부분이 숙주의 게놈으로 편입되었거나 포획되는 과정에서 사라졌거나 필요치 않아 퇴화되었기 때문이라고 설명되었다.

한편, 메탄생성 고세균은 H_2와 CO_2만 있으면 에너지원인 ATP와 다양한 생체 분자를 만들 수 있는데, 윌리엄 마틴 교수(W. Martin, 독일 하인리히 하이네대학)는 H_2와 CO_2를 발생하는 세균에 달라붙어 사는 메탄생성고세균을 발견하였다. 그는 20억년 전 메탄생성 고세균과 비슷한 세균이 H_2와 CO_2 생성 세균과 협력하다가 언젠가 이 세균을 포식하였고 포식된 세균이 미토콘드리아의 조상이 되었으며 핵은 후에 형성되었을 것이라고 주장하였다. 미국 록펠러대의 뮐러교수(M. Müller) 역시 산소가 희박한 환경에 사는 원시적인 단세포 진핵생물에서 미토콘드리아를 대신하는 하이드로게노솜(hydrogenosome)을 연구했는데 이것도 H_2와 CO_2 생성 세균에서 진화한 것으로 추정하였다. 진핵세포가 수소기체를 안정적으로 확보해야 하는 고세균의 필요를 충족하는 과정에서 진화되었다는 그의 설명을 수소가설(hydrogen hypothesis)이라고 한다.

네덜란드 요하넥스 하크슈타인 교수팀(네이네헌대)은 바퀴벌레 창자에 기생하는 원생생물인 닉토테루스의 세포 안에서 독자적인 게놈을 가진 하이드로게노솜을 발견하고, 게놈을 분석한 결과 14,027개의 염기서열을 밝혔다. 미토콘드리아의 게놈과 비교한 결과 둘 다 알파프로테오 박테리아와 밀접한 관계가 있었다. 마틴 뮐러 교수는 알파프로테오 박테리아의 조상이 고세균에 포획되어 미토콘드리아로 되었으며 일부는 산소과 희박한 환경에서 하이드로게노솜이 되었고 다른 경우에는 이마저 소실되었다고 보았다.

레이크(J. A. Lake)와 리베라(M. C. Rivera)와 구프타(R. S. Gupta)등도 핵 역시 내부공생으로 기원되었다고 주장한다. 특히 구프타 등은 고세균이 H_2와 CO_2를 배출하는 그람음성세균과의 융합으로 형성되었다고 하였다. 고세균의 핵이 외막과 연결되는 소포체 유전자를 받아들인 것을 고세균과 그람음성세균의 DNA 염기서열 분석을 통해서 확인하였다. 핵 외막의 생성이 그람음성세균의 유전자에서 왔다는 것이다. 둘리틀(W. F. Doolittle)은 핵은 다양한 기원의 유전자, 즉 고세균 자체의 유전자, 포식된 세균들의 유전자, 내부공생 소기관들의 유전자들이 일부 포함된 것으로 보았다. 진핵세포 핵의 유전자는 수많은 수평유전자이동(laterl gene transfer)의 결과라고 설명한다(그림 5-7).

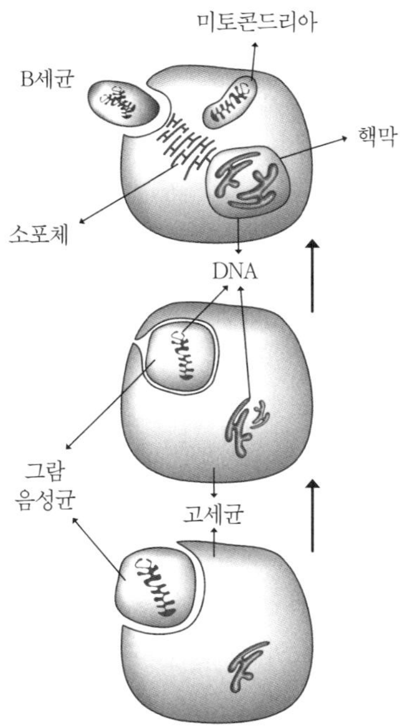

그림 5-7 세포소기관과 핵막의 형성과정 상상도.

그람음성균에 속한 알파프로테오세균(알파세균)이 미토콘드리아로 되었으며, 소포체 유전자도 받아들여 소포체와 핵외막을 만들고 다른 세균의 유전자(B세균)와 더불어 수평유전자이동으로 핵의 게놈으로 편입되었다.

표 5-5 원핵세포와 진핵세포 사이의 주요한 차이

특징	원핵세포	진핵세포
생물	마이코플리즈마, 남세균, 세균류	원생생물, 진균류, 식물, 동물
세포크기	대개 작다(1~10μ)	대개 크다(5~100/μ)
유전계	DNA는 나출 핵양체는 막에 싸여 있지 않음 인이 없음 리보솜 70S(50S + 30S)	DNA는 염색체에서 단백질과 복합된 핵경이 있음 있음 80S(60S+40S)
내막계	대개 없으나 있으면 투명함	다양한 형과 분화, 즉 미토콘드리 아, 리소좀, 골지체, 엽록체 등 있음
세포질	세포외유출 및 세포내유입 없음 세포골격이 없음	세포외유출 및 세포내유입 있음 세포골격이 있음
세포벽	비셀룰로오스성	셀룰로오스성, 식물세포에만 있음
세포분열	무사분열(이분법, 출아법 등)	유사분열 또는 감수분열
생식계	존재할 때는 공여자로부터 수여자에 유전자의 비방향성 전달	감수분열과 연합된, 즉 동등한 배우자 게놈의 완전한 핵융합
운동세포기관	존재할 때는 단순한 원섬유, 편모	존재할 때는 섬모 및 편모
영양	영 양 주로 흡수. 일부 광합성	흡수 섭취, 광합성
세포적 구성	주로 단세포적	주로 다세포적, 다세포형태의 분화

2.3 생물진화와 지구환경의 변화

태초의 지구에는 산소가 없었다. 생물체가 살아가는데 적합한 환경이 아니었다. 그럼 어떻게 해서 생명이 나타나게 된 것일까. 화학 진화경로에 연관되는 다른 가능성 면에서 생물 진화를 접근해 본다.

가. 황화수소 이용 세균의 출현

태초에 불리한 지구환경에서도 생물이 진화하였는데 지구환경의 변화와 생물진화의 연관성 을 살펴보자.

황화수소와 탄산가스가 솟구치는 화산에서 우리는 최초 생명체에 관한 단서를 찾을 수 있다. 태초의 지구는 황과 황화수소로 넘쳤기 때문이다. 황화수소가 넘치는 화산에서는 90도가 넘는 황산액체가 끓고 있는데, 그 악조건 속에서도 세균이 살고 있으며, 그 세균은 지구에서 최초로 탄생한 생물과 비슷한 모양을 하고 있다.

초기 지구의 환경: 액체 마그마가 지구를 덮고 그것이 5억 년 동안 서서히 식었다. 그 과정에서 생긴 구름이 모여 결국은 홍수가 나게 되었고 원시바다가 생겼다. 대기는 이산화탄소로 가득 차 있었다. 온 지구를 덮고 있던 구름이 없어지면서 햇빛이 겨우 지구대기권으로 비추어 들어오기 시작했고 이때 바다에는 생명창조에 필요한 요소가 쌓인 것이다.

생명창조에 필요한 요소가 쌓인 경위는 우주에서 찾을 수 있다. 호주에 큰 운석이 떨어져 지구 표면이 깊게 패인 일이 있었다. 이 때 그 운석을 분석해 본 결과 생명체가 살아가는데 중요한 아미노산이 들어 있다는 것을 발견하였다. 결국 지구상에 무한히 많은 운석이 떨어지면서 바다에는 생명 창조에 필요한 물질들이 쌓이기 시작한 것이다.

달의 탄생과 생명의 탄생: 지구와 화성 정도 크기의 운석이 충돌한 대 충돌이 있었다. 이 때에 맨틀의 한 조각이 우주 밖으로 떨어져 나갔다. 그래서 우주 쪽으로 나갔다가 다시 지구 쪽으로 돌아와 달이 생겨나게 되었다.

달이 생겨난 것은 해저에 큰 영향을 주었다. 당시의 달은 지구와 매우 가까운 거리에 있었다. 현재의 지구와 달의 거리의 반이었다고 한다. 달이 이렇게 가까이 있자 달의 인력은 그만큼 클 수밖에 없었다. 조소간만의 차가 무척이나 컸으며 이 힘으로 수많은 화학작용이 일어났고 많은 생명을 만들었다.

달의 인력으로 인해 원시바다에서는 심한 파도가 쳤고 이때 생긴 수많은 기포들의 얇은 막 안에는 생명에 필요한 요소들이 쌓여 들어갔고 그 속의 요소들은 농축되었다. 그 기포는 주위의 물질을 막 안으로 흡수하여 농축시켰다. 이런 기포들은 바위에 붙어있게 되었다.

화산폭발과 황화수소 이용세균: 생명의 기원을 알아보기 위해, 화산 폭발로 지구 최초의 모습으로 돌아간 바다를 연구해 보았다. 화산 폭발로 인해, 생명이 최초로 태어났을 때의 바다의 상태와 같은 모습이 된 바다였다. 그런 바다에 연구팀은 판자 하나를 놓아 두어보았다. 죽은 바다처럼 보이는 곳에서 1주일 만에 그 판자는 물위로 떠올랐고, 그 판자에는 수 많은 세균들이 붙어 있었다. 죽어 있는 곳으로 보였지만, 실제로 그곳은 세균의 천국이었다.

이로써 황화수소를 먹이로 먹는 세균이 최초의 생명체로 추정이 된다. 그리고 그 후 여러 형태로 진화한 것으로 추정된다. 37억년 전 쯤에 혐기성 생물이 다양화되었으며 혐기성 광합성 세균이 생겼을 것으로 보고 있다.

나. 지구의 환경을 바꾸어 놓은 남세균

남세균의 증식의 원인: 대륙표면에 있던 칼슘과 마그네슘 등이 바다로 침전을 하였고 칼륨과 마그네슘이 이산화탄소를 흡수하면서 지구 내 온실효과는 적어지고 지구는 냉각하기 시작했다. 그러면서 구름이 많아지고 햇빛이 많이 들어오기 시작한 것이다. 여러 곳에서 남세균의 화석이 발견되지만 오스트레일리아 서북부에서 35억 년 된 남세균 화석이 가장 오래된 것이다(표 5-3, 그림 5-8 참조).

광합성을 하는 남세균: 35억 년 전의 남세균은 광합성도 했다. 그들은 우주로부터 오는 에너지를 이용할 줄 알았던 것이다. 이렇게 급격하게 증가하기 시작한 남세균은 결국 개체군폭발을 할 정도로 많아졌고, 이들이 광합성을 하면서 내 놓은 산소로 지구에는 산소가 많아지기 시작했다. 바다는 남세균이 내 놓은 산소로 가득 찼으며 붉은 녹이 슨 철이 많아진 것도 이들이 내 놓은 산소와 바다 속의 철이 만나서 침전했기 때문이다.

남세균과 황화수소 세균: 남세균은 산소를 내 놓음으로써 지구환경을 바꾸어 놓았다. 그럼 이때 황화수소세균은 무엇을 했을까? 황화수소세균은 산소에 노출되면 죽게 되기 때문에 가능하면 산소를 피하려는 방어전략을 썼다. 그래서 껍질이 단단한 세균이 나타나기도 했다.

산소를 이용하는 세균: 스페인의 삼각주를 보면 태고의 바다에서 살던 미생물들이 아직도 있는데 남세균이 그곳에 있음은 물론이다. 그 삼각주의 지층을 살펴보면 남세균층과 황화수소세균층 사이에 특이한 행동을 보이는 세균을 발견할 수 있다. 이 세균들은 산소를 이용하는 방법을 발견했다. 즉, 그들에게 있어서는 폐자원에 해당하는 산소를 재활용한 것이다. 이 세균들은 산소를 이용해 더 많은 에너지를 쓸 수 있게 되었다. 즉, 산소에 적응하는 호전적인 세균이 탄생한 것이다. 결국 산소가 풍부해지면서 전혀 다른 유기체 2종류가 나타나게 된 것이다. 한 종류는 산소를 이용하여 힘을 내는 호기성 세균이었고 다른 한 종류는 동료 유기체와 합친 혐기성 세균이었다.

다. 대기의 변동과 생물군의 변화

지구 환경의 변화에 따라 그에 적응한 생명체가 출현하고 그 생명체가 번성함에 따라 지구환경을 변동시키게 된다. 혐기성 전핵세포는 약 37억 년 전에 생겼으며 다세포 생물인 후생생물은 약 10억 년 전에 생겼다고 생각하고 있다. 이러한 생물군의 변화는 환경의 영향을 받았음에 틀림없다.

선캄브리아기의 말기 지층으로 6억 8천만년 된 호주의 Ediacara hill 의 pound암층에서 하등동물인 해파리, 바다조름속(강장동물) 등의 화석이 발견되었는데 영국, 남아프리카, 시베리아 등에서도 비슷한 동물군이 발견되고 있다. 선캄브리아가 지나고 캄브리아기의 약 1억년 동안에 해면, 산호, 환형동물, 패류, 육식자 아노말로카리스, 척삭을 가진 피카이아(척추동물의 조상)와 같은 수만 종의 동물들의 진화가 있었다(표 5-3).

표 5-6 다양한 지질 시대에서의 생물의 종류

연대	기간	세대	수중생물	육상생물
(백만년) 신생대 (新生代)	제4기	현세 신홍적세	주기적 빙하	전세계에 인류의 조상들이 분포
	제3기 6.5	선신세 중신세 점신세 시신세 고신세	모든 현대적 무리가 존재	인류의 기원 원숭이, pongids 새들의 다양화 현대포유류와 피자식물 초본성 피자식물 출현
중생대 (中生代)	백악기 144		현대 척추물고기 암모나이트. 사경룡. 물고기의 화석 전멸	공룡. 익수룡의 전멸 목본성 피자식물과 뱀의 출현
	쥬라기 213		사경룡 물고기의 화 석이 많다. 암모나이트가 다시 풍부 홍어, 호밀, 척추 어류가 풍부	익수룡 전성 최초의 도마뱀, 시조새 (*Archeopteryx*) 곤충전성 최초의 포유류, 최초의 피자식물
	삼첩기 248		온후한 기후, 많은 사막 최초의 사경룡, 물고기의 화석 척추어류가 최초로 출현했을 때 풍부한 암모나이트	파충류의 다양화 (theocodonts, therapsids, 거북, 악어, 최초의 공룡, rhyn chocephalians)
고생대 (古生代)	이첩기 286		애팔렌치아 산맥형성, 주기적 빙하와 혹독한 기후, 삼엽충의 전멸 placoderms	파충류 전성 (cothlosaurs, pelycosaurs), 소철. 침엽수(송백류) 은행나무
	펜실바니아 석탄기 320	석탄기	온후하고 다습한 기후	공충 풍부, 오공절지류 최초의 파충류

연대	기간	세대	수중생물	육상생물
고생대(古生代)	미시시피석탄기 360	석탄기	온후하고 다습한 기후 상어의 다양화	석송류, 이끼류, 종자양치류의 숲 양서류 전성. 육지달팽이, 최초의 곤충
	데본기 408		주기적 혹한 Plascoderms, 연골질과 척추어류 암모나이트, 앵무조개	석송류와 석송, 종자고사리의 숲 최초의 선태식물, 속새류, 노래기류, 거미 최초의 양치류
	실루리아기		내해의 확장 무악류출현 및 다양화 Eurypterids	최초의 육지식물 (Rhynia) 거미아강(전갈), 나자식물
	오르도비스기 505		온화한 기후, 내해 최초의 척추동물 (갑주어)의 다양화 앵무조개, pilina, 다른 연체동물 삼엽층 풍부	없다
	캠브리아기 590		온화한 기후, 내해 삼엽층 우세, 피카이아 (척삭) 최초의 eurypterid, 갑각류, 연체동물, 극피동물. 해면동물. 피낭류. 강장동물. 환형동물. 아노말로카리스	없다
선캄브리아기 (원생대) (시생대)	3800		주기적 빙하 화석이 드물지만 많은 원생동물과 다세포동물문이 존재한다. 최초의 세균과 남세균	없다

바다에 살던 남세균, 녹조류 및 녹색식물들이 모든 생물의 호흡에 필요한 양보다 더 많은 산소를 생성하여 축적되면서 산소 이용 생물이 전 지구에 살 수 있었다. 고생대 중기에 대기 중의 산소농도가 현재와 비슷한 20% 수준이었다고 믿고 있다. 고생대 후기 동안에 기후의 변화와 더불어 산소가 현저히 감소하였고(현재의 50%) CO_2가 증가하였다. CO_2 의 증가가 독립 영양 생물의 최성기를 이루게 하여 화석연료의 형성을 가능하게 했으리라고 보고 있다(그림 5-8).

중생대 동안에 고농도의 산소와 저농도의 CO_2의 대기로 회복됨에 따라 보다 고등한 동식물로 진화되었으며 항온동물로서 조류가 출현하였다. 신생대에 와서 O_2/CO_2의 균형은 '진동하는 안정상태'로서 현재에 이르고 있다. 이 시대에 현대 생물이 출현하였는데 현화식물, 포유류, 인류가 나타났다.

이상에서 생물의 진화는 고등화해 가는 경향으로 발전하고 있다. 그러나 퇴행적인 경우도 있다. 진화 과정에서 O_2/CO_2의 변화가 생태계의 구성원(생물군)의 변화를 야기시켰으며, 이 구성원들에 의해 야기되는 O_2/CO_2 변화와 인간들이 범하는 O_2/CO_2의 균형의 파괴는 생태계의 변동을 일으킴을 인식할 수 있겠다. 또한 인간 역시 그 환경 안에서 다른 생물에 완전히 의존할 수 밖에 없음을 알게 된다.

2.4 생물계통의 진화

가. 생물계통 진화에 대한 새이론

리보솜 RNA(rRNA)는 작은 소단위 16S와 큰 소단위 23S로 되어 있고 이것이 리보솜 단백질과 결합되어 리보솜(ribosome)을 이룬다. 16S rRNA의 염기서열을 종 사이에서 비교하여 계통수를 만들면 고등동물(사람과 개구리)과 균류(효모)가 식물(옥수수), 녹조류(*Chlamydomonas*)보다 더 가깝다는 것을 알 수 있다.

비녹조류인 홍조, 갈조류와 원생동물은 서로 가까우나 녹조류와는 좀 멀다. 고세균과 진정세균(리케차, 세균류)은 서로 가까우나 균류 또는 고등동물과는 아주 멀다.

이와 유사한 연구 결과는 균류에 속한 버섯이 식물보다는 동물에 더 가깝다는 것이다(그림 5-9, 10). 버섯은 식물과 비슷하게 생긴데다 한 곳에 고착되어 자라므로 식물에 포함시켜 왔다. 그러나 현대는 생명의 계통수를 유전적, 생화학적, 분자생물학적 연구결과에 따라 새롭게 그리게 되었다.

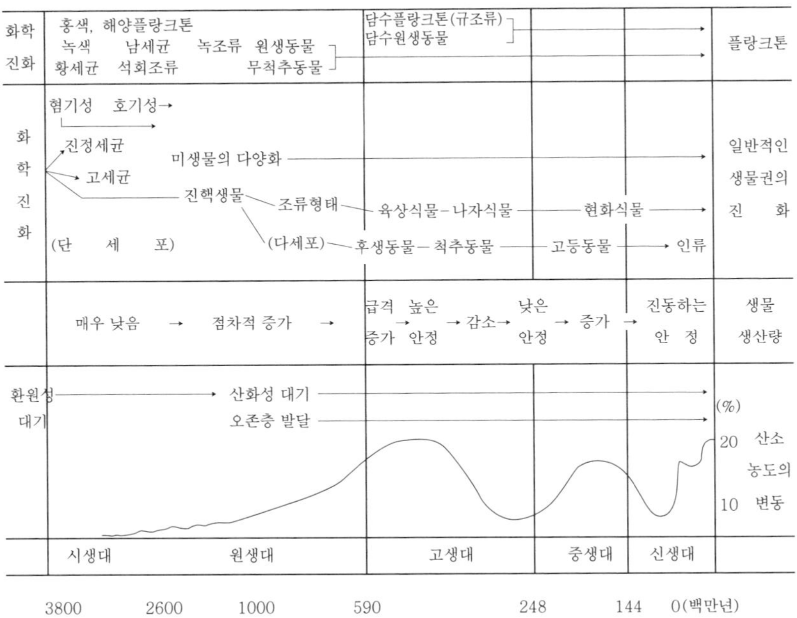

그림 5-8 생물권과 산소를 포함하는 대기진화의 개략도

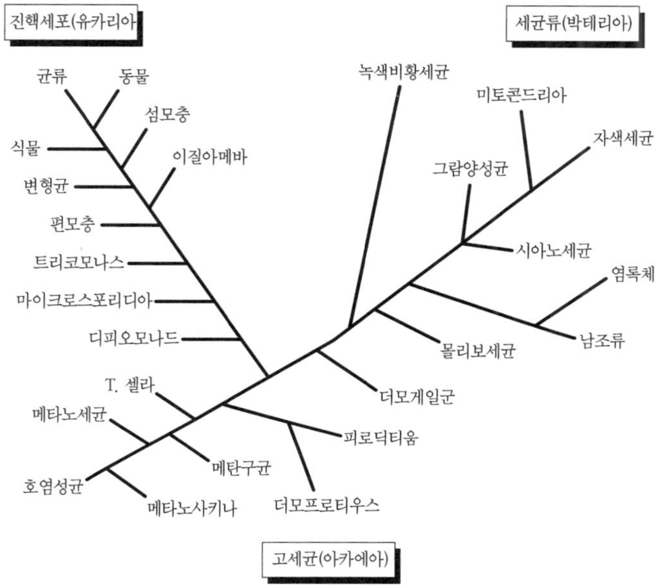

그림 5-9 리보솜 RNA(rRNA)의 염기서열을 비교하여 계통사이의 유연관계를 나타낸 계통수

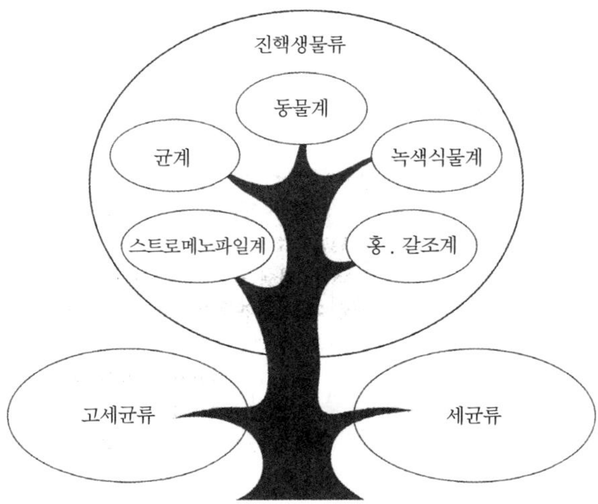

그림 5-10 생물체는 고세균류, 세균류, 진핵생물류로 나누는데 진핵생물은 동물, 식물, 균류, 갈조, 스트라메노파일로 나누게 된다.

모든 생명체는 크게 3영역(domain) 즉, 고세균류(Archaea), 세균류(Beacteria), 진핵생물류(Eukarya)로 나눈다(그림 5-9, 10, 14 참조). 고세균류(2장 참조)는 지구상에 출현한 최초의 생명체를 포함하는데 뜨거운 물 속 같은 불리한 환경에서 사는 원핵생명체이다.

계통수의 상층의 진핵생물류는 식물, 동물, 균류, 홍·갈조류(비녹조류, protoctista)가 자리잡는다. 여기에 최근에 발견된 스트라메노파일은 대부분 식물과 매우 비슷하게 생겼으나 광합성을 하지 않으므로 식물에 포함시키지 않고 분리하게 된다(그림 5-9).

나. 식물계통의 진화

1999년 8월 미국 세인트루이스에서 열린 제 16회 국제식물학회에서 12개국 200명의 학자들이 녹색식물연구 결과를 발표하였다. 이들의 종합된 내용은 녹색식물은 다세포생물들이 폭발적으로 등장한 것과 비슷한 시기에 조류(藻類)의 형태로 모습을 드러낸 후 약 5억 년 동안 물 속에서만 생활하였다. 그러다가 5억 년 전에 육지로 올라와 육지식물이 되었다. 녹색식물은 10억 년 전에 다세포동물과 비슷한 시기에 출현하였다는 것이다.

물속 생활에서는 정세포와 난세포는 물의 흐름으로 수정하여 번식하였다. 시간이 흐름에 따라 일부의 조류는 바다에서 담수로 진출하였는데 그 중 일부는 물이 마를 때도 있는 물가에서는 그러한 환경에서 태양의 자외선에도 견딜 수 있는 유전적 변이를 획득하는데 성공하였다. 이것이 육지진출의 첫걸음이었을 텐데 이러한 식물은 현재의 선태류와 양치류와 비슷한 특징을 가진 식물이었을 것이다. 5억 전에 육지식물이 된 후 4억 2,500만 전에 최초의 나자식물이 출현하였다는 것이다(그림 5-11 참조). 이 시기는 데본기(紀) 직전의 실루리아기인데 화석 발견에 근거한 나자식물의 출현시키는 데본기로 되어 있다. 현화식물은 약 1억 5,000만 년 전의 쥐라기 말에 나타났다고 한다.

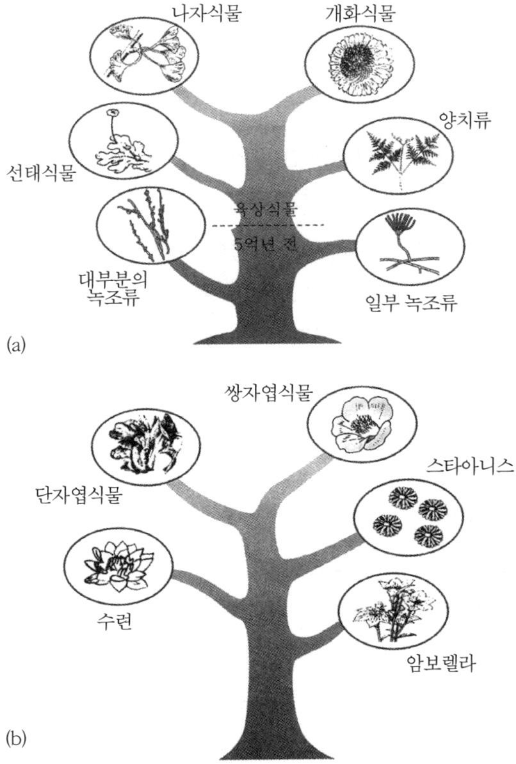

그림 5-11 육상식물의 진출연대와 식물의 계통수(a). 피자식물의 계통수(b)

화석으로는 데본기에 최초의 육상식물, 최초의 나자식물과 선태류, 양치류, 석송류, 속새류(쇠뜨기류)등이 나타나고, 이첩기에 소철류, 송백류, 은행류, 쥐라기에 최초의 피자식물, 백악기에 목본피자식물, 제3기 시신대에 초본피자식물이 나타난다(표 5-6). 상기한 학회의 내용과 화석 발견 및 계통의 선후관계에 근거하여 만든 계통수는 그림 5-12와 같다.

상기 학회에서 학자들은 현재 지구에 존재하는 메조스티그(Mesostigma)라는 조류가 최초의 육상식물이 진출하기 직전의 식물로 생각된다고 발표하였다. 또 남칼레도니아 군도에서만 발견되는 암보렐라(Amborella)가 피자식물의 최초의 조상과 가장 가까운 존재라고 하였다. 그리고 남세균의 엽록체가 홍색, 갈색, 녹색 엽록체를 유래시켰다고 여기고 있다.

다. 동물계통의 진화

동물의 출현은 약 10억 년 전이라고 생각된다. 동물의 조상형의 단세포생물은 편모충으로 진화적 분리가 되면서 변형충, 포자충, 섬모충, 흡관중 등의 다른 원생동물도 생겼으리라 본다. 단세포들이 다세포 상태로 뭉쳐지려면 세포간 결합물질이 필요한데 이러한 물질의 도움으로 다세포의 후생생물이 생겨났을 것이다. 오늘날 문어의 신장속에 기생하는 디시에마(Dicyema)라는 기생충은 30개의 세포로 된 동물인데 머리도 없고 다리도 없으며 일정한 형태가 없다. 아마 최초의 후생동물도 이와 비슷하지 않았을까 생각된다.

이러한 후생동물 계열에서 진화적 분리가 일어나서 원시적인 분화(分化)를 계속하여 중생동물(中生動物)과 측생동물(側生動物)이 생기고 한편 장강(腸腔, gut cavity)을 갖게 된 동물들이 다른 더 복잡한 구조와 더 불어 진정후생동물(眞正後生動物)의 모든 문(門)의 조상이 된 것이라고 본다. 더욱 발달한 무리에서 또 분리가 일어나 두 줄기로 되었는데 한 쪽은 방사상칭을 하게 된 방사상칭동물이 되고, 다른 한 쪽은 좌우상칭을 가지는 좌우상칭동물들이 생기게 되었다. 다시 좌우상칭동물 중에서 체강을 가지지 않은 조상으로부터 체강을 가지는 동물이 분리되었다. 체강 동물도 여러 가지로 특수화되고 또 다시 나누어져서 현재 있는 여러 문의 동물이 되고 더 나아가서는 오늘날의 여러 종, 개체들이 이루어지게 되었다. 동물진화 경로의 전체적인 종합으로서 동물의 파생된 시대를 지질시대에 맞추어서 나타내면 그림 5-13과 같다.

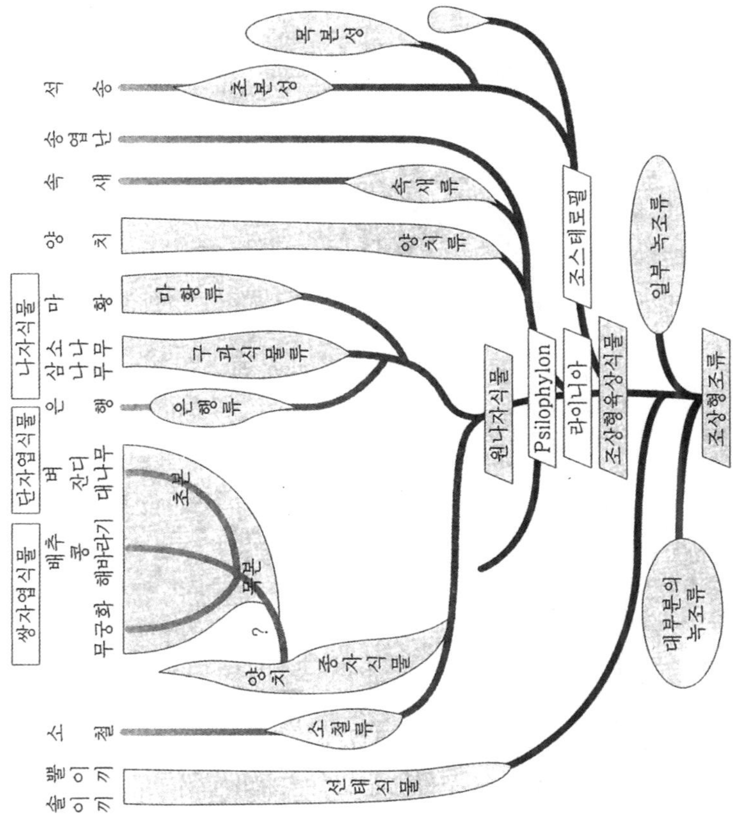

대	기	시작년(백만년)
신생대	제4기	1.8
	제3기	65
중생대	백악기	144
	쥐라기	213
	삼첩기	248
고생대	이첩기	286
	석탄기	360
	데본기	408
	실루리아기	438
	오르도비스기	505
	캠브리아기	590
원생대	선캠브리아기	1000

그림 5-12 식물계통의 분지연대

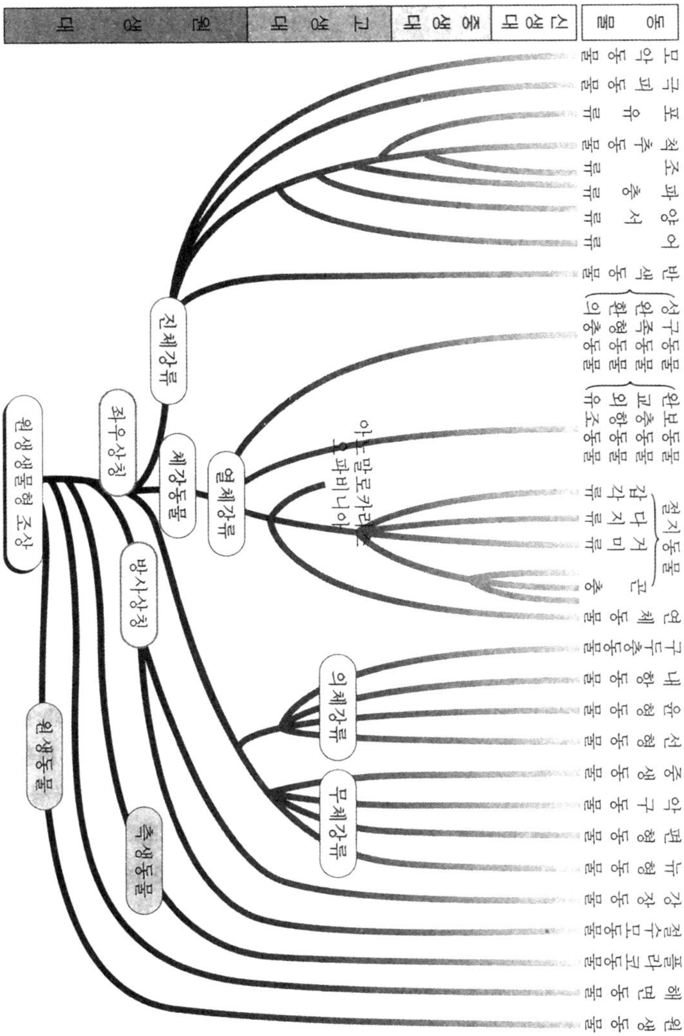

그림 5-13 동물의 계통수

Magulias and Schwarz(1982)와 캠프리아기의 동물화석, 척추동물의 분지를 보충하여 다시 그렸음.

3 생물의 분류체계와 다양성

3.1 종이란 무엇인가

종이란 실제로 또는 잠재적으로 상호 교잡(cross)되는 자연집단으로서 다른 집단과는 교잡되지 않는, 상시적으로 격리되어 있는 개체집단(개체군)을 말한다(1969, E, Mayr). 예를 들면, 개는 여러 품종이 있으나 교배(mating)하면 생식능력이 있는 새끼를 낳을 수 있다. 개와 고양 이는 교배되지 않고 생식적으로 격리되어 있다. 여기에서 일부의 예외는 가까운 종사이에 교잡이 이루어지기도 하고 불임이 되는 새끼를 낳을 수 있다. 말과 당나귀는 다른 종이지만 교잡하여 노새(mule)를 낳는다. 이때 노새는 수컷의 정자성숙이 불완전하여 불임이 된다. 사자와 호랑이 사이의 교잡과 잡종새끼(liger, tigon)의 출생도 잘 알려져 있다, 식물종 사이에도 때로는 교잡이 일어나지만 생물학적으로 별개의 종이다. 많은 미생물들은 생식기관이라고 하는 것이 없기 때문에 교잡은 의미가 없지만 분명히 종은 있다.

오늘날 많은 종은 공동조상에서 파생되었다고 생각한다. 그러면 한 개체군의 유전자급원(gene pool, 한 집단에서 모든 유전자의 총합)의 변화가 신종을 형성할 때까지 축적되어야 할 것이므로 상당한 시간이 경과해야 할 것이다. 또한 신종형성 즉, 종분화(speciation)는 많은 아종(subspecies)들이 지리적 격리에 의하여 상호교배 되지 않으면 이루어질 수 있다. 아종들이 한 지역에 모여 교배할 수 있으면 단일종으로 유지될 것이다. 종은 이렇게 가변적이므로 형태학적, 생식학적, 생화학적, 행동학적 기준에 따라 종을 구별할 수 있을 것이다.

3.2 종은 얼마나 될까

린네의 이명법은 라틴어로 표기되며 속명, 종명을 연기하되 반드시 이탤릭체 표기하고 명명자 이름을 약자를 붙인다. 예를 들어 고양이는 *Felis catus*

Linn으로 명명되었다. 이렇게 이름을 붙인 종의 수가 정확하게 얼마인지 모르지만 180만 종 정도로 추정한다. 현재 포유류, 조류, 파충류, 양서류, 현화식물 등은 거의 알려졌으나 작고 현미경적이거나 서식지가 접근하기 어려운 곳에 사는 생물 즉, 곤충, 그 외의 무척추동물, 진균류, 세균류 등은 대부분 알려지지 않아 종의 총수를 추정하기 어렵게 한다.

종의 수를 추정하는 몇 가지 방법이 있다. 간단한 방법은 현재의 180만 종의 3분의 2가 온대산인데 새로 발견되는 종은 열대산이 2배가 많은 데서 산출한다. 즉, 온대산 120만 종에 열대산 240만 종의 합인 360만 종으로 수정하고 새로 발견되는 종수를 더한 값으로 추정한다. 다른 방법은 큰 동물보다 작은 동물의 길이가 10배로 줄 때 종수는 100배로 증가한다. 이러한 계산으로 육상의 알려진 동물로써 작은 동물까지 산출하면 1,000만 종에 이른다는 것이다. 엘드리지(N. Eldredge)는 1,000~1,300만 종으로 추정하고 있다. 세 번째 곤충수를 계산하는 방법인데 열대의 특정나무의 꼭대기에서 밑둥까지 600여종의 곤충이 살고 있고 전 세계에는 약 5만종의 열대나무가 있기 때문에 총 3,000만종의 곤충이 있다는 것이다. 곤충이 전 동물의 75%이라고 하니 전 동물은 4,000만 종이 되는 계산이 나온다. 다른 학자들은 어윈(T. Irwin)이 남미의 삼림에서 딱정벌레를 수집하여 계산한 것을 바탕으로 세계의 종은 모두 1억 종에 근접할 것으로 추정한다.

3.3 분류상의 기준과 범주

생물의 분류는 외부형태와 내부구조, 생식방법, 발생과정, 염색체의 수와 모양, 단백질의 종류 등을 분류의 기준으로 삼았다. 그러나 최근에 와서 미토콘드리아 DNA의 염기서열, 리보솜을 구성하는 RNA의 염기서열, 유전자-유전자 잡종화(DNA-DNA hybridization)분석 등의 자료를 활용하여 종사이의 유연관계와 계통분화시기를 추정한다. 이러한 새로운 방법에 따라 분류체계가 새로워지고 있다.

분류의 기본적인 범주는 위의 것으로 부터 계(界, kingdom), 문(門, phylum),

강(綱, class), 목(目, order), 과(科, family), 속(屬, genus), 종(種, species)의 7가지이다. 그러나 실제로는 이러한 범주 사이에 또는 밑에 다른 범주를 더 넣어 더 많은 범주를 설정하고 있는데 전체적으로 보면 다음과 같이 식물과 동물의 경우에 다소 차이를 두고 분류하였던 것이다.

가. 식물

계, 문, 아문, 강, 아강, 목, 아목, 과, 아과, 족(tribe), 아족(subtribe), 아속, 절(節 section), 아절, 열(列, series) 종, 아종, 변종 아변종(subvariety), 품종, 아품종(subform).

나. 동물

계, 문, 아문, 상강(superclass), 강, 아강, 코호르트(cohort), 상목(superorder), 목, 아목, 상과(superfamily), 과, 아과, 족, 속, 아속, 종, 품종.

3.4 생물의 분류체계의 변화

식물이나 동물이 각각 어떤 종으로부터 진화되어 왔는가를 나타낸 과정이 계통이며, 종 상호간의 공통되는 특징을 나타낸 것이 유연 관계이다. 생물의 계통과 유연 관계를 그림으로 그리면 마치 한 그루의 나무에 서 나뭇가지가 뻗어나간 것과 같은 모양이 된다. 이것을 계통수라고 하는데, 계통수는 생물이 진화한 과정과 각 생물 간의 유연관계를 한 눈으로 볼 수 있도록 한 것이다. 계통수는 생물의 여러 가지 특징을 중심으로 표시되기 때문에 학자에 따라 차이가 있을 수 있다.

분류체계 자체도 시대에 따라 변화되고 있다. 고대의 아리스토텔레스는 식물과 동물로 나누었으니 2분류 체계라고 할 수 있다.

이러한 체계는 미생물이 발견되기 전까지 사용되었는데 미세한 생물 중에는 동물이나 식물에 포함시키기 어려운 것도 있으므로 이러한 생물을 원생생물(protista)라고 부른다. 그리하여 원생생물, 식물, 동물계의 3분류 체계로 나누게 되었다.

그 후 현미경이 발달되면서 보통 세포와는 달리 핵막이 없고 세포질 내에 막성계가 발달되지 않는 작고 하등한 생물이 발견되었다. 이러한 무리를 모네라(monera)라고 하고 분류체계에 추가시켜 4분류 체계로 나누었다.

1960년대에 와서 식물계에 포함시켰던 균류(菌類, fungi)를 분리시킴으로써 5분류 체계로 5개의 계로 나누어서 최근까지 인정되었었다.

그러나 근년에 다시 식물에 포함되었던 홍조류, 갈조류 등 비녹조류가 식물계에서 분리되었다. 그러다가 스트라메노파일을 추가시켜 분류 체계가 바뀌게 되었다(그림 5-14 참조).

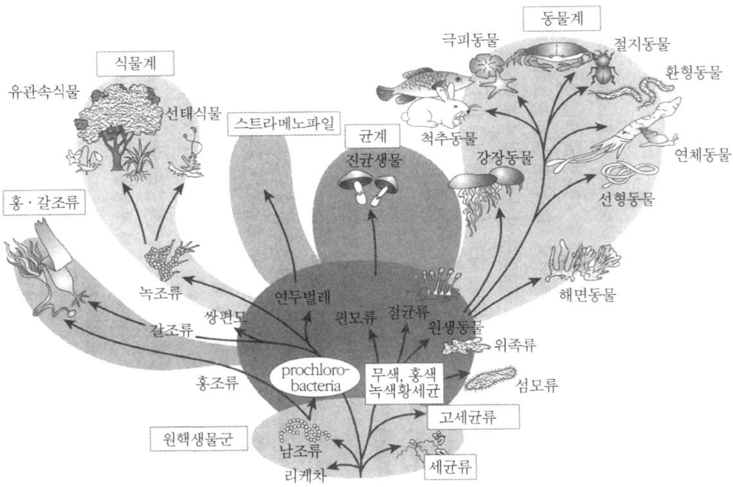

그림 5-14 생물의 일곱가지 계

1960년대의 5분류 체계를 수정, 1990년대의 홍·갈조류의 분리 및 스트라메노파일을 추가시킨 계통수이다. 주요생물군 사이의 가상적 기원도 표시하였다.

근년의 계통수에서 모네라는 고세균류와 세균류로 재조정되고 원생생물계는 진핵생물에 포함시키게 되었다(그림 5-9 참조). 계통수의 밑 부분에서 조정되었고 꼭대기에 홍·갈조류와 스트라메노파일이 추가되는 등 1960년대의 계통수와 다른 계통수가 된 것이다(그림 5-14).

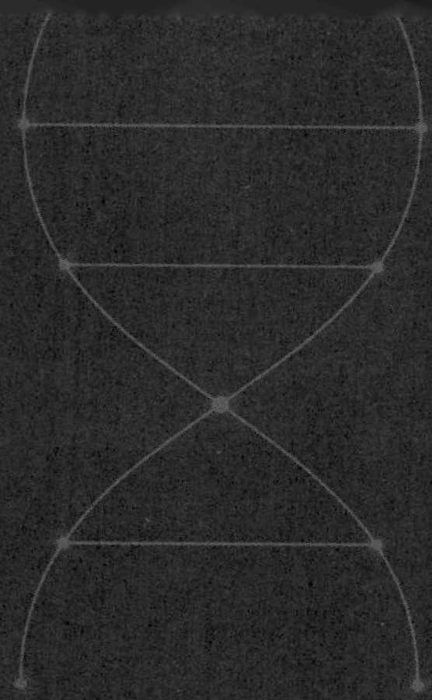

6장
생태계와 환경보존

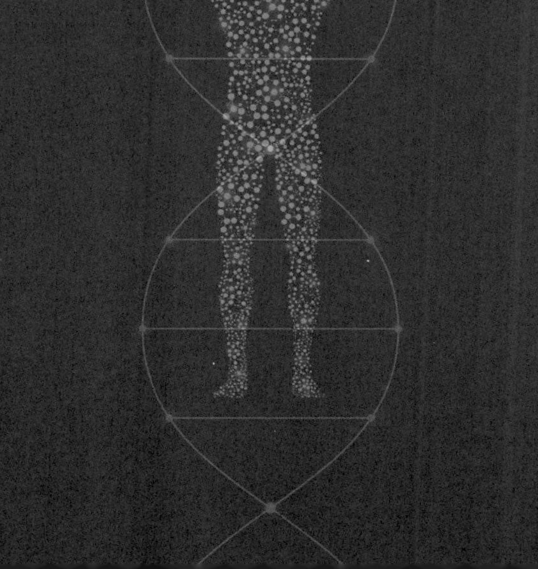

1 생태계(生態界)

생태계의 개념은 생물과 환경은 분리할 수 없는 하나의 통일체로 보고 있는 현대생태학의 주요 개념이다. 생태계의 구성 단위인 비생물적 물질(abiotic substance), 생산자(producer), 소비자(consumer), 분해자(환원자, decomposer, reducer)는 상호작용 밑에서 긴밀한 유대관계를 갖고 있다. 이러한 생태계에서는 주로 물질생산, 물질순환 및 에너지의 흐름이 일어나는 하나의 기능적 단위인 것이다. 생태계의 이러한 기능은 구성요소들 사이에서 조화롭게 이루어진다.

태초로부터 지구환경의 변화로 발전 진화하고 있는 생물은 환경의 영향을 받으면서, 환경에 대해서는 영향을 주면서 생존하고 있다. 따라서 생물은 환경과 분리될 수 없다. 생태계에서 일정한 생활방식 즉 군집에서 차지하는 기능적 위치(생태적 지위, ecological niche)를 가진 생물은 지면, 땅속, 물속, 공중 등 서식지를 차지한다. 이러한 서식지를 포함하는 생태계의 크기는 여러 가지인데 연못이나 삼림같은 작은 단위뿐만 아니라 바다나 강 같은 큰 단위도 있다.

1.1 생태계의 구성

비생물적 요소

물(담수, 해수), 토양, 무기 염류, 광선, 온도, CO_2

생물적 요소

- 생산자
  - 광합성 식물 - 식물성 플랑크톤, 초본식물, 목본식물
  - 화학합성세균
- 소비자
  - 1차 소비자 - 초식동물, 동물성 플랑크톤
  - 2차 소비자 - 소형 육식동물
  - 3차 소비자 - 중형 육식동물
  - 4차 소비자 - 대형 육식동물
- 분해자
  - 세균류
  - 균류

비생물적 물질은 물, CO_2, 0_2, 질소, 인산, 아미노산, 부식산, Ca 등의 무기 또는 유기화합물등이다. 이 물질들은 용액 중에 존재하며, 생물 자체 속에 있으며 고형물로서 축적되는 것이다. 호수와 같은 생태계는 온도의 주기적 변화, 일장(日長), 태양으로부터의 입사(入射), 고형물로부터의 영양염(營養鹽)의 방출 속도, 기후 상태 등에 의하여 매일의 활동 속도를 조절받고 있다.

생산자는 광합성작용을 하는 식물로서 호수에는 수생식물과 현미경적인 식물성 플랑크톤(phytoplankton) 등이다. 물과 CO_2를 흡수하여 태양에너지를 이용하면서 유기물을 합성하여 이를 사용하는 자가(自家)·독립(獨立) 영양생물(營養生物)들이다. 소비자는 동물과 비녹색식물(非綠色植物) 들로서 생식물(生植物) 또는 식물의 찌꺼기 등을 먹는 1차 소비자에서 차례로 2차, 3차, 4차 소비자 등이 있다. 이들은 타가(他家), 종속(從屬) 영양생물로 사람도 고

차소비자의 지위를 갖고 있다. 이러한 동식물들은 죽으면 분해자인 세균류(bacteria)나 균류(fungi)에 의하여 간단한 화합물로 분해된다.

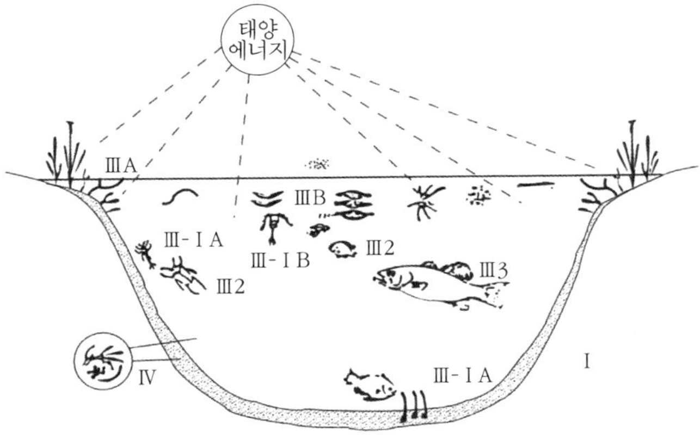

그림 6-1 연못의 생태계.

Ⅰ. 무생물적 물질 또는 유기화합물; ⅡA, 생산자-뿌리식물; ⅡB, 생산자-식물 플랑크톤 Ⅲ-1A, 1차 소비자(채식자)-저시형; Ⅲ-IB, 1차 소비자(채식자)-동물성 plankton; Ⅲ-2, 2차 소비자(육식자); Ⅲ-3, 3차 소비자(2차 육식자); Ⅳ, 부생자-부식의 세균 또는 곰팡이. 이 생태계의 대사는 태양에너지로 작동되며 대사의 속도, 연못의 안정성은 비 또는 어떤 한 지역의 집수역(集水域)으로부터의 물질의 유입에 의존하고 있다.

1.2 물질의 생산

생물학적인 물질의 생산은 식물군락과 화학합성세균과 같은 생산자에 의해 일어난다. 이러한 생산은 환경 요인에 따라 변동된다. 일정한 공간 내에서 일정한 시간에 생산자에 의하여 합성 또는 동화(同化)되는 유기물의 양 혹은 그 결과로서 일어나는 생체량을 생물생산(biological production)이라고 하며 그 양을 특히 생산량(production), 생산속도(생산량/시간)를 생산력(productivity)이라고 한다. 1년 동안에 생산한 물질의 양을 단위 면적당 건조중량으로 나타내면 총생산량(gross production)이며, 총생산량에서 생산자의 호흡으로 소비된 양을 벤 양을 순생산량(net production)이라고 한다. 식물체는 동물에 먹이거나 고사되어 손실되는 양도 적지 않다. 이것을 생산량에서 빼고 남는 부분은 식물체가 성장하는데 쓰거나 저장하는 양이 되는데 이것은 생장량이다.

생장량 = 총생산량 － (호흡량 + 피식량 + 고사량)

1.3 물질의 순환과 에너지의 흐름

식물의 광합성 작용으로 생성된 유기물질은 결국 동물의 먹이가 된다. 식물의 낙엽이나 마른 줄기 또 동물의 배설물이나 시체 등은 분해자에 의해 분해되며, 이때 유기물을 무기물로 환원시켜 땅속이나 공기 등으로 되돌려 보낸다. 이와 같은 순환 과정에서 태양에너지는 생산자→소비자→분해자 사이로 에너지의 흐름이 일어난다.

가. 에너지의 흐름

지구에 도달한 빛에너지의 8%만이 녹색식물에 도달하고 이 가운데 2%만이 광합성에 이용된다.

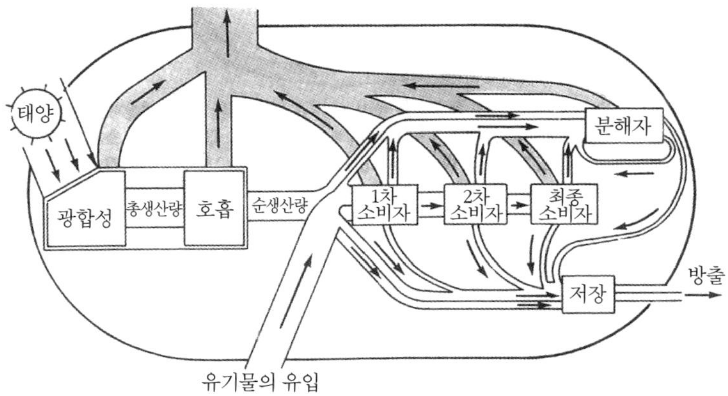

그림 6-2 생태계의 에너지 흐름

빛 에너지는 광합성으로 전환되어 화학에너지로 식물에 이용되며 이 에너지는 1차 소비자 또는 초식동물로 옮겨져서 다시 2차, 3차 소비자로 넘어가고 인간에도 오게 된다. 동식물의 시체와 그 배설물은 결국 미생물이 이용하고 자연으로 방출한다(그림 6-2). 이러한 과정에서 에너지의 대부분은 생활에너지로 이용되며 일부는 호흡과 사체분해시의 열로 발산되며 적은 양이 새로운 조직과 새로 생기는 개체에 옮겨진다. 각 단계에서 생체량이 감소하므로 먹이연쇄에서 피라밋 상태의 모양으로 나타나는 원인이 된다.

나. 탄소의 순환

지구상에 있는 일정한 양의 탄소는 대기 중의 CO_2의 형태로 식물에 의해 흡수되어 광합성으로 탄수화물로 되면서 생체에 들어온다. 또 몇 가지의 미생물에 의해서도 들어온다. 녹색식물은 대기 중의 CO_2를 동화하여 먼저 탄수화물을 합성하고 탄수화물에서 지방 및 단백질 등의 물질로 전환한다. 이들 물질은 그 일부가 식물체로부터 동물체에 양분으로 옮겨지며 그것이 동식물의 생활기능을 위하여 쓰여진다.

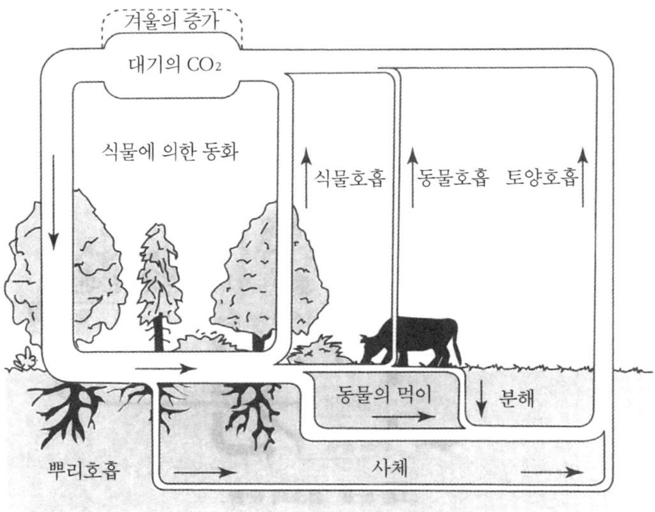

그림 6-3 탄소의 순환

동식물의 탄수화물은 호흡작용으로 CO_2의 형태로서 대기에 방출되지만 많은 양의 탄소는 동물이나 식물의 시체에 축적될 수 있다. 이들 동식물의 시체나 배설물은 주로 토양 속의 미생물에 의하여 분해되고 그 일부만이 미생물에 이용되지만 대부분은 CO_2로서 대기 안에 환원된다. 따라서 토양으로부터는 끊임없이 CO_2의 방출이 일어난다. 이것을 토양호흡(土壤呼吸)이라 한다. 이 중에는 고등식물의 뿌리나 흙 속에 사는 동물의 호흡에 의해서 방출되는 CO_2도 포함된다. 토양호흡에 의하여 발생되는 CO_2의 양은 1년 간에 평균 lha 당 8,000kg이나 된다. 아주 오래 전에 죽은 생물의 일부는 완전히 분해되기 전에 땅속이나 해저에 퇴적되어 석탄, 석유, 천연가스 등으로 변하였다. 이러한 화석연료의 사용은 대기 중의 CO_2의 양을 증가시키게 된다.

다. 질소의 순환

무기질소는 두 가지 과정으로 식물이 이용할 수 있는 형태로 바뀐다. 첫째는 대기 중의 전기방전에 의한 질소고정이다. 전기방전에너지는 질소를 산소와 반응시켜 질산염을 만들고 토양에 들어간다. 둘째는 질소고정균, 뿌리혹세균, 일부의 남조류에 의한 질소고정 작용으로 생성된 암모늄염이다. 암모늄염은 세균에 의하여 질산염으로 전환된 다음 식물에 흡수된다. 식물체 내의 질소화합물은 그 대부분이 식물체의 죽음으로 인하여 토양 속으로 다시 들어가며 동물체 내의 질소화합물은 그 일부가 대사의 노폐물로서, 시체를 통하여 흙 속으로 들어간다. 흙 속의 미생물에 의하여 분해되면 암모늄염이나 질산염으로 토양 중에 유리되어 고등식물에 이용된다. 암모니아 형태로 변화된 질소의 일부는 곧 미생물에도 이용된다. 이와 같이 하여 일단 흙 속에 생긴 질산도 때에 따라서는 이와 정반대로 또 다시 미생물에 의하여 암모니아로 환원되는 경우가 있다. 또 때로는 질산은 더 한층 분해가 일어나 기체로서의 질소(N_2)로 되어 대기 중에 방출되는 일이 있으며 미생물 중에는 이 유리질소를 동화하는 능력이 있는 것이 있다. 위에서 말한 탄소와 질소의 순환은 주로 육상이나 대기권에 있어서의 경우이지만 수권(水圈)에 있어서도 이와 같은 순환이 일어난다.

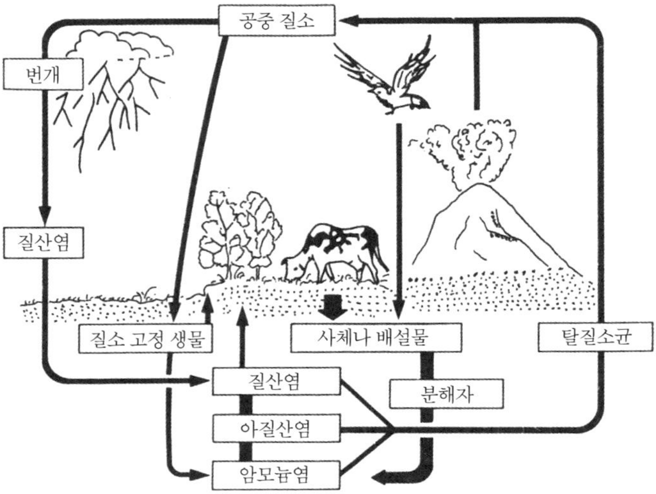

그림 6-4 질소의 순환

글상자 6-1. 고생태계가 재현되다

영국의 케임브리지대 에스케 빌레르슬레우(Eske Willersleo) 교수는 그린란드의 북부 피어리 랜드(Peary Land)에 있는 극지 사막의 5개 지역에서 점토와 석영 등으로 이루어진 41개의 퇴적물을 채취하였다. 이 퇴적물에서 200만 년 전 고대 DNA(eDNA, 환경DNA)를 찾아내어 그 염기서열을 판독하여 삼나무, 가문비나무, 자작나무, 산토끼, 마스토돈, 순록, 거위, 나그네쥐, 미생물 등이 살았던 아한대 숲이 있었음을 확인하였다(네이처, 612권, 2022. 12). 그 당시 이 지역은 11~17℃ 정도의 기온으로 중앙, 북아메리카에 살았던 것으로 알려진 코끼리를 닮은 마스토돈이 살았던 것도 알게 되었다. 화석 발견이 쉽지 않은 지역에서는 eDNA를 활용하는 방법으로 고생태계를 복원할 수 있었다. 기후변화가 급변하는 시기에도 많은 종이 적응하면서 존속하였으나 그 지역은 한랭화가 극심하여 고대의 생태계는 사라지고 사막화하게 되었다.

2 생물군집

일정한 공간 내에 살고 있는 여러 종류 개체군의 집합체를 생물군집(biotic community)이라고 하며, 식물의 경우에는 흔히 군락이라고 한다. 군집은 내부가 자기조직화된 1개의 단위이고 구성 요소가 되고 있는 개체나 개체군보다 상위의 특성을 갖는다. 군집 내에서 각 개체군은 각기 고유의 역할을 수행하면서 개체군끼리 상호 관계를 가지고 영향을 주고받고(생물 상호작용 biotic interaction) 전체적으로 하나의 질서와 일정한 원리 하에 특성을 나타낸다.

2.1 생물군집의 구성

생물군집은 한 그루의 나무에 살고 있는 생물상에서부터 큰 삼림 전체나 해양의 생물상까지 그 크기가 다양하다. 대군집(major c.)은 대규모로 조직화된 안정된 군집이며 비교적 높은 독립성을 갖고 있어 인접한 군집과의 접촉에 거의 영향을 받지 않는다. 소군집(mino c.)은 소규모로서 주위의 집단에 다소나마 의존하고 있다. 군집은 독자의 영양 구조와 에너지 흐름을 보이는 뚜렷한 기능상의 통합력도 갖추고 있다. 따라서 특정 종들이 일정한 비율로 한 지역에 공존하게 된다. 그러나 종은 시간적, 공간적으로 상당한 정도 교체 가능하므로 기능적으로 같은 군집이라 해도 종의 구성은 다른 경우가 많다.

군집에는 사막이나 북극과 같이 생물의 수가 적고 관계가 비교적 명확하게 나타나는 간단한 군집과 훨씬 더 복잡하고 다양한 생물상을 갖는 삼림군집과 같은 복잡한 군집이 있다. 복잡한 군집을 연구하고 이해하는 데는 간단한 군집의 연구가 기초가 된다.

대부분의 군집은 하나 이상의 개체군으로 구성되어 있는데 수많은 동식물을 포함한다. 한 군집 내에서 가장 많은 개체수를 가지면서 지배적 영향력을 가진 종을 우점종(dominant)라고 한다. 어떤 삼림에서 참나무가 우점종이면 우점종의 이름을 따라 참나무 군집이라 부른다.

2.2 군집의 상호작용

가. 생물적 요인에 대한 적응

환경의 물리적, 화학적 양상이 적응(adaptation)에서 중요한 요인이듯이, 환경의 생물적 요인 즉 한 생물이 상호작용하는 다른 종들 또한 진화 과정에서 강력한 영향을 줄 수 있다. 다른 종의 존재에 대한 한 종의 적응은 진화적 기초를 대개 확실히 알 수 있다. 그러나 종간의 보다 정교한 관계는 진화사와 적응적 의미를 파악하기 쉽지 않다. 종간적응(interspecific adaptation)의 특수한 형태가 공진화(coevolution)이다.

종간적응의 명확한 예는 곤충과 식물 사이 관계에서 볼 수 있다. 식물의 수분은 특정 곤충에 크게 의존한다. 새, 박쥐, 심지어 달팽이까지도 화분을 운반하는데, 1차적 화분 운반자는 곤충이다. 현화식물은 곤충이나 새들을 유인하기 위하여 독특한 향기와 화려한 색깔을 갖도록 진화하였다. 곤충은 식물에서 화분이나 꿀을 얻고, 혹은 산란 장소와 유충의 먹이를 얻는다. 이 외에 숙주와 기생충, 포식자와 피식자, 편리공생과 상리공생 등이 모두 종간 적응에 해당된다.

나. 종간 경쟁

종들이 먹이공간 또는 필요자원 또는 빛을 차지하기 위하여 다른 종과 반대되는 상호작용을 하는 것을 경쟁이라고 한다. 경쟁은 한 종의 생태적 지위(ecological niche)와 연관되어 있어 경쟁에 지는 종은 생태적 지위가 바뀌게 되고 죽게 된다.

경쟁 중 직접간섭형은 다른 종에 의하여 직접 억제되는 것이고, 자원이용형은 경쟁자원이 부족할 때 간접적으로 억제되는 것이다.

다. 공생

편리공생(commensalism)은 두 종이 같이 살고 있으면서 한 종은 이익을 얻고 다른 종은 해를 입지 않는 관계이다. 해삼의 창자 끝에 사는 숨이고기는 숙주를 잃으면 다른 어류에 잡아먹힌다. 상리공생(mutualism)은 상호이익을 나누는 공생으로 흰 개미의 창자에 사는 편모충(Trichonympha)은 무산소의 생활 장소를 얻는 대신 목재의 셀룰로오스 소화를 도와주므로 상호이익을 되며 상대가 없으면 살 수 없는 공생관계이다.

원시협동(protocooperation)은 쌍방의 개체군 성장이나 생존에 이익이 되나 구속력은 없는 관계이다. 게는 껍질에 여러 종류의 자포생물을 가지고 위장으로 몸을 숨긴다. 자포생물은 게가 먹이를 먹을 때 떨어지는 부스러기를 먹고산다. 이들은 헤어져도 각자 살아갈 수 있다.

라. 기생

기생(parasitism)은 숙주인 동물이나 식물에 붙어살면서 숙주에게서 영양물질과 생활장소를 얻는 것이다. 원생동물 중에서 가장 무서운 말라리아 병원충은 20세기 중반까지 전 세계에서 8억 명을 감염하고 매년 수백만 명을 희생시켰다. 아프리카의 수면병원충도 피해가 심했다. 우리나라도 최근까지 각종 인체 기생충의 피해가 컸으나 현재는 구제약의 개발과 위생 상태의 개선으로 피해가 격감하였다.

원생동물 이외에 선형동물, 편형동물, 곤충류 기생충과 특히 미생물이 사람뿐 아니라 다른 동식물에도 큰 영향을 준다. 호주에서 1940년대에 수억 마리의 토끼가 번식하였는데 농작물 피해가 심하여 1950년대에 점액종 바이러스(myxoma virus)를 토끼에 감염시켰다. 1차에서는 감염된 토끼의 99.8%를 죽였으나 그 후 2차 감염에서는 90%, 3차 감염에서는 50%만 치사하였다. 오늘날에는 이 바이러스가 효과가 적어 토끼 개체군이 만회되고 있다. 이렇게 기생 관계는 처음에는 숙주가 큰 해를 받지만 시간이 지나면서 기생체에 내성을 가진 숙주가 자연선택 되어 기생의 해가 감소하는 경향을 보인다.

마. 포식

포식(predation) 관계에서 잡아먹는 쪽을 포식자(predator), 먹히는 쪽을 피식자(prey)라고 한다. 생물의 군집을 구성하는 개체군 사이에서 포식과 피식의 관계가 있을 때는 피식자의 생체량이 포식자보다 많아야 서로 생존이 가능해진다. 포식자-피식자 관계를 사람이 간섭하여 자연적 평형을 교란시킨 예가 있다. 미국 콜로라도 강 북쪽 카이바브고원에서 있었던 일인데, 1907년에는 약 4,000마리의 사슴과 포식자인 사자, 늑대로 이루어진 큰 집단이 있었다. 사슴 보호 노력으로 1925년이 되자 사슴이 약 10만 마리로 증가하여 풀, 나뭇잎, 관목을 먹어치웠고 식생이 크게 줄어들었다. 그러자 그다음 겨울에 수많은 사슴들이 굶어 죽어 약 1만 마리로 격감하였다(**방아쇠 효과**). 원래 이러한 상호작용에서는 포식자가 이용할 수 있는 먹이만큼의 사슴 수를 유지해야 사슴과 포식자 수 사이에 안정된 평형이 이루어진다. 일반적으로 자연상태에서 포식자 집단의 크기 진폭은 피식자 집단의 크기 진폭보다 약간 작다.

3 환경오염과 그 대책

인구의 폭증과 생활수준의 향상에 따라 이를 유지하기 위한 인간의 활동은 수많은 오염원을 발생시킨다. 에너지를 얻기 위한 원자로 발전소의 사고, 연구소, 원자탄 실험 등에서 발생된 방사능물질의 오염도 심각하다. 빈번한 유조선 사고, 걸프만 전쟁 때와 같은 유전(油田)의 고의적 파괴로 야기된 대형 참사는 엄청난 환경 황폐화로 직결된다. 환경을 위협하는 인위적 오염원과 사람의 건강에 위해를 주는 요인 즉, 소음진동을 포함하여 불특정 다수에게 가해지는 피해를 공해(public nuisance)라고 한다. 환경오염(pollution)에는 대기, 수질, 해양, 토양오염 등이 있다. 오염원에 따라 구분하여 중금속오염, 매연, 방사능, 화학물질, 농약, 유해가스, 식품첨가물오염 등으로 부른다. 인간이 이용하는 물품에 따라 식품오염, 음료수 또는 수도오염, 곡식오염 등의 용어를 사용한다. 이러한 오염 또는 공해는 서로 얽혀서 나타나는데 중요 항목을 살펴보자.

3.1 대기오염의 공해

대기오염의 주되는 원천은 자동차, 공장, 고층 건물, 일반 가정인데 여기서 사용하는 연료만 주의한다면 어느 정도 방지할 수 있다. 그 중에서도 대도시의 대기오염은 주로 자동차에서 오는 것이다. 대기오염을 일으키는 기체는 일산화탄소, 이산화탄소, 아황산가스, 약간의 질소와 산화물과 미분자 상태의 황산 등이다.

산업혁명 이후 이산화탄소(CO_2)의 농도가 약 25% 정도 증가했다고 추정한다. 2021년의 CO_2의 배출량은 510억톤으로 배출별로보면 제조에서 31%, 전기 생산에서 29%, 사육재배에서 19%, 교통 운송 16%로 절대적이다(빌 게이츠). 이러한 배출은 각종시설, 화력발전, 자동차 배기가스, 가정생활 등에서 CO_2가 배출되기 때문이다. 이외에도 일산화탄소(CO), 질소화합물(NO_2, NO), 아황산가스(SO_2), 탄화수소(HC)가 배출된다. 그런데 탄화수소와 일산화탄소의 농도를 낮추는 데는 보다 완전한 연소 조건이 필요한 반면, 질소화합물의 농도를 감소하는 데는 저온으로 해야 하는 모순된 문제를 해결해야 한다. 이것을 해결하고자 채용한 것이 촉매콘버터(catalyst converter)이다. 휘발유에 포함된 납(Pb)은 무연휘발유를 사용함으로써 오염을 방지할 수 있다. 질산가스(NO_2)는 물에 잘 녹는데, 염소가스(Cl_2)가 염산을 만들 경우 빗물의 산성화를 촉진할 것이다(6부 Ⅲ).

3.2 수질오염

수질 오염도를 표시하는 방법으로 BOD를 사용하고 있다. BOD(biochemical oxygen demand)는 생물 화학적 산소 요구량인데, 수중의 오염원이 될 수 있는 물질이 미생물에 의해 산화되어 주로 무기성의 산화물과 가스체가 되기 위해 소비되는 산소량을 ppm으로 표시한 것이다. 그러므로 BOD값이 높으면 그 수중에는 부패성 물질이 많다는 것을 의미하고, 이것이 하천, 호수, 늪, 해수 등에 방류되었을 때에는 그들이 수중의 용존 산소를 소비하여 피해를 주게 된다.

정화되지 않고 폐기되는 생활폐수(합성세제), 도시하수, 산업폐수(기계의 절연유, 윤활유, 가소제, PBC 등) 및 농약 잔류물 등은 하천을 통해서 그리고 대기 중의 오염물질이 비에 씻겨서 바다로 흘러든다. 바다는 온갖 오염물질의 종점이라고 할 수 있다. 해안 매립과 같은 간척사업도 해양생태계를 파괴한다. 게다가 해상활동이나 유조선의 해난사고 등은 일시에 많은 기름이나 폐기물을 바다로 내보내 바다생태계에 큰 타격을 주기도 한다.

토양오염과 강의 오염은 바다의 오염으로 귀착된다. 한없이 넓은 바다도 공업생산의 폐기물 처리장쯤으로 생각하고 오염시키는 것은 가장 악의적인 자연파괴이다. 개발이라는 명목으로 진행되고 있는 곳곳의 해안 매립은 장기적인 안목에서 환경파괴의 측면을 고려하여 더 이상 확장하지 말아야 한다. 오염이 발생되고 자연을 없애버린 후 이를 복원시키는 데는 막대한 노력이 요구된다(그림 6-5). 자연 파괴적 개발로 얻는 이익은 장기적인 관점에서 측정할 수 없는 손실로 되돌아온다는 인과응보적 법칙을 철저히 인식해야 한다.

수권, 특히 오염 피해가 완만하게 나타나므로 소홀히 생각할 수 있는 해양생태계의 파괴는 생물 뿐만 아니라 인간의 생존 기반까지 송두리채 앗아간다는 인식을 확고히 해야 한다. 자연환경 전체가 곧 생명의 터전이며, 특히 생명은 물에서 생겨났으며 물 없이 생존할 수 없는 존재라는 것을 깊이 인식하여야 한다.

그림 6-5 미 캘리포니아주 스노호미쉬.
물을 막아 대규모 딸기농장으로 만들었다가 뒤늦게 해안습지의 중요성을 인식, 1993년 다시 개펄을 복원시키는 재개발 공사를 하였다.

3.3 농업과 농약 오염

지금까지의 농약의 대부분은 유기염소제와 유기인제인데, 유기염소제는 DDT, BHC, 제초제 PCP와 월남 전쟁 때 사용한 풀을 말려 죽이는 2.4.5-T 등 많이 있고, 유기인제는 파라치온을 사용하고 있다. 식량 증산이라는 이름에서 논밭에 DDT, BHC, 파라치온을 대량 사용한 이래, 이 농약에 의한 공해가 여기저기서 문제가 되었다.

오늘날 유기염소제로서 공업적으로 PCB(파라 염화비페닐)를 많이 사용하고 있다. 각종 전자 기계의 절연유(絶緣油), 각종 윤활유, 가소제(可塑劑), 칠감과 인쇄잉크, 전자식복사지 등에 PCB가 널리 쓰이는데, 유럽 등지에서는 이 오염이 문제화되고 있다. 유기염소제 대용품이 유기인제인데, 이것도 역시 뇌신경에서 작용하는 신경호르몬인 아세틸코린을 분해시켜 주는 효소 작용을 저해함으로써 공해물질로서 문제화되고 있다.

이와 같이 농약 오염이 심각하게 된 것은 농약을 글자 그대로 약으로 잘못

알고 있는 까닭이다. 물론 식물에 대해서는 혹시 약이 될는지 모르겠으나, 인간을 위시한 모든 생물에 대해서는 모든 농약은 독물이다 그러므로 인간 쪽으로 생각한다면 농약은 농독이라고 할 수 있을 정도로 위험한 것이다. 화학 지식의 발달로 새로운 살충제와 살균제 및 제초제가 합성 발견되어지고 있지만, 이런 모든 것은 우리들 인체에 대해서는 무서운 해독을 줄 수 있는 공해품이므로 직접 이 농약 아닌 농독을 사용하는 사람이나 이 농독이 묻어 있는 야채, 과실 등을 섭취할 때 늘 주의함으로써 농독에서 오는 피해를 최소한 경감시켜야 할 것이다.

표 6-1에서 농업 오염에 대한 대책을 일부 살펴보았다. 최근 농가의 축분이나 생활폐수를 이용한 메탄가스 발생장치는 가스를 이용하고 난 후 유기질 비료까지 생산할 수 있다. 또 과기연에서 개발한 합병정화조는 세탁물, 분뇨 등 폐수를 약 96%의 BOD 처리효율을 나타내었다. 따라서 생활폐수를 BOD 10ppm 이하의 깨끗한 물로 정화할 수 있다. 비료와 농약은 가급적 사용을 줄이고 하천으로 유입을 억제하여야 한다. 유기질 비료를 적극 개발하고 생물학적 방제기술을 개발하여 사용하여야 한다(1부 Ⅲ, 2부 Ⅰ 참조).

표 6-1 폐수와 농업에 의한 수질오염 대책

오 염 원	폐수, 가축 분뇨	비 료	살 충 제
수질에 대한 영향	질산염의 지하수 오염 : BOD의 증 가	질산염의 지하수 오염, 질산염과 인산이 하천으로 흘러나감	지하수 오염, 하천으로 유입
대 책	미생물에 의한 메탄발효, 발효후유기질 비료화, 합병정화조	전통농업의 활용; 콩과식물, 가축분뇨, 뿌리 덮기의 활용	생물분해성 살충제의 개발; 천적의 활용, 바이러스 농약 등 새로운 기술의 개발

3.4 중금속 공해

중금속이라는 것은 비중이 4.0 이상인 금속을 말함인데, 여기서 문제가 되는 것은 수은, 납, 카드뮴, 바소, 크롬 등이다. 이러한 중금속은 인체가 감당할 수 없는 양이 체내에 축적되면 심각한 피해를 입게 된다.

가. 납(Pb)

미국의 C. Patterson은 1965년 그린랜드의 얼음을 파 내려가면서 그 속에, 포함된 납을 측정했다. 그린랜드에는 끊임없이 눈이 내리고, 이것이 매 해 녹기 전에 또 계속하여 눈이 내리므로 밑에서는 큰 압력을 받아 아주 녹기 어려운 얼음층을 이루고 있다. 이 얼음층에서는 위로부터 차차 내려가면서 점점 오래된 시대의 눈이 쌓인 것이고, 각 시대의 눈은 그린랜드에 내리기 전에 대기 상공 중에 있던 물질을 녹였으므로, 이 얼음층을 조사해 보면 그 시대에는 대기가 무엇으로 얼마만큼 오염되었나를 알 수 있는 것이다.

Patterson의 측정값을 보면, 기원전 1,000년이라고 추정되는 시대부터 대기는 납으로 오염되었고, 르네상스시대, 산업혁명시대에 들어오면서 납의 검출량이 점차로 많아졌으며, 1950년대에 자동차 배기가스가 대도시 상공을 뒤덮게 된 때에는 눈 0.1lkg당 약 0.1r의 납을 검출하였다는 것이다. 이와 같은 결과를 보면 대도시에 사는 사람은 납 공해 속에서 살고 있는 셈이다.

나. 수은(Hg)

납과 같은 종류의 중금속으로 또 하나 문제가 되고 있는 것은 수은이다. 가벼운 수은의 중독은 보행 실조, 언어장해, 정신착란, 언어완전 상실, 식음 전폐 등으로 살아 있는 송장이 되는데, 일본에 있는 미나마따(水保市)의 화학 공장 폐수 중의 유기수은이 바다에 들어가 어개류(魚介類)를 중간체로 하여 축적되고, 이것을 먹은 어민들에게 이 같은 병이 발생되고 그 피해는 태아에게까지 미치는 것을 보아 이 같은 병을 일본에서는 미나마따병(水保病)이라고 부르게 되었다. 우리나라에도 옛날에, 옴과 같은 피부병을 고치는데 이 위험한 수은의 증기를 피워 치료한 위험한 방법도 있었다. 수은, 납, 카드뮴, 비소 등은 모발중의 황 원자와 대단히 견고한 화합물로 만든다. 모발이 자라는 것은 하나의 배설 작용이므로, 이렇게 하여 모발에서 잡힌 중금속이 몸 밖으로 배설되는 것이다.

다. 카드뮴(Cd)

카드뮴의 화학적인 성질은 아연과 유사하다. 아연은 많은 효소의 활성 부위에 존재하는 필수 원소이지만, 만약 과잉의 카드뮴(~500zzg/하루)이 섭취되어 중금속을 제거하는 메탈로티오네인(metallothionein)의 결합능력을 초과하면 카드뮴이 효소의 활성 부위에 존재하는 아연과 경쟁하게 되어 효소활성을 억제한다. 이러한 억제는 각 장기에 영향을 주어 신장장해, 간조직 손상, 빈혈, 고혈압, 골수 이상을 일으키며 암의 원인이 된다고 생각되고 있다. 카드뮴 중독사건은 일본의 Sasu강 유역에서 발생하였다. 이 지역의 많은 사람들이 통증에 시달렸기 때문에 'itai itai' 또는 'ouch ouch'병이라고 불리게 되었고 뼈가 약해지며 골절되기 쉬운 증상을 나타낸다.

라. 비소(As)

센트헤레나 섬에 유배되어 죽은 나폴레옹의 사인은 아직도 수수께끼로 되어 있지만, 대충은 비소로 독살된 것 같다고 추측하는데, 이것도 박물관에 보존된 모발 분석에 의해 말하는 것이다. 특히 비소는 옛날부터 우리나라에서는 비상이라는 독물로 사용되어 왔는데, 세계 각국에서 독살의 주역을 맡아 온 것이 이 비소이다. 의약품으로는 606호라는 매독병의 특효약으로 사용되며, 여성의 피부를 희게 하여 미인이 되게 하는 약제로 사용되고 있다. 그러나 의약품으로 쓸 때도 그 사용량에 극히 주의하지 않으면 안된다.

라. 구리(Cu)

이와 같은 독성을 가진 중금속은 납, 수은, 비소, 카드뮴 외에 크롬, 니켈, 구리 등 많이 있는데 이것들이 모두 오늘날 우리들의 일상생활에서 많이 볼 수 있는 공업제품에 범람하고 있는 형편이다. 특히 최근에 야채나 과실의 엽록소를 언제까지나 푸르고 신선하게 보이려고 황산구리($CuSo_4$)액으로 씻는 악독한 재주를 부리게까지 되었는데 이는 야채가 며칠 지나면 그 잎이 퇴색되어 잘 팔리지 않기 때문에 생겨난 것이다.

마. 중금속에 대한 체내 방어작용

인체에는 수은, 카드뮴, 구리, 아연, 은 등의 중금속에 오염되었을 때 방어 메카니즘이 있다. 간이나 신장조직에 메탈로티오네인(metallothionein)이라는 단백질이 유도 합성되어 그 양이 증가한다. 이 단백질은 섭취된 중금속과 결합하여 체외로 배출됨으로써 중금속 특성을 경감시킨다. 카드뮴은 하루에 50μg 이내의 섭취는 이 단백질에 의하여 99% 체외로 배출된다. 그러나 500μg 정도의 섭취는 전술한 바와 같이 질병을 일으킨다. 중금속 오염은 극소화하고 인체의 섭취는 최소화하는 것이 상책이다.

3.5 오존

오존은 성층권에서 태양광선이 산소와 반응함으로써 자연히 생성된다. 오존층은 치명적인 자외선으로부터 생명체들을 보호해 주고 있다. 그러나 염화불화탄소(CFC), 할론(halon), 질소산화물(NOx)등 오존층 파괴물질은 계속 생성되고 있었다. 대기권 아래 부분에 있는 오존은 지면에 있는 농작물과 목초의 광합성을 저해하고, 가축을 포함한 모든 동물에 피해를 준다. 이를 방지하기 위해 1989년에 채택된 몬트리올 의정서는 CFC, 하론 등 95종을 파괴물질로 정하고 1994~2040년까지 생산과 소비를 단계적으로 금지하고 있다.

'2022 오존층 감소에 대한 과학적 평가(SAOD)보고서'에서 CFC-11 사용이 99%까지 감소되었으며, 2023년에 완전이행되리라고 한다. 구멍난 오존층은 북극 쪽은 2045년에, 남극 쪽은 2066년에야 1980년 수준으로 회복될 것이라고 한다. 세계기상기구(WMO) 페테리 탈라스 사무총장은 온실가스 해소에 대해서도 선례가 될 수 있다고 평가하였으며, 미국의 국립해양대기국(NOAA)의 데이비드 파헤이와 UN환경 프로그램(UNEP) 오존사무국 메그 세카 국장은 몬트리올 의정서의 영향이 지대하였음을 강조하였다. 지구촌 구하기에 나선 사리이언스의 또 하나의 낭보이다.

2022년 5월 우리나라는 전국 평균 0.051ppm에 달해 한 달 중 18일간 오존 주의보가 발령되었다. 천식 등 폐질환을 악화시키고 중추신경계 질환과 태아의 발생 장애를 일으킬 수 있다. 오존 농도가 나쁨 0.091~0.15ppm이며, 매우 나쁨은 0.151ppm 이상인데 0.12ppm이상에 주의보가 발령된다. 이러한 고농도는 수도권, 충남 등 서해안, 백령도, 제주 등 편서풍의 영향이 많다고 한다. 결국 중국의 질소산화물 배출량 추이가 국내 오존 농도에 영향을 줄 것이라 한다. 요즘 미세먼지는 다소 줄어들었지만 오존 농도는 6년 동안, 그 전 6년보다 3.5배 늘어났다. 오존 농도에도 유의하면서 장기 노출을 삼가고 기온이 높아지는 오후 2~5시에는 더욱 주의해야 한다.

3.6 소음

사람은 중음(1,000Hz 내외)을 고음(1,000Hz 이상)보다 잘들으며, 저음(100Hz 내외)을 가장 작게 듣는다. 음악소리도 때와 사람에 따라 주관적 영역으로 소음이 될 수 있다. 도시화와 건물구조, 단체행동, 교통수단, 건축 및 기반시설 및 정비사업 등 수 많은 소음원에 시달릴 수 있다. 소음에 민감한 환자, 여성, 학생을 포함한 젊은이들이 더 영향을 받을 것이다. 수능시험 때는 해당지역의 비행기의 이착륙도 유의하고 있지 않는가! 집회 시의 소음 기준도 약간 내린다고 한다. 소음성 난청은 4,000Hz 부근에서 일어나고 일시성 청력상실도 반복되면 영구성 청력상실에 이르게 된다. 소음에 노출되면 교감신경이 자극되어 혈압과 혈당이 높아지고 침분비 감퇴, 위산도가 내려가며 위 운동도 감퇴된다.

현재 우리나라는 국민의 63%가 아파트, 다가구주택, 연립 등 공동 주택에 거주하고 있다. 벽식 구조 아파트는 소음이 벽을 타고 아랫집으로 전달되기 쉽기 때문에 민원의 폭증 뿐만 아니라 격렬한 분쟁으로 커다란 사회 문제가 되고 있다. 다른 소음과 달리 일회성으로 끝나지 않고 지속가능성 때문에 피해자는 더 예민해질 수 있다. 2022년 8월부터 신축건물은 층간소음 사후확인제가 시행되고 있다. 건설회사 층간소음 연구에서 바닥 최저 기준인 21cm 슬레브 시공 건물은 2.5Kg 고무공을 떨어뜨리자 큰 소음이 발생하였고, 30cm 슬레브 시공 건물에서는 소음이 확연히 줄어 들었다. 어떤 전문가는 보와 기둥이 건물을 지지해 바닥출력음을 저감하는 라멘구조로 짓도록 주택법을 개정하는 방안도 검토해야 한다고 말했다. 2022년 10월 GS건설은 기존 바닥 마감 두께 110~120mm에서 140mm로 하되 고탄성 완충제로 시공하고 중간층을 습식공정으로 처리한 후 시멘트 모르타로 시공, 총 5층의 바닥구조로 마감하는 시공법을 특허출원하였다. 민원과 분쟁 발생 시에는 해당 지자체에서 적극적으로 해결하도록 시스템을 운영하여야 한다.

3.7 환경호르몬 및 생태계 파괴 현황

DDT의 피해를 고발한 P. Carlson 여사의 『Silent Spring』(*침묵의 봄*, 1962)은 DDT가 생태계를 파괴하며 결국 인간에게도 악영향을 미칠 수 있음을 경고한 것이다. 그 후 목초에 DDT 사용을 못하게 하다가 결국 DDT 생산 금지 명령이 내려진 것이다. 미국 플로리다 습지에 사는 약 lm 정도의 수컷 악어의 음경 길이가 매우 작아진 것이 80%나 되었는데 이러한 악어의 혈액에서 DDT가 검출되었다. 오염지에서 부화중인 악어에서도 85%가 성 불균형을 나타내었다. 이것은 DDT가 성기관의 발생에 영향을 주며 결국 번식 장애를 일으켜 7년 동안에 악어의 수를 90%나 감소시켰던 것이다. 뿐만 아니라 개체의 성장이나 면역체계에도 악영향을 준다.

최근의 조사에 의하면 경남 거제에서 대수리고둥의 수컷과 암컷의 성비가 8:2로 수컷이 훨씬 많았다. 또한 암컷에 수컷의 성기가 나타나 있었다. 이러한 불균형과 기형은 정상적인 번식을 불가능하게 하여 종의 절멸을 일으킬 수 있다. 뿐만 아니라 그 종과 연관된 다른 종에서의 피해 및 생태계의 위해를 야기시킬 수 있는 것이다. 일본에서도 상아고둥의 성비 불균형, 도미의 정소에 난자의 발견 및 개체수의 격감 등이 관찰되었다. 실험적으로 유기주석화합물(tributyl tin, TBT)을 극소량(100억분의 1%)을 넣은 바닷물에서 한 달 후에 고등의 90%의 암컷에 들기(음경)이 생겨나 암컷의 수컷화가 진행됨을 관찰하였다.

1980년대에 영국에서 잉어 번식이 급격히 감소하자 수컷 잉어를 조사하였다. 그 결과 정소에서 난자가 발견되었다. 이것은 결국 양모 방적공장에서 양모 세척제로 노닐페놀 등을 사용하였기 때문이라고 밝혀졌는데 노닐페놀은 수컷의 암컷화를 야기시켰던 것이다. 이러한 물질은 여성호르몬 역할을 가지므로 합성여성호르몬(DES, 디에틸스틸베스톨)과 같은 작용을 한다.

환경호르몬은 일반적으로 외인성 물질로서 선체의 항상성, 생식, 발생 또는 행동에 영향을 주는 생체 내 호르몬의 합성, 축적, 분비, 체내 수송, 수용체에의 결합, 호르몬의 작용 등의 정상적인 과정을 저해하는 물질(백악관 과학위원회, 1997. 1.)로 이해하면 될 것이다. 환경호르몬은 호르몬이 작용하는 과정을 방해하는데 호르몬과 유사하여 호르몬의 수용체에 결합하여 비정상적인 작용을 유발하는 것이다. 세포내에서의 호르몬의 정상적인 단백질 합성 교란, 정상적인 세포분열의 조정을 교란시킨다. 그리하여 개체의 성장과 성기관의 기형이 생기게 되는 것이다.

환경호르몬으로 분류되는 물질은 현재까지 세계자연기금(WWF)에서 67종을 지정하였고 일본 후생성에서 142종을 지정하였다. WWF에 의하면 ① 유기염소계 물질(persistent organohalogen; dioxins and furans, PCBS 등) ② 농약(pestcide; DDT, 24-D 등), ③ pentato nonylphenol, ④ Bisphenol A, ⑤ Phthalate(가소제) ⑥ Styrene dimers and trimers(컵라면 용기 재료) ⑦ Benzopyrene ⑧ 중금속(수은, 납, 카드뮴) 등으로 분류하였다.

우리의 의식주 등 일상생활은 환경호르몬에 노출되어 있다. 의복재와 카페트 등은 포름알데히드 등 유해물질을 많이 쓴다. 통조림, 일회용 용기, 인스턴트 식품, 과자류 등에 유해물질이나 색소가 섞여 있다. 벽지, 바닥재, 소파나, 쿠션. 욕조, 화장지, 장난감, 방향제, 공기청정제 등에 유해물질이 들어있어 주의를 요한다. 물, 공기, 토양도 환경호르몬에 오염되어 있다. 앞으로 인류가 해결해야 될 난제 중 난제인 것이다.

WWF는 2022년 10월 발간한 '*지구생명보고서*'에서 1970년부터 2018년까지 48년 동안에 전세계 생물개체군의 69%가 소멸되었다고 충격적인 사실을 밝혔다. 특히 담수어종은 83%가 사라졌다. 개천과 강에 얼마나 많은 오염폐수를 쏟아내었는지 알 수 있다. 카리브해와 라틴아메리카 연안에서는 94%의 생물종이 없어졌다. 이러한 참혹한 사실은 연안 인근의 사람들이 버린 각종 폐기 오염물질들로 인한 생태계 파괴 행위인데 아직도 세계 도처에서 이러한 자연파괴, 자연손실(nature loss)이 계속되고 있을 것이다. 전술한 바와 같이 대기·토양 오염, 농약, 환경호르몬 등이 최종적으로 강에서 연안으로, 결국 바다에 이르러 수권 생태계에 치명적인 결과를 야기하였음을 생생히 경고하고 있는 것이다.

수권의 오염물질들은 반드시 정화시설에서 정화시킨 후에 방류하도록 시설 및 법률적 제재장치가 구비되어야 하고 자연재생(nature revival)을 위한 연구, 제도구비, 생활화 개몽·교육, 시설확충 등이 요구되고 탄소중립처럼 국제적 목표설정과 협약, 실천상황의 점검이 보장되어야 지구 생태계가 어느 정도 유지될 것이다(10장 Ⅳ, 2 참고).

3.8 곤충의 피해와 곤충 구하기

지구상에 곤충이 출현한 것은 3억 6천만 년 전이었고 그 이후 파죽지세로 번창하여 현대에는 동물 종의 75%를 차지하였고 개체수도 엄청나게 많았다. 인류 조상의 출현을 5백만 년 전으로 보면 장구한 세월 동안 곤충이 지구를 지배하여 왔다고 말할 수 있다. 인류는 수렵·채취·농수축공업 이외에도 80%의 인구는 2,000종에 이르는 곤충을 단백질 공급원으로 식용하고 있다고 한다. 일부 종의 곤충은 우리에게 질병을 유발하고 농산물 생산과 가축 사육에 막대한 피해를 주고 있어 곤충을 박멸의 대상으로 소멸시키고 있다. 모기나 바퀴 같은 여러 종들은 병원체만을 옮기는 수동적 매개체로서 콜레라, 나병, 소아마비, 결핵 등을 감염시킨다. 모기에 의한 말라리아 바이러스성 뇌염은 8억 명 이상, 사상충병(필라리아병)은 3억 명 이상 감염시켰고, 체체파리는 수면병의 병원체인 트리파노소마의 매개체이다. 전세계 농작물의 20% 정도는 해충에 의하여 감축되며, 창고에 저장된 농작물과 식료품을 보관하기 위해서도 매년 100조원 이상의 농약이 사용되었다.

중국에서는 6,000~7,000년 전부터 누애를 길러 명주실을 얻었다. 꿀벌도 오래전부터 꿀과 로얄제리를 주었다. 이러한 곤충을 이용한 양장과 양봉뿐만 아니라 땅벌을 이용한 온실재배와 농작물의 꽃가루받이(수분, 그림 6-7) 및 해충의 퇴치에 벌과 천적 곤충을 이용하는데 일부 곤충은 해충의 기생체가 되어 익충이 된다.

곤충은 생태계의 먹이사슬에서 중요성을 인식하여야 한다. 송충은 1차 소비자로서 솔잎을 먹는데 2차 소비자인 기생 곤충이나 육식 곤충, 새들의 먹이가 된다. 땅속에 사는 톡토기류나 개미, 흰개미, 모기류의 유충 등은 낙엽이나 썩은 나무 등을 분해하여 유기물질을 땅으로 복귀시키는 분해자로 중요한 역할을 한다. 지렁이나 진드기, 복족류도 참여한다. 이러한 동물의 소화물, 배설물, 시체 등은 진균류(버섯)나 세균류에 의하여 최종적으로 분해된다.

영국 서식스대 데이브 존슨은 '*침묵의 지구*'에서 1989년부터 2016년 동안에 곤충을 갇히게 하는 텐트를 설치하여 26년 동안에 곤충의 무게를 측정하였는데 75% 감소하였으며, 맥시코의 한 산맥에 모여드는 제왕나비는 1997년에는 120만 마리였는데 2019년에는 2만 마리로 40분의 1로 엄청나게 줄었다고 밝혔다. 이러한 지상 곤충의 격감은 전술한 바의 수권 생태계에서의 어류의 경우와 별반 다르지 않을 것이다. 토양·공기·수질 오염과 살충제·농약의 연속적인 사용으로 내성을 가졌어도 DDT의 경우와 같이 침묵의 땅·공기·물속에서 생존할 수 없었을 것이다. 서식처도 연간 1만 5천평 정도씩 개간되었다고 한다.

글상자 6-2. 생물권

생물이 살고 있는 공간은 생물권(biosphere)이라고 한다. 대기권에서는 지상으로부터 8~10km 이내에서만 생물이 생명을 유지할 수 있다. 높은 곳에서는 포자(spore)나 낭포(cyst) 상태에서 일정 기간 생명이 유지된다. 수권(hydrosphere)은 바다, 호수, 늪, 강, 시내, 빙하, 빙산, 설원으로 이루어져 있다. 지구 표면의 2/3를 차지한다. 물에 용해된 O_2는 수중생물의 호흡에 필수적이며, CO_2는 수중식물의 광합성의 원료가 된다. 광합성에서 발생한 산소는 대기 속으로 스며들어 지상 생물에게도 공급된다. 암석-토양권(litho-pedosphere)에서는 바위 표면에 붙어사는 이끼류(lichens)를 제외하면 암석의 풍화작용으로 형성된 토양을 근거로 하여 생활한다. 땅 속은 3.5km 깊이에서도 미생물이 풍부하게 발견된다.

2019년 독일 바이에른 주민들은 곤충의 감소를 우려하여 곤충이 살 수 있는 서식지를 조성하자는 내용의 자연 보호법을 200만 명의 서명을 받아 국회에 청원하였지만 농약 업체로 부터 로비를 받던 당시의 집권당은 이 개정안을 기각하려 했으나 국민들의 압력이 거세지면서 결국 개정법안을 통과시켰다고 한다. 세계 각국은 생물권의 안전 확보 및 지구온난화 문제 등 인류의 미래와 직결된 급박한 문제에는 지구라는 총체의 일원으로서 그 책임을 다하여야 할 것이다.

3.9 생태계 보존의 중요성

생태계의 구성단위 중 어떤 것이라도 손상을 받으면 다른 구성단위가 영향을 받아서 전생태계가 손상을 입는다. 즉 자연의 황폐화를 가져온다. 식물이 없어지면 동물 또한 사라지게 되고 이러한 불모지에서는 인간의 문명도 존속할 수 없게 된다. 2,000~3,000년 전에 비옥한 토지에 찬란한 문명지였던 곳이 지금은 황폐한 사막으로 변화한 곳이 많지 않은가! 자연보호는 환경미화가 아니며 오히려 천연 그대로 두는 것이 마땅한 일이다. 자연에 대하여 인위적인 보호를 하는 것보다는 그러한 보호가 필요 없도록 되어 있음이 바람직하다. 그러나 이미 세계의 많은 생태계는 중증의 **생태학적 위기**에 처하였다. 이러한 위기는 우리나라에서도 이미 돌이킬 수 없는 심각한 지경이 되었다. 전국 각지에서 생태계가 파괴되고 있는 실례들이 계속 알려지고 있는 실정이다. 모든 공해원(公害源)이 불가피하게 또는 고의로 우리의 환경을 해손(害損)하고 있다. 더 늦기 전에 시급한 대책이 강구되어야 한다.

과학기술의 진보에 따라 가중된 공해는 새로운 과학으로 대처해야 한다. 이미 손상된 환경은 소생시켜야 하며, 더 이상 환경 파괴를 일삼지 말아야 하며, 국가적 자연보존 대책과 국제적 자연보존 기구가 계속적인 활동을 전개하여야 한다. 1888년에 설립된 내셔널지오그래픽 협회(NGS), 1961년에 설립된 세계자연기금(WWF), 국제생물과학계획(The International Biological Program, IBP)(1967~72년 6년간 활동함)은 UN환경계획(United Nations Environment Program, UNEP)과 1948년에 설립된 국제자연보존연합(International Union of Conservation for Nature, IUCN)과의 협력으로 UNESCO에 의하여 조직되고 시작된 '인간과 생물권(生物圈)'(Man and Biosphere, MAB) 계획으로 계승되었으며 보다 큰 규모로 장기계획 사업으로 발전되었다. 이 사업은 생산자에 대한 오염의 영향, 생물계의 화학순환, 도서들의 식생(植生), 교란된 생물군집의 반응, 인간의 유전과 영양문제 등 전 지구적인 차원의 과제들을 망라하고 있다. UN산하에 생물다양성과학기구(IPBES), 유엔환경계획세계보전 모니터링센터(UNEP-WCMC), 세계유산협력센터(UNESCO-WHC), 지구환경기금(GEF), 식량농업기구(FAO), 국제정부간협의회(IPCC) 등에서도 생물다양성과 지구시스템 과학 발전, 지속가능한 발전을 위한 국제적, 통합적, 협력적 활용을 하고 있다.

비정부기구로는 세계생물다양성 관측 네트워크(GEO-BON), 미래지구(Future Earth), 동아시아람스르지역센타(RRC-EA), 생물다양성 정보기구(GBIF), 국제과학협의회(ISCU), 국제자연보존연맹(IUCN), 녹색기후기금(GCF) 등이 있는데 UN산하 기구들과 협력하는 기구도 있고 지구와 생물다양성, 생태계 보호에 대한 활동을 한다.

각급 교육기관에서의 자연보존 교육은 더욱 강화되어야 한다. 다방면에 종사하는 전문가와 기술자들이 생태학적 지식과 중요성을 이해함으로써 자연보존에 크게 기여하게 될 것이다. 집단매체들이 국민계몽에 지대한 영향을 줌으로써 국민의 각성을 유발시킬 수 있다. 현재 많은 언론기관, 영상매체들이 큰 기여를 하고 있다. 환경운동단체, 환경교육단체, 환경연구단체들의 환경보전 활동은 체계적이고 효율적이지 못한 점이 있지만 국민 계몽 면에서 바람직한 활동이라고 본다.

4 지구온난화 탄소중립 정책

4.1 국제적인 대책

기후 변화에 관한 국제정부간협의회(IPCC)에서 작성한 시나리오에 따르면 온실기체의 방출을 거의 억제하지 않는 경우(시나리오 A)와 방출을 점차적으로 줄이는 것을 가정하는 경우(시나리오 B, C, D)로 나누어서 기온 상승을 추정하였다(그림 6-6 참조).

IPCC는 온실기체의 방출량을 줄이지 않는 경우 다음 세기 중반까지 기온이 1.5~4.5°C까지 상승할 것이고 10년마다 0.2~0.5°C 비율로 기온이 상승할 것으로 추정하였다. 또한 시나리오 B,C,D에 대한 각각의 평균 기온 상승률은 약 0.2°C/10년, 0.1°C/10년, 0.1℃/10년으로 추정하고 있다. 그림 6-6은 1850~1990년의 기간 중 온실기체 증가에 따른 지구 평균기온 상승과 1990~2100년의 기간에 4가지 시나리오에 의해 추정된 기온 상승을 나타낸 것이다.

제2차 세계기후회의(1990. 10. 29~11. 7 제네바)에서는 다음 세기 말까지 지구의 평균기온이 2~5°C 상승할 것으로 보았다. 이는 지구 인류가 과거 10,000년 동안 경험해 보지 못한 기온 상승률이다. 기온 상승 전망을 지역적으로 살펴보면, 북반구 고위도 지방의 상승률이 크고, 중위도 지방은 평균 상승률을 보일 것이며, 저위도 지방은 상승률이 낮을 것으로 전망된다.

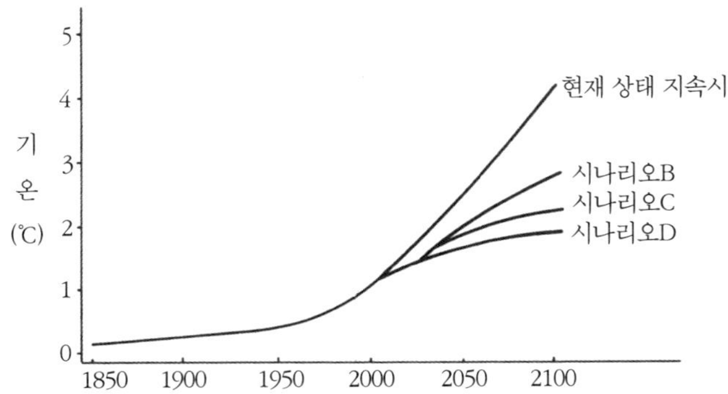

그림 6-6 지구 평균기온 예측

기후가 더욱 따뜻해짐으로 해서 생기는 결과는, 물의 열적 팽창과 빙산 및 그린랜드의 두꺼운 얼음층 용해로 전 세계의 평균 해수면이 상승할 것이다. 전 세계적으로 CO_2가 두 배가 되면 평균 해수면이 10~30cm 정도 증가할 것으로 예측하고 있다. 그러나 2100년까지 온도가 계속 증가하면 해수면은 1m 이상 상승하게 될 것이다.

이러한 해수면 상승의 결과는 훨씬 심각하다. 2030년(약 1°C)에 나타날 '일시적인' 승온은 지난 125,000년 동안의 그 어느 시대보다도 지구를 더욱 따뜻하게 할 것이다. 해수면이 1m 상승하게 되면, 방글라데시가 15%, 이집트의 경작지가 12~15%, 기타 저지대 연안과 강어귀 등이 범람될 것이며, 이들 지역들은 열대성 폭풍우 기간 동안 해일로 인한 홍수로 범람되기 쉬울 것이다. 그러므로 해수면 상승은 해발 고도가 더 높은 지역을 찾는 수백만 명의 난민을 발생시킬 것이다.

지구온난화를 2℃ 대비 1.5℃로 억제하면 해양 온도 상승 및 산성화를 완화할 수 있다. 1.5℃ 상승할 때 여름철에 북극의 해빙이 녹을 가능성은 100년에 한번 정도인 반면 2℃일 때는 그 가능성이 10년에 한번으로 된다(표 6-2 참조).

표 6-2 지구 평균기온 상승에 따른 노출 및 취약 인구 (단위: 백만명)

	1.5℃ 상승		2℃ 상승	
	노출	취약	노출	취약
물 부족	3,340	496	3.658	586
폭염	3,960	1,187	5.986	1,581
전력생산에 대한 수자원 위험	334	30	386	38
논작물 변화	35	8	362	81
거주지 감소	91	10	680	102

출처: IPCC(2018)

4.2 지구가 신음하고 있다.

최근에 와서 기후 불안정이 극심해지면서 지구 도처에서 여러 가지 자연재해가 계속되고 있다. 기후 이변은 미국에서만 해도 서부지역은 건조에 의한 대형산불이 자주 발생하는 반면 동부지역은 동절기도 아닌데 폭설이 내리기도 한다. 우리나라에서는 봄철에 동부지역에서 매년 여러번 산불이 발생하여 여러 가지 큰 피해를 주고 있다. 가뭄 때는 논들이 메말라 쩍쩍 갈라지는데 매년 몇 번씩 북상하는 태풍은 폭우와 강풍을 동반하며 금년의 폭우는 수많은 인명의 희생과 재산 피해, 민생에 엄청난 고통을 주고 있다.

2019년 8월 아이슬란드의 빙하 오크예퀴들의 장례식이 거행되었으며, 700살 된 빙하의 죽음을 애도하며 추모비를 세웠다. 스위스 빙하감시센터 자료에 따르면 최대 빙하인 모데라치 빙하의 경계선은 매일 5cm씩 후퇴 중이다. 빙하가 녹으면서 비행기 잔해와 시신이 드러나고 있다고 한다.

알프스 연봉인 이탈리아 북동쪽 돌로미티산맥의 최고봉 마르몰라다(3,342m) 일대는 웅장하면서도 아름다운 산세를 자랑하고 있다(그림 6-7 위). 2022년 7월 이곳은 10℃까지 기온이 올라 만년설의 눈덩어리가 붕괴되어 떨어져 내려 산악인과 등반객 7명이 죽고 많은 사람이 다치고 19명이 실종되는 참사가 일어났다. 세계 도처에서 이와 유사한 사고 가능성이 상존해 있을 것이다.

북극의 노르웨이령 스발바르 제도에 있는 공항도시 롱위에르뷔엔의 2022

년 6월 평균 기온이 평년보다 2.4℃ 높아진 6.0℃로 2007년 5.7℃보다 높아졌다. 스발바르지역 전체에서도 평년보다 2.9℃ 높은 5.7℃로 2006년의 4.2℃보다 높아졌다. 이곳은 세계에서 가장 빠른 온난화를 보이는 곳으로 북극은 지구 평균 기온상승 속도보다 3배 더 빠르게 온난화되고 있다. 15년 전보다 2.4~2.9℃ 높아진 것으로 30년 전 IPCC가 예상한 기온 상승률을 훨씬 상회하고 있다(그림 6-6 참조).

2022년 파키스탄에서는 봄에 최고 50℃가 넘는 불볕더위가 왔다가 괴물 몬순(장마)으로 이어져 8월에는 평년보다 8배 많은 비가 퍼부었다. 국토의 3분의 1 가량이 물에 잠기고 3,300만 명이 수해를 입고 1,100여명이 목숨을 잃었다. 경제적 피해는 파키스탄 국내 총생산의 4%에 해당하는 100억 달러로 예상한다. 물가고와 식량난으로 고통 받던 중 수해까지 겹쳤고 앞으로 수인성 질병까지 걱정되는 상황이라고 한다. 2010년에도 큰 홍수로 2,000만 명이 수재를 입었다. 금년 인도 북부에서 폭우에 의한 산사태로 670여 명이 희생되었다.

상술한 바와 같이 IPCC가 경고한 대로 나일강 삼각주 지역은 이미 해수면이 높아져 많은 농토가 사라졌고 염분에 강한 작물로 바꾸었지만 수확량이 매년 감소하고 있다. 이집트 제일 항구 도시인 알렉산드리아와 해변 지역은 계속적으로 잠식되고 있어 농토 뿐만 아니라 주거지도 없어지면서 막대한 재산피해가 예상되며, 알렉산드리아 카이트베이 요새는 방파제 보강 공사를 하고 있다. 근년에 이 지역은 여러번 해수의 범람으로 이주하거나 해변가 영업을 포기하고 있다.

물의 도시로 150여 수로로 연결되어 곤돌라, 수상택시, 수상버스로 교통이 이루어지는 이탈리아 베네치아(그림 6-7 아래)가 금년 초에 수량이 부족해져서 수상교통으로 연결된 도시가 교통이 불편해져서 곤란을 겪는다는 뉴스도 기후 격변이 여러 형태로 나타남을 볼 수 있다. 튀르키예·시리아에 큰 지진이 일어나서 5만 5,700명 이상의 희생과 12만 7천명의 부상자·이재민 등이 생겨 고통을 받는 중에 이재민들의 임시 거주지에 홍수까지 겹쳐 계속적인 재난까지 닥쳤다. 금년 3월 초에 프랑스와 스페인의 지중해 해안은 30℃가 넘는 여름 기온이 되어서 해변가에 피서객이 나타나는 진풍경이 보도되기도 했다.

그림 6-7 위. 이탈리아 북동쪽 돌로미티산맥의 최고봉 마르몰라다 앞의 건물은 교회(Santa Madclalena)이며 산맥 사이로 눈길이 보인다.

아래. 베네치아 탄식의 다리의 창틈에서 볼 수 있는 풍경, 왼쪽 건물은 투칼레 궁전이며 오른쪽은 프리지오니누보(신의 감옥)이다. 파그리아 다리(Paute della Paglia)와 건너 산 조르즈 마조레 성당이 보인다(사진촬영 정한길).

남태평양에는 작지만 아름답고 신비스런 작은 섬나라들이 흩어져 있다. 팔라우, 마셜제도, 나우루, 솔로몬 제도, 마누아투, 피지, 투발루, 통가, 니우에, 마이크로네시아, 파푸아뉴기니, 쿡 제도 등이다. 이러한 섬나라들은 여러 작은 섬들로 이루어져 있는데 해수면의 상승으로 섬들이 사라질 위험에 처해져 있어 국제 사회에 그 위험성을 설파하면서 대책마련과 구조지원을 요청하고 있다. 이 12개 나라와 한국은 2011년 태평양 도서국 포럼(Korea-Pacific Islands Forum)을 창설하고 2022년 10월 제5차 회의를 부산에서 개최하였다. 한국이 주도하는 이 포럼에서 1)정치적 리드십과 지역주의, 2)사람 중심의 개발 3)평화와 안전, 4)기후변화와 재난, 5)해양과 환경, 6)자원과 경제개발, 7)기술과 연결성 등을 협의하였다. 2024년에는 회원국의 한국·태평양 도서국 정상회의를 개최하기로 되었다. 2021년에 개최된 유엔 기후변화 당사국 회의(COP26)에서 팔라우의 슈당겔 휩스 주니어 대통령과 투발루의 사이먼 코페 외무장관 등은 자국이 수몰되고 있다면서 차라리 폭파해주거나 수몰된 해안에서 회의를 하거나 테이블을 갖다 놓고 호소하는 동영상을 방영하였다. 그럼에도 기후재앙은 쉽게 해결되기 어려워 인류에게 큰 낭패라고 할 수 있다. 미래에는 베네치아처럼 물위의 도시가 많이 나타나지 않을까 생각된다.

1888년에 설립된 내셔널지오그래픽협회(NGS)는 세계 최대 과학·학술 비영리 재단이다. 잡지와 TV채널, 디지털 등에서 나오는 수익으로 학술연구와 탐험을 후원한다. 2016년 한국에 NGS 아시아재단을 설립해 아시아에서의 사업을 하고 있다. 2022년 10월 중반 방한한 질 티판텔러 NGS 최고경영자는 중앙일보 기자와의 대담에서 '*기후와 생태학적 비상사태*를 하나의 전 지구적 비상사태로 다루어야 하며 이 둘은 동전의 양면이다. 그렇기 때문에 뒤엉킨 기후와 생물 다양성 위기는 일치된 행동이 필요하다'고 말하였다. NGS는 변화를 만드는 사람들(Changemaker)에게 투자하고 권한을 부여한다. 탐험가이며 얼음 과학자인 엘리슨 크리스텔로는 3만년 간의 기후변화가 환경에 미치는 영향을 조사하기 위해 캐나다의 최고봉인 로건산(5,959m)에 올라가 907kg의 얼음핵을 수집했다. 티판텔러 CEO는 반기문 전 유엔 사무총장을 만나 의견을 나누었는데 반 전 총장은 기후 악화를 막기 위해 정부, 기업, 미디어, 학계 등 민관 협력이 필수적이라고 강조했다고 한다.

호주 모나쉬대 연구팀이 조사한 바에 의하면 2000년~2019년 동안 기후이변에 의한 인명피해는 매년 508만 3,000명인데 이중 아시아인이 260만 명(51.5%), 아프리카인이 120만 명(23.9%)이며, 전 세계의 경제손실은 16조 달라로 저소득 국가의 피해가 더 컸다고 하였다. 2022년 11월 이집트에서 열린 유엔기후변화 협약 당사국총회(COP27)에서는 '손실과 피해' 기금 조성 방안이 합의 채택되었다. 이상 기후, 해수면 상승 등의 피해를 본 개발도상국에 대한 보상을 미국과 유럽이 찬성하였다. 안토니오 구테흐스 유엔 사무총장도 무너진 신뢰를 재건하기 위해 절실히 필요했던 신호라고 환영하였다. 1992년 협약 체결 당시 선진국으로 지정되지 않은 한국, 중국 등은 여기서 제외되었다. 지구 기온 상승 폭 1.5°C 제한 및 석탄화력발전의 단계적 축소는 유지하기로 하였다. 세계 자연기금의 마뉴엘 풀까-비달 글로벌 기후에너지 총괄 담당자는 구체안이 마련되지 않으면 이 기금은 '세계 종말을 위한 기금'이 될 위험이 있다면서 각국 정부의 혁신적인 조치의 필요성을 강조하였다.

4.3 우리나라의 탄소중립 대책

2015년 12월 파리기후변화협약에 따라 참가국이 스스로 온실가스감축 목표를 정하기로 했는데 우리나라는 2030년까지 기준연도인 2018년 배출량 대비 40% 감축 목표를 제시했다. 이것은 연평균 4.17% 감축하는 것이다. EU:1.98%, 미국:2.8%, 영국:2.81%, 일본:3.56%보다 높다.

미국과 EU는 온실가스 다배출 국가의 수입품에 탄소세를 부가하는 탄소국경조정제도를 발표하였다. 이런 국제적인 장벽을 돌파하려면 선제적으로 대응하고 탄소중립을 위한 노력을 강화해야 한다. 2018년 한국의 부분별 온실가스 배출율은 산업:54%, 건물:24.6%, 수송:13.7%, 농축수산:4.6%, 폐기물:2.3%, 기타:0.8%이었다. 산업활동과 건물에서의 배출이 대부분이다. 탄소중립(탄소제로)은 국가나 모든 산업체와 국민들의 협력이 있어야 하지만 기업의 평가척도로 자리잡고 있다. 요즘 환경·사회·지배구조(ESG) 경영에서도 환경이 중요시되고 있다. 2020년 10월 정부가 2050 탄소중립 달성을 공표하였고 2021년 10월 구체안을 발표하였다. 2018년 기준 6억 8,630만 톤 CO_{2eq}인 국내 순배출량을 2050년에 0으로 낮추겠다는 것이다. 배출, 흡수, 제거로 구분해서 몇 가지 안을 내고 있다.

배출의 경우 A안은 화력발전을 전면 중단하고 전기수소차로 전면 전환하고 국내생산수소 전량을 수전해수소(그린수소)로 공급한다. B안은 화력발전을 일부 잔존하면서 이산화탄소의 포집·활용·저장기술 등으로 탄소를 감소시킨다. 내연기관차는 대체연료를 사용하고 국내생산수소 일부를 부생추출수소로 충당한다. 흡수 및 제거의 경우 포집·활용·저장기술로 A안은 5,510만 톤이고 B안은 845톤으로 상당한 차이가 난다.

현재 우리나라가 우수한 기술력을 확보한 배터리·수소 등 저탄소 기술, 디지털 기술, 혁신역량 등은 탄소중립 실현에 강점으로 작용할 것이다. 한국판 뉴딜을 통해 디지털과 그린을 융합한 혁신적 사업들을 성공적으로 추진한다면 탄소중립이 가속화될 수 있을 것이며, 수소에너지연구, 기존의 태양광 에너지, 차세대 원자력 에너지, 탄소포함가스성분(나쁜 탄소)을 생물학적, 화학적 방법을 통해 유용한 화학제품(좋은 탄소)으로 바꾸는 탄소 선순환 기술 등 연구 개발이 확립되어 2050년의 탄소중립 목표를 달성해야 할 것이다.

4.4 태양광벌집 및 꿀벌의 중요성

UN은 현재 80억 인구가 2100년에는 110억명에 달해 식량수요는 훨씬 증가할 것으로 보았다. 따라서 식량의 수요는 늘어날 것인데 온난화를 억제하지 못하면 오히려 주식의 곡물과 과일, 꿀 등의 생산이 어려워지게 된다. 유엔식량농업기구(FAO)에 의하면 식량의 대부분을 차지하는 100대 작물의 70%이상이 꿀벌의 수분으로 생산된다고 한다. 꿀벌의 중요성은 증가하는데 반해 살충제와 농약 사용, 온난화 등 생태계의 혼란으로 그 개체수의 감소요인이 많은 것이 현실이다. 영국 랭거스터대 생물학과 연구팀은 태양광발전소의 위치와 꿀벌 개체수와의 상관관계를 분석한 결과 발전소 1km 이내의 농경지에 다른 지역보다 꿀벌 개체수가 4배 정도 많았다는 내용을 2021년 12월에 영국·프랑스 통합생태학회에 발표하였다.

5월 20일이 'UN 세계 꿀벌의 날'이다. 작년 한화그룹은 태양광 전력을 활용한 탄소저감벌집인 *태양광벌집(Solar Beehive)*을 개발하여 국립 한국농수산대학에 설치하여 4만 마리 꿀벌들의 생육·활동상황, 개체수 변동 등을 연구목표로 하였다. 솔라비하이브는 벌집 상단에 설치한 태양광 모듈에서 생산된 전력을 사용하고 벌통 안의 습도, 온도, 먹이, 물의 상황 등 생육환경 데이터는 앱으로 실시간 관리할 수 있는 스마트시스템을 적용하였다. 말벌의 출입을 차단하는 기능도 장착하였다. 태양광 벌집이 다량 설치되면 농업생산에 지대한 효과를 볼 수 있을 것이다(그림6-8). 각 지역의 복구할 산지에 밀원수도 식재하여 꿀벌의 생육을 확장하고 우수한 품종을 지속적으로 양상하고 꿀벌의 개체수를 증가시켜 안정적인 농산물 증산과 꿀벌의 생산물을 확보하여야 한다.

그림 6-8 2022년 5월 한화그룹이 개발한 태양광벌집(solar beehive). 그래픽=통계청

5 생명을 위협하는 원자력 에너지의 양면성

5.1 원자력 에너지의 공포

1939년 1월 덴마크의 닐스 보어는 독일의 오토 한, F. 슈트라스만, 리제 마이트너들이 연구한 우라늄의 중성자 가격 시의 실험 결과를 제공받고 히틀러에게서 추방된 앨버트 아인슈타인, 이탈리아를 탈출한 엔리코 페르미 등과 미국 워싱턴 원자물리학회에서 토론 협의하면서 원자핵 연구의 필요성, 즉 맨해튼 계획을 당시의 루스벨트 대통령에게 건의하였다.

1942년 12월 페르미는 시카고대학 교정에 자기 예상대로 흑연과 우라늄을 규칙적으로 쌓아 올린 우라늄 원자로를 세우고 연쇄반응을 시켜본 결과 열의 발생을 발견하였다. 제2의 불을 확인하였다. 미국에서의 원자탄 실험은 뉴멕시코 사막에서 1945년 7월 16일 새벽에 실시되었는데 대 섬광과 폭풍, 5색 버섯이 만 m 이상이나 치솟았다. 1945년 8월 6일 우라늄-235 핵폭탄이 히로시마에 투하되어 폭심은 100만 도의 고열로, 폭풍이 지나간 후 저압 상태에서 다시 역풍이 불어오면서 일시에 7만 명이 희생되었으며(85% + 방사선 치사 15%) 그 후 원자병 환자들이 이어지면서 엄청난 인명 피해가 생겼을 뿐 아니라 다른 생명체들도 말살하였을 것이다. 8월 9일 플루토늄-239 핵폭탄이 나가사키에까지 투하되어 일시에 4만 명이 희생되었다. 이때의 원폭은 TNT 만 2천 톤의 위력이며 반경 1.5km 지역은 초토화되어 반경 4km까지 순간적으로 피해를 받고 수도나 가스관의 파열로 수해와 화재 발생 등이 생긴다. 방사능 물질에 의한 토양, 수권, 대기권의 오염 등 이루 말할 수 없는 생태계 피해가 발생되며 현재의 가공할 만한 위력의 원폭이 사고로 폭발한다면 생명체와 인류문명에 회복할 수 없는 대재앙이 초래될 것이다.

5.2 방대한 원자폭탄을 안고 있는 인류

박홍이 연세대 명예교수는 다음과 같이 지적하고 있다. 가령 존 F. 케네디 미국 대통령이 취임한지 8개월 후인 1961년 9월 25일, 제16차 UN 총회에서 연설할 때 이와 같은 원자력 시대의 불안 상태를 우려한 나머지 다음과 같은 발언을 한 바 있다.

"우발, 오산, 혹은 광기에 의해서 지금이라도 당장 끊어질 것 같은, 매우 가는 실로 매달아 놓은 데모클레스의 핵의 검 밑에서 모든 남녀노소들이 살고 있다." 또한 1960년 3월 7일 당시 아직 미국 상원 의원이었던 존 F. 케네디는 뉴햄프셔 대학에서 "세계의 핵 저장량은 고성능 폭탄 300억 톤에 상당하여 지구상에 살고 있는 인간 1인당 고성능 폭탄 10톤에 해당하는 양으로 추정되고 있다."라고 연설한 적이 있다. 그렇다면 그때부터 63년이 경과한 오늘날 전 세계의 핵 저장량은 참으로 가공할 만한 양에 이르렀을 것이다.

그러나 과학자들도 사려있는 사회의 구성원인 까닭에 과학의 오용이 인류 사회에 초래할 가공할 결과와 또한 과학 자체의 발전에 미칠 영향에 대해서도 비상한 관심을 기울이고 있다는 것도 사실이다. 가령 <핵과학자회보> 편집장이며 핵과학자의 올바른 제정신을 되찾게 하는 데 가장 양심적인 노력을 하고 있는 유진 라비노비치는 다음과 같이 말하고 있다.

"핵의 힘(에너지)이 해방된 세계라는 것은 작일의 '화학의' 세계에서 생존이 허용되었던 그 같은 인내, 감명, 그리고 행운을 가지고서도 인간은 살아남을 수 없는 세계인 것이다. 과학 사상의 급속한 진보는 인류를 이제까지와는 전연 다른 세계로 내던져 버렸다. 믿을 수 없는 폭력의 세계에서 인류가 살아남으려면 오직 사회적, 정치적 영지의 면에서도 똑같은 경탄할 만한 진보를 이룩하지 않으면 안 될 것이다."

5.3 죽음의 재 공해

공해를 일으키는 공해 분자는 역사적으로 일조일석에 생긴 것은 아니다. 18세기 말의 산업혁명 이래, 대량생산의 물결을 타고 계속적으로 파생되고 퇴적되어 공해의 바탕을 이룩한 것이다. 공해가 발생되는 줄 알면서도, 이를 막지 못하고 계속 공해를 발생시키는 것이 여러 가지가 있는데 그 중에서도 가장 무서운 것이 소위 죽음의 재이다.

(1) 죽음의 재의 폐해

죽음의 재라는 것은 원자탄이 폭발하였을 때 발생되는 방사능을 가진 방사성 동위원소를 말한다. 대규모의 핵실험도 일단은 끝났으므로 이 죽음의 재의 공포는 없어졌지만, 소위 원자력의 평화 이용으로 새로운 에너지 자원이 대두되자 다시금 이 죽음의 재의 공해 문제가 심각하게 되었다. 원자력 발전에 의한 평화적 이용과 발전, 의학, 농학, 공학, 이학 분야에서 연구, 치료용으로 사용하는 방사성 동위원소 그 자체의 처리 문제 등이 대두된 것이다.

원수폭 실험에서 생기는 죽음의 재의 주성분은 스트론튬 90(^{90}Sr, 반감기 29년)과 세슘 137(^{137}Cs, 반감기 30년)이다. 이것 등이 인체에 해가 되는 방사선을 방출하며, 지구를 계속 오염시키고 있다. 30년 이상 훨씬 오랫동안 죽음의 재는 지표나 토양에 축적되고 식물이나 기물을 통하여 우리들 체내에 들어오게 된다. 우리 몸이나 뼈나 이빨의 성분으로서 중요한 칼슘이 있는데, 이 칼슘과 방사성 동위원소인 스트론튬 90이 바뀌어 우리 체내에 심착되어 오랫동안 체내에서 유해한 방사선을 방출하여 조혈을 방해하는 것이다. 그 양이 많으면 암, 백혈병을 일으킬 위험이 많다.

세슘 137도 생체의 필수 원소의 하나인 칼륨(K)과 치환될 수 있으므로 전신에 분포하며, 특히 생식소에 축적되어 계속 방사선을 방출하므로 무서운 방사선병을 일으키며, 생식세포의 돌연변이를 유발하여 유전 병자와 기형 출산을 일으키는 것이다.

평화 이용의 원자로에서는 이 밖에도 더 해로운 탄소 14(^{14}C, 반감기 2천년), 코발트 60(^{60}Co, 반감기 70년) 등이 발생된다.

(2) 방지와 관리

이와 같은 것은 에너지 해방에서 오는 필연적 사실인데, 에너지 해방은 인류에 대해 큰 복음화이긴 하지만, 여기에 수반되어 나오는 방사성 폐기물 즉, 죽음의 재는 공해물질의 대량생산을 고려하지 않을 수 없다. 단지 다행하게

도, 죽음의 재는 그 발생원이 원자로, 원수폭 등 확실히 알 수 있는 것이므로 미리 확산되거나 밖으로 새어 나오지 못하게 주의하고 엄중히 관리하면 우선은 방지할 수 있다. 그러나 일단 생산된 죽음의 재는 없어지지 않는 것이므로 전 세계의 방사성 폐기물의 생산량이 지구의 허용량을 초과할 때는 어떻게 되겠는가. 눈앞이 아찔해질 수밖에 없다. 이러한 문제의 해결은 앞으로 과학자에게만 주어진 과제가 아니다.

핵 확산의 금지 협약을 철저히 이행하고 핵실험은 더 이상 시행하지 않아야 하며, 핵 개발로 인한 오염은 인류의 공적임을 인식하고 인류 본래의 선성을 발휘하여 범죄적인 환경파괴를 말아야 한다. 인류 전체의 삶과 복지를 위하여 다른 오염과 마찬가지로 핵물질의 오염을 철저히 차단하여야겠다.

5.4 원자력과 인간생활에의 선용

가. 원자력 발전

1970년대 석유파동 이후 에너지원의 다양화와 탈석유정책에 의해 원전을 개발하여 1978년부터 30%~40% 정도의 전력을 공급하였다. 최근 신재생에너지로의 전환으로 태양열, 풍력, 조력 등으로 일정 부분 공급하였다. 현재 원전 비중을 28.9%에서 2036년에는 33%로 늘리기로 해 가동 원전 수는 28기로 계획하고 있다. 원전·재생·수소에너지의 혼합으로 화석원료 수입 의존도를 2021년 81.8%에서 60%내로 낮출 수 있을 것이라고 한다. 석탄 발전 비중은 21% 정도로 감축 비중이 거의 변화가 없다. 2022년 12월 가동된 신한울 원전 1호기는 핵심 설비를 국산화한 최초의 한국형 원전이며 국내 27번째 원전이다. 한빛 4호기가 재가동하기 시작하였다. 2022년 원전 발전량은 176,054GWh로 전체 발전량의 약 30% 였다. 아랍에미리트(UAE)에 건설된 바라카 원전은 한국형 원전으로 1, 2호기는 가동중이며 3호기는 완공되었고 4호기는 건설되고 있다.

2050 탄소중립이 목표인 EU도 내년부터 원전과 천연가스를 녹색분류체계에 포함시키기로 했다. 원전의 폐기물, 천연가스에서 배출되는 메탄 등의

우려에도 불구하고 프랑스, 영국, 벨기에, 폴란드, 핀란드 등이 원전 가동을 늘리거나 신규건설을 발표하였다.

나. 방사선의 의학적 이용

원자번호가 같으면서 질량수가 다른 핵종인 방사성동위원소(RI)의 의학적 이용은 세계 2차 대전 이후 각국에 급속도로 보급 발전되었다. 우리나라는 1956년 6월 원자력법이 제정 공포된 이후 1957년 서울대 의과대학 병원에서 요오드-131(I^{131})로 갑상선 질환을 치료하였고 1963년에는 코발트-60으로 암 치료를 하기 시작하였다. 사이클로트론 등 방사선 발생 장치에서 방출되는 원자선, 양자선, 속중성자선, **중입자** 같은 방사선을 직접 암 부위에 쪼여서 치료하기도 한다. 또 X 선 및 γ선에 잘 죽지 않는 타액선암, 전립선암 및 10cm 이상의 거대암 수술 불능의 유암 등에서는 중성자 치료를 이용하기도 한다. 외과적 치료나 재래의 방사선 치료로 곤란한 뇌종양 치료에도 중성자가 이용되고 있다. 아스타틴-211(At^{211})은 반감기가 7.2시간으로 국내 생산도 가능해졌다. 이것과 악티늄-255(Acc^{255})는 림프암, 전립선암, 신경내분비종양 치료에 이용된다. 이 외에도 아트륨-90(Y^{90}), 홀뮴-166(Ho^{166}), 루테튬-177(Lu^{177}), 사마륨-153(Sm^{153}), 레늄-188(Re^{188}) 등이 치료용 동위원소이다.

X선은 영상검사로 신체 각 부분에 수없이 사용되며, 고압촬영, 단층촬영, 동태촬영, 연속촬영 등에 활용되고 있다. 양전자 방출 단층촬영기는 PET인데 탄소-11(C^{11}), 갈륨-68(G^{68}), 플루오린-18(F^{18}), 질소-13(N^{13}), 산소-15(O^{13}), 루비륨-82(Rb^{82}) 등은 PET용 방사선 동위원소이다. 고에너지 입자선 투과를 이용하는 양성자 빔 CT전산화 단층촬영(computerized tomography), 단일광자 방출 컴퓨터 단층 촬영 장치인 SPECT 등도 진단에 이용된다. 플루오린-18(F^{18})을 활용한 알츠하이머성 치매 진단용 신약이 출시되었다.

또 RI를 포함한 방사성 의약품을 체내에 투여, 장기의 형태학적 진단, 혈액, 뇌척수액과 같은 체내 특정 물질의 양이나 유동상태를 측정해 질병의 유무를 진단한다. 시험관내 검사로는 인체에서 체취한 혈액뇨 등을 시험관내에서 방사선약품을 사용 반응시키면 이것에서 나오는 방사선을 근거로 시료중의 미량 성분을 정량함으로써 질병을 진단한다. 즉 이 방법은 혈액중에 함유된 미량의 물질에 대해 건강할 때와 질환이 있을 때의 양이 다른 점을 검사해 진단하는 방법이다.

여러가지 의료제품을 방사선으로 소독하면 다른 소독 방법에 비해 완벽한 멸균이 되며 경제적으로도 매우 유리하다.

글상자 6-3. 중입자 치료의 전망

원자핵 안의 최소 입자를 소립자라고 하고 300여 종이 있다. 수소보다 무거운 탄소, 네온, 실리콘, 아르곤등이 중입자인데 치료에는 탄소가 사용된다. 탄소이온을 선형가속기에 1차 가속 시킨 후 원형 가속기에서 2차 가속하면 빛의 70% 수준의 속도에 이른다. 이러한 탄소 빛은 암세포 0.1mm 수준까지 조준 타격하면 암 DNA가 손상되어 치료가 될 수 있다. 다른 방사선 치료보다 유리하고 효율적인 점은, 정상 세포에 거의 피해를 주지 않고 암세포에 이른 후에 높은 에너지가 발산되어 암세포를 파괴하며, 조사시간이 2~12분 정도이며 기존 방사선 치료보다 3배 정도 효율적이다. 여태까지 중입자치료는 일본, 독일, 대만, 중국, 이탈리아, 오스트리아 등으로 출국하면서 거액의 치료비와 부대 비용이 들어 일반인은 엄두를 내기 어려웠다. 그러나 2023년부터 연세의료원에서 중입자치료를 시작하여 국내에서도 치료의 기회가 생겼다.

중입자 치료는 일반 방사성 치료를 과하게 해서 방사선량이 체내에 누작된 상태 또는 재발, 효과를 보지 못한 환자에게 효과적일 수 있고 5~6주에 달했던 치료 기간을 2~3주로, 또는 폐암 1기인 경우 1주일 이내 치료될 수 있다. 암으로 고생하는 환자들에게 희망적인 소식인데 수술하기 까다로운 부위, 여러 부위에 걸쳐 전이된 경우 등 다른 치료법과 병용 치료하면 더욱 효과적이다. 2027년에는 서울대병원이 중입자 치료를 시작할 것이라 한다. 부산 지역에서도 계획하고 있다.

일본 방사선 과학 연구소(NIRS)는 2003년 11월부터 등록 환가가 증가해 2015년 3월에 3021명이었는데, 전립선암(25%), 뼈·연조직 육종(11.4%), 두경부암(11%), 폐암(9.4%), 간암(5.8%), 췌장암(5.5%) 순이었다. 평균 치료 기간은 3주였다. 일본은 중입자 치료를 급여화해서 환자는 80만원 정도만 부담하였다. 국내 연구에 의하면 4,000명 정도가 중입자치료를 필요로 하며 연세의료원은 연간 1,200명 정도 치료를 예상한다고 한다.

다. 산업과 농학적, 유전공학적 이용

방사선으로부터 동력을 개발할 수 있다. 원자력 잠수함, 원자력 쇄빙선, 우주 비행체에 활용 등이다. X선의 투과력을 이용, 용접 부위의 결함을 찾기 위한 비파괴 검사에 이용하고 있고 금속 널빤지의 두께 측정, 검사 뿐 아니라 일관작업열로 두께를 조절·생산할 수 있다. 양질의 내열성 전선피복제 제조에도 방사선 가공 기술이 이용되고 있다.

토양에서 작물의 성장과정을 방사선 핵종을 이용하여 알 수 있고 식물 육종에 방사선이 유용하게 이용되고 있다. 최근에는 작물의 유용 유전자 개발 및 작물 형질 개발을 위한 유전공학 분야에서 방사선 이용이 크게 늘어나고 있다. 화훼식물의 모양과 색깔을 변화시키든지, 게놈을 연구하여 고염분, 고냉 등에 대응하는 작물과 유용물질의 대량생산 생물을 만들어 활용할 수 있다.

우리나라는 1965년 원자력연구원의 방사선농학연구실에서 작물 육종, 작물 영양 및 토양 연구, 광합성 생리 연구, 작물 보호 및 농약 제조 등에 방사선을 이용하고 있다. 팔공벼에 X선 조사하여 조숙, 내병성의 밀양 10호를, 금강 대립콩에 조사하여 조숙, 다수확의 KEX-2(장콩)을 만들었다. 보리의 경우 방사선 돌연변이에 의한 육성 품종인 방사 6호는 방주보리에 열성중성자를 조사, 유전자 돌연변이 계통들에서 선발 육성됐으며 송학보리와 긴쌀보리는 방사 6호를 이용, 교잡육종에 의해서 육성된 품종들이다. CB27콩은 X선을 조사하여 수원 128호 방사콩(나물콩)을 만들었다. 안산깨 역시 90일 깨를 변종시킨 품종이다. 식물의 성장에는 질소가 절대 필요하다. 동위원소를 이용, 질소비료의 형태별 흡수량, 흡수 속도 등의 연구가 가능하다.

식품에 코발트 60, 감마선 등을 조사, 장기 저장과 부패를 방지할 수 있다. 세계에서 생산되는 농작물의 3분의 1이 바이러스나 세균으로 인한 부패 또는 해충으로 손실되고 있다고 한다. 방사선을 이용하여 발아를 방지하며, 식량의 저장 방법을 개선함으로써 간접 증산을 가져올 수 있는 중요한 역할을 하고 있다. 식품의 방사선 조사는 국제 식량 교역에서 검역관리 기술로도 활용되고 있다.

라. 방사선의 연대측정에의 이용

C^{14}(RI)는 불안정한 동위원소로 방사선을 방출하면서 일정한 속도로 붕괴된다. C^{12}와 C^{13}은 안정 동위원소이다. 이 세 동위위원소의 비율은 일정하기 때문에 세 탄소의 비율을 정밀측정하면 미술품, 문화 유물 등의 연대를 알 수 있다. RI에 따라 반감기는 불과 몇 초에서 몇 만 년이나 걸리는 것이 있는 등 다양하다. RI는 이같은 특성으로 인해, 반감기가 짧은 RI는 사체나 고고학적 여러가지 유물의 절대연령 측정 및 젊은 지질시대 물질의 연대측정에 유용하게 활용되고 있다. RI중 반감기가 긴 RI는 지구 및 태양계 구성물질의 절대연령 측정에 사용 될 뿐 아니라 지각 및 맨틀의 진화와 우주의 진화 연구에 크게 이용되고 있다. 최근에는 맨틀물질의 불균일성, 세계적인 해수의 순환, 지구의 탈가스 등의 연구에 RI를 지구화학적 추적자로 활용하고 있기도 하다. 지진을 예측하는 것을 비롯 판구조론 검증, 빙하학, 설빙학, 수문학 등도 RI의 도움으로 큰 성과를 거두고 있는 지구과학 분야이다. 탄소, 수소, 산소, 질소, 황의 안정동위원소가 존재하는 비율을 정밀측정하면 해당 물질의 기원을 찾을 수 있다.

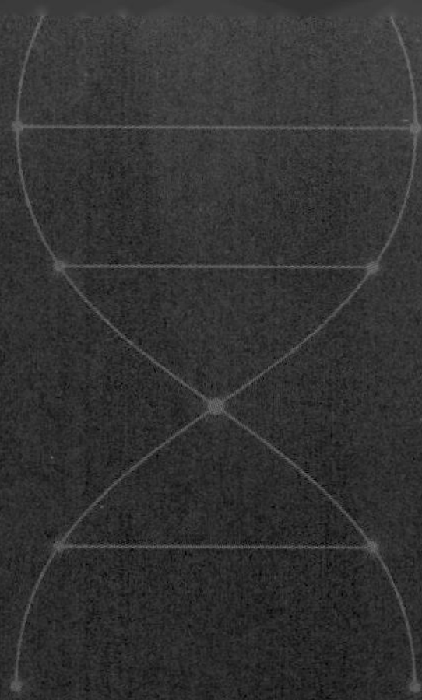

7장

인류의 출현과 문화창조

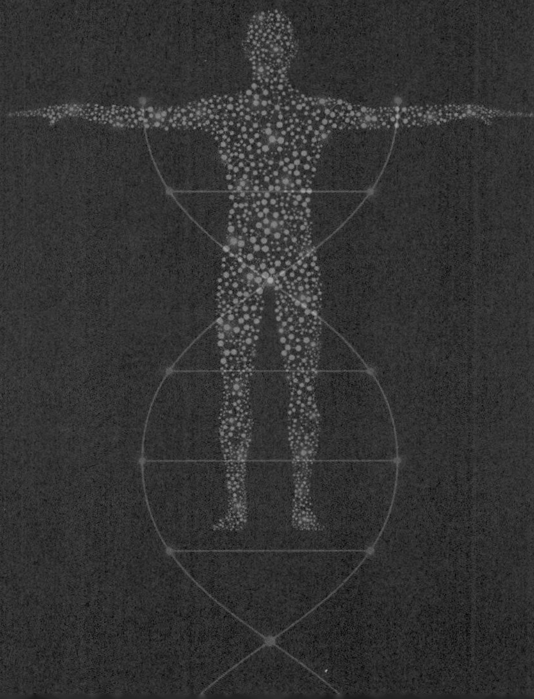

1 초기의 영장류와 프로콘술

2억 3천만 년~6천 5백만 년 전 공룡이 지구를 지배하고 있었다. 공룡이 멸종된 것은 식물생태계의 변화에 따른 먹이의 부족과 화산폭발에 의한 지구환경변화 때문이다.

2022년 9월에 와서 미국 다스마스대학 그린(Theodore Green)등은 5번의 대멸종 중 **4번이 화산 폭발**로 이루어졌음을 밝히고 6,500만 년 전 인도 데칸지역 화산 폭발 사건 등이 먼지와 유독가스로 대기를 뒤덮으며 공룡과 다른 생명체를 멸종시켰을 것이라 하였다. 이러한 연구는 미국 국립과학원회보(PNAS)에 발표되었다.

현재 멕시코 유카탄반도에 칙슬루브라는 탄소질 소행성이 충돌하였으며 **소행성 충돌구**가 생긴 6,600만 전 시점이 지구 생물의 4분의 3이 멸종되었던 시기와 일치되어 소행성 충돌이 공룡 멸종의 원인으로 받아지고 있다. 이 소행성은 혜성이 아니며, 목성 너머의 먼 태양계에서 형성된 소행성으로 밝혀졌다. 화산 폭발로 만들어지는 **대형화성암체**(홍수 현무암)의 생성 시기와 대멸종 시기가 일치하며 화산 폭발로 지구 환경은 변화하기 시작했지만 일부 작은 동물만 살아남았다는 것이다.

2022년 9월 영국 런던 자연사박물관, 킹스칼리지런던, 브라질 히우그란지두술 연방대 연구팀은 브라질 최남단 지역에서 발견된 동물의 뼈와 이빨 화석을 분석한 결과 2억 2,500만년 전에 살았던 크기는 20cm 가량으로 땃쥐를 닮았던 최초의 포유류로 추정된다고 해부학 저널을 통해 발표하였다. 이 동물은 *Brasilodon quadrangularis*로 명명되었고, 파충류는 이빨을 여러번 갈지만 포유류는 유치와 영구치만 남기 때문에 포유류로 확인되었다고 한다(그림 7-1 참조). 이러한 몸집이 작았던 포유류들이 살아남았고 이들이 진화하여 여러 종의 영장류가 나왔는데 인류로 이어지는 영장류는 아프리카에서 나왔다. 현재 전 세계에 존재하는 영장류는 약 230종이며 원원아목(prosimi)과 진원아목(anthropoidea)으로 나누게 된다.

*Aegyptopithecus*는 그 치아와 골격은 현생 대원류의 공동조상인 프로콘술(proconsul)의 선조라는 것을 나타낸다(그림 7-2 참조). 동부 아프리카에서 약 2,300~1,500만 년 전에 살았던 프로콘술은 멸종한 유인원이지만 많은 종으로 분화하였다. 1,350만 년~500만 년 전에 적응방산의 한 형태인 케냐피테쿠스에서 오랑우탄, *Gigantopithecus*(멸종), 고릴라, 침팬지, 인류의 조상으로 분지하였다(그림 7-2 참조). 프로콘술은 손발의 특징과 꼬리가 없는 점은 유인원을 닮았고 원숭이처럼 네 발로 걷는다. 골반은 유인원과 같은 점과 다른 독특한 특징이 혼성되어 있다.

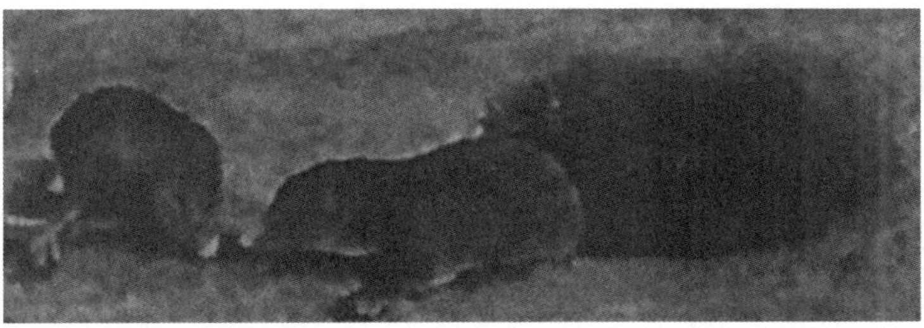

그림 7-1 최초의 포유류 "브라진로돈 쿼드랑굴라리스(*Brasilodon quadrangularis*).
연구팀이 해부학 연구 등을 토대로 상상해 그린 그림이다. (출처: 영국 런던 자연사박물관 홈페이지)

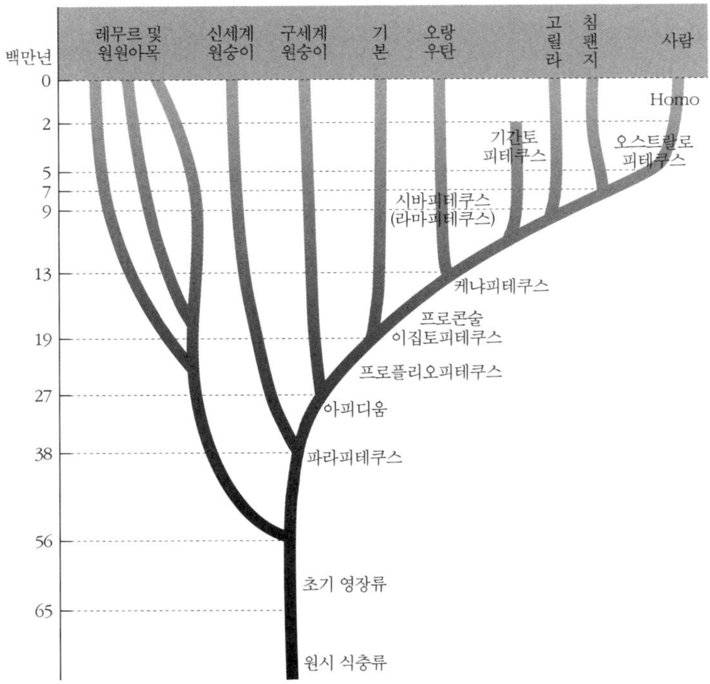

그림 7-2 영장류와 인류의 계통분화

구세계원숭이부터의 분기연대는 DNA 잡종화 방법으로, 원원아목과 신세계 원숭이의 분기연대는 미토콘드리아 DNA로부터 얻은 측정치이다.

2 인류 진화의 요인: 산맥과 초원 생활

프로콘술과 같은 공동조상에서 인간과 침팬지가 분지되어 나와 다른 방향으로 진화를 하게 된 이유를 살펴보자. 몇 가지 유전자 염기서열 분석을 해 본 결과 인간과 침팬지가 두 갈래로 나눠진 시기를 추정하면 약 500만 년 전 쯤이다. 미토콘드리아 DNA 연구에서는 340±70만 년 전이며, 핵DNA잡종화연구에는 700±70만 년 전에 진화의 두 갈래길이 나눠졌다는 결과 등에서 추정하는 것이다(그림 7-2).

1,000만 년 전의 아프리카에서는 서쪽에서 동쪽으로 잘 발달된 숲을 볼 수 있었을 것이다. 이곳은 원숭이와 유인원의 많은 종을 포함한 다양한 종으로 이루어진 영장류들이 살 수 있었다. 그러나 지리적 힘이 작용해 그 후 몇 백만 년 동안 지형이 변화되어 서식종들을 극적으로 바꾸는 계기가 되었다.

수백만 년 동안 맨틀판의 힘이 계속 작용해서 환경을 바꾸었다. 그 결과 약 500만 년 전에 북쪽에서 남쪽으로 달리는 1,000m 이상의 산맥이 형성되었다. 이러한 산맥이 생기면서 아주 다른 생물학적인 효과가 나타났다. 동물군들에게 거대한 동서 장벽이 형성된 것이다. 따라서 생태 조건의 현저한 변화가 진화의 요인이 되었다. 프랑스의 인류학자인 이브 코펜스 교수는 동서 장벽이 사람과 유인원의 분리 진화에 결정적이었다고 믿고 있다.

산맥의 서쪽은 예전의 환경 그대로였다. 강우량도 풍부했다. 그러므로 포식자가 없는 낙원의 생활을 할 수 있었다. 침팬지는 이러한 숲에서의 생활을 계속한 결과 오늘날까지 큰 변화를 겪지 않았다. 그러나 동쪽은 높은 산맥이 서풍을 막아 강우량이 적어졌고 초원이 많았다. 새로운 환경이 나타난 것이다. 그리고 이런 새로운 생활에 적응하기 위해 인간은 진화하기 시작했다. 결국 인간은 진화는 우연이라고 볼 수 있는 것이다.

침팬지를 연구해 본 결과 침팬지가 두 발로 걸을 때 허리의 중둔근을 쓴다는 것을 알게 되었다. 중둔근은 몸의 균형을 잡아주는 근육이다. 보통 네 다리로 걸을 때는 중둔근은 거의 사용하지 않지만 나무를 수직으로 오를 때 중둔근을 많이 사용하게 된다.

결국 나무 타는 동작은 두 다리로 걷기 위한 준비연습인 셈이다. 그리고 나무사이의 줄기를 이용해 이동하는 동작을 통해 등뼈를 곧게 펴는 연습을 하게 되는데 이 두 가지 연습을 통해 똑바로 서게 되는 준비단계를 거치게 된다

프로콘술은 네 다리로 나무 위를 기어 다니다가 일부는 대원류로 진화되었는데 몸이 무거워지자 나무사이를 줄기를 이용해 이동하지 않고 나무에서 내려와 다른 나무에 걸어간 후 다시 나무에 올라갔을 것이라고 본다. 그리고 이를 통해 걷는 연습을 했을 것이라고 한다.

인간은 초원에서 두 다리로 걷기 시작하였다. 이미 숲에서 두 다리로 걷는 연습은 충분히 익힌 후였다. 초원은 오스트랄로피테쿠스가 나온 이래 처음맞는 환경이었다. 인간은 점차 적응을 해갔다. 초원은 숨을 곳이 없었고 표범은 먹이를 나무위로 끌고 가 먹을 정도로 무시 무시한 포식자였다. 이러한 불리한 환경에서 직립자세의 완성, 손의 사용, 성대 발달, 도구의 개발 등 인류의 진화와 발전이 이루어지게 된 것이다.

3 유인원과 인간의 근연관계 비교

5~700만 년 전에 인과와 성성이류로 갈라졌다고 한다. 성성이류는 고릴라와 침팬지의 몇 종과 오랑우탄으로 나눈다. 인과가 몇 단계의 진화를 거듭한 결과 현대인은 약 30만 년 전에 나타났다. 오늘날 인과에 속한 종은 사람밖에 없는데 사람에 가장 가까운 유인원은 침팬지라고 한다. 사람과 다른 영장류의 핵형연구에서는 다른 결론이 나왔다. 사람은 염색체수는 46이지만 성성이류는 48이다. Giemsa-trypsin염색방법으로 사람과 성성이류의 염색체를 관찰하면 염색체끼리 상등성이 매우 큰 것이 13개가 있다. 물론 이런 염색체들은 완전히 일치하는 것은 아니고 종에 따라 다른 약간의 차이를 나타낸다. 침팬지와 피그미 침팬지의 염색체는 96%가 상등성을 나타내고 침팬지와 고릴라는 80%, 고릴라와 오랑우탕, 사람과 고릴라, 사람과 오랑우탕 등은 60%의 상등성을 나타낸다. 침팬지의 12번과 13번의 차단부 중심절 염색체의 단완(short arm)의 끝이 융합하여 1개의 중부중심절 염색체로 변하여 사람에서는 2 번 염색체가 되었기 때문에 사람의 염색체수(n=23)가 적어지게 되었다는 것이다. 이러한 핵형 연구에서는 사람과 고릴라가 침팬지보다 가깝다는 결론을 얻었다.

혈청단백질의 구조적 유사도를 측정하는 혈청학적 방법(serological method)에 의해서 영장류 중에 사람의 혈청단백질과 침팬지와 고릴라의 것이 대단히 비슷한 구조를 가지고 있음을 알게 되었다. 특수 단백질의 아미노산 서열분석(amino acid sequencing)에 의하면 사람의 헤모글로빈의 α사슬과 β사슬의 아미노산 서열은 침팬지와 피그피침팬지의 것과 완전히 같고 고릴라와는 2개의 서열이 다르고 오랑우탄과는 4개가 다르다. 헤모글로빈 외에 미오글로빈과 피브리노펩디드의 세 가지 단백질의 아미노산 서열은 사람과 침팬지가 99.6% 동일하다. 헤모글로빈 성분은 침팬지의 것을 사람이 직접 이용할 수 있다.

핵산염기서열 분석(nucleic acid base sequencing)과 DNA잡종화(DNA hybridization)방법(3부 참조)은 각 종의 DNA와 RNA의 염기서열을 분석하고, 또는 열에 대한 안정도를 측청하는 것으로 진화의 증거를 찾는 유력한 방법이다. 이러한 방법으로 분석해 보면 영장류 중에서 사람과 가까운 것이 침팬지로 DNA의 염기서열이 98.4%가 동일하다. 그 다음 가까운 것이 고릴라였다.

위유전자(pseudogene)인 이이타글로빈(η-globin)유전자와 미토콘드리아 DNA(mtDNA)의 염기서열로부터 산출한 영장류의 분기연대는 오랑우탄/사람의 분기연대를 1,300만 년 전으로 보면 고릴라/사람이 각각 690만 년±90만 년(η-globin)과 490만 년±80만 년(mt DNA)으로 평균 590만 년±85만 년 전으로, 침팬지/사람은 각각 690만 년±90만 년(η-globin)과 380만 년±70만 년(mtDNA)으로 평균 535±80만 년 전으로 고릴라가 먼저 분기되었다. DNA 잡종화로 측정한 자료에서도 분기순서는 오랑우탄 〉 고릴라 〉 침팬지이었다(그림 7-2).

4 인류의 계통분화

400~500만 년 전의 *Australopithecus*속의 화석들이 발견되고 이들과 침팬지와의 분기연대가 700만 년 전이라는 사실은 거의 일치한다.

*Australopithecus afarensis*는 400~250만 년 전까지의 화석이 발굴되고 있다. 남아프리카의 요하네스버그에서 200km 떨어진 타웅에서 1924년 발견된 타웅의 아이(A*ustralopithecus afarensis*), 아프리카의 크롬드라이에서 1938년에 대형의 오스트랄로피테쿠스(*Paronthropus robustus*)가 발견되었는데 300~190만 년 전까지 살았던 것으로 보고 있다.

1974년 이디오피아 하다르에서 발견한 300만 년 전의 오스트랄로피테쿠스 아파렌시스 화석 루시(Lucy)는 추락사했다는 컴퓨터 단층촬영(CT) 결과가 2016년 8월에 발표됐다(그림 7-3). 루시의 뇌용량은 400g이며, 불룩하게 튀어나온 턱뼈와 긴 팔을 가지고 있고, 골반이 옆으로 길기 때문에 직립보행했을 가능성이 매우 높다.

*africanus*는 *afarensis*에서 진화된 것으로 보는데(Skelton 등, 1986:Walker와 Leakey, 1988; Kimbel 등, 1988; Brown Jr., 1995) 키(100~130cm)나 무게(25~35kg)가 약간 커졌다. 치아는 사람을 닮고 턱은 유인원보다 짧다. 이러한 특징으로 미루어 잡식성인 것으로 추정된다.

일부 학자들(Johanson과 White, 1979 : Grine, 1988)은 *Homo*속이 *afarensis*에서 나왔다고 주장하며 *africannus*는 다른 가지로 분리하였으며 또 다른 학자(Tobias, 1987)는 *afarensis*가 *africanus*의 동아프리카 아종으로 보았다.

2015년 9월 남아프리카 공화국 요하네스버그 북서쪽 50km 떨어진 인류화석 지구의 한 동굴에서 발견된 1,550여 개의 화석은 15명의 것으로 추정됐으며 60여 명의 국제연구팀은 약 250만~300만 년 전의 인류의 초기 종으로 추정하면서 *호모 날레디*(*Homo naledi*)로 명명했다. 이 화석의 발견으로 상술한 시기에 날레디가 원시 인류와 현 인류를 이어주는 연결화석일 가능성이 있다고 주장했다. *naledi*는 별이라는 뜻으로 인류분화계통도가 바뀌게 되었다.

날레디는 150cm 정도의 키에 고릴라 정도의 뇌 크기로 500g 정도이며 직립 보행했다. 어깨와 골반은 원시 유인원과 비슷한 반면 이마와 두개골의 형태, 치아, 다리, 발의 모양은 현대 인류와 비슷한 것으로 분석했다. 화석이 발굴된 곳이 다른 종의 화석은 없고 발톱이나 이빨 자국 등 싸운 흔적도 없는 것으로 미뤄 이들은 죽은 자를 땅에 묻는 매장 의식을 자졌던 것으로 추정하고 있다. *Homo naledi*가 인정되면 *Homo*속 역사가 *H.* 하빌리스를 100만 년 정도 앞서게 된다(그림 7-4, 5 참조). 그들은 이미 조상 또는 가족의 시신만 동굴 안에 안치하였다.

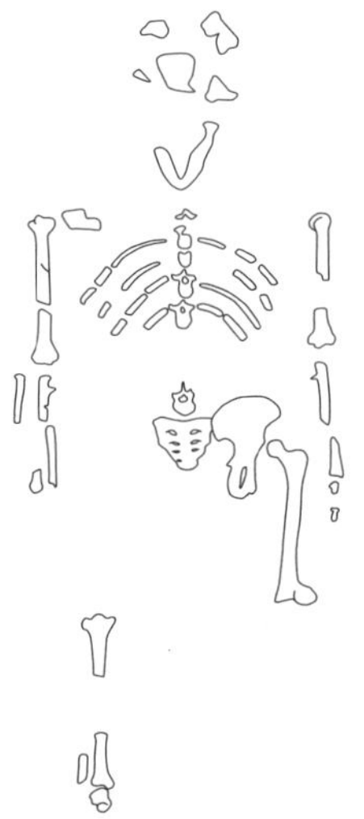

그림 7-3 "인류 조상 '루시'는 추락사했다"

1974년 에디오피아에서 발견된 인류의 조상 오스트랄로피테쿠스 화석 '루시'는 높은 나무에서 추락 후 골절과 장기 손상으로 사망했다는 주장이 나왔다. 미국 오스팀 텍사스대 존 캐펄먼 교수 연구팀은 이 같은 내용을 담은 컴퓨터 단층촬영(CT) 결과를 2016년 8월 '네이처'에 발표했다. '루시' 화석 뼈 모습.

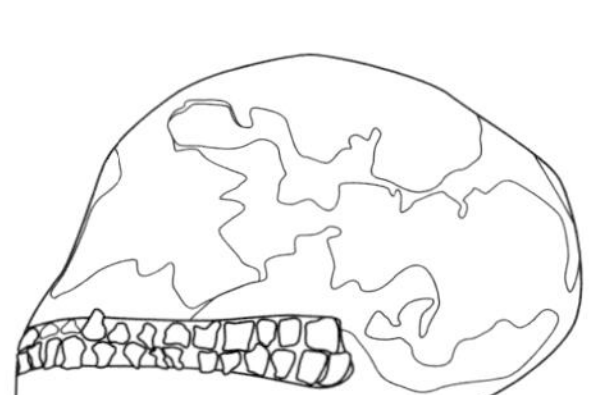

그림 7-4 호모 날레디 발견.

남아프리카공화국의 인류 화석지구의 한 동굴에서 250만~300만 년 전의 화석을 발견하고 *Homo naledi*로 명명하였다. (출처: AP 뉴시스)

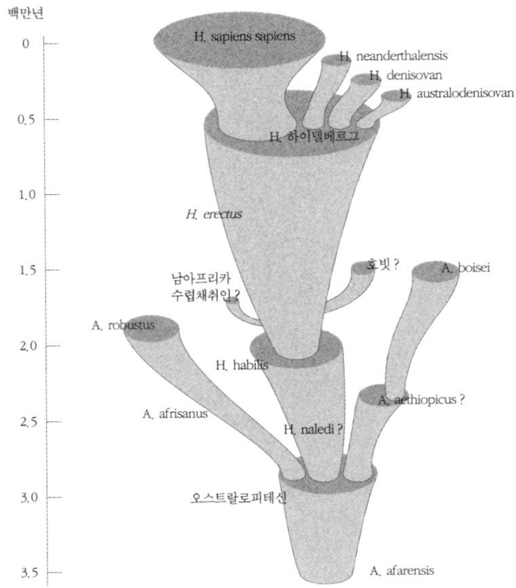

그림 7-5 인류 집단 사이의 진화관계를 나타낸 계통 분화도

*A. robustus*와 *boisei* 및 *H. neanderthalensis*는 단종된 것을 나타낸다. 이 그림은 Kinbel 등(1988)을 중심으로 Skelton 등(1986), Walker와 Leakey(1988)의 계통도를 참고하였으나 Johanson과 White(1979), Grine(1988)은 *africanus*를 다른 가지로 분지시켜 *Homo* 속의 기원을 보지 않고 있다. 최근에 발견된 *H. naledi*와 D. 라이크가 연구한 *H.* 하이델베르크, H. 데니소바 등을 포함시켰다.

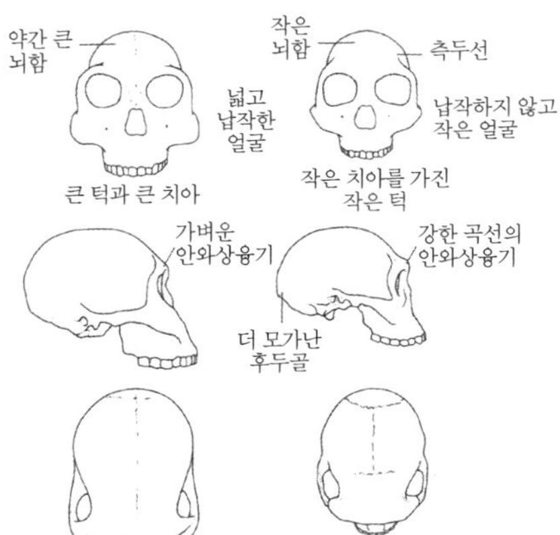

그림 7-6 케냐의 쿠비 포라에서 출토된 크고, 작은 *Home habbilis* 두개골의 모형도 (출처: 이영록, 생물의 역사, 1996).

표 7-1 유인원과 인류의 체중과 두 개용량

종	체중(kg)	두 개용량(cc)	뇌/체중
오랑우탄	80	340	1 : 235
침팬지	50-60	380	1 : 140
고릴라	130-250	500	1 : 380
A. afarensis(루시)	25	400	1 : 63
A. africanus	25-35	450	1 : 60
A. boisei	53	530	1 : 100
A. robiistus	50	500	1 : 100
H. naledi	150cm(키)	500	
H. habilis		700	
H. erectus		900	
H. pekinensis		1,000	
H. neanderthalensis	65	1,450	1 : 45
H. sapiens	63	1,350	1 : 47

*H. habilis*의 화석은 *Australopithecus*를 산출한 올두바이 상층부에서 나왔고 여러 지역에서도 나왔다. 200~140만 년 전의 이 화석들은 두개골도 커지고(표 7-1) 골격구조도 더 인간의 특성을 가지고 있었다. 1989년 영국의 고고학자들이 북파키스탄에서 200만 년 전의 석기들을 발견하였다고 주장하면서 *habilis*(그림 7-6)가 아프리카에서 아시아로 이주하였다는 주장을 하고 있다. 이들은 파키스탄의 라발핀디 남쪽 소안계곡에서 8점의 돌도구들을 발견하여 이를 감정한 결과 약 200만 년 전의 *H. habilis*들이 사용했던 것으로 밝혀내고 *H. erectus*가 이동하기 훨씬 이전에 이주한 인류라고 주장하였다. 그러나 이 주장은 아직 다른 뒷받침이 없는 것 같다.

1891년에 발견된 자바원인(*Pithecanthropus erectus*, 학명은 *H. erectus*), 1927년 북경 남서 45Km에 있는 주구점(周口店)에서 발견된 북경원인(*Sinanthropus pekinensis, H. erectus pekinensis*) 등 160만 년 전의 *H. erectus*는 직립구조를 완성하고 성대가 발달하여 음성언어가 가능하게 되었

다. 뇌(900g)의 무게를 감당할 신체구조가 있어야 하였는데 그러한 방향으로 발전하게 되었다(표 7-1). 조지아 드리니시 유적에 발견된 *H. erectus*의 화석은 180만 년 전의 골격과 인도네시아 자바섬에서 발견된 거의 동시대의 골격이 있다.

2008년 러시아 시베리아 남부 알타이 산맥에 있는 데니소바 동굴에서 13세 여아의 분홍색을 띤 작은 손가락 뼈를 발견했다. 스반테 페보팀은 네안데르탈인에 대한 데이터보다 많은 데이터를 D. 라이크에게 분석을 의뢰했다. 그 뼈의 미토콘드리아 DNA에서 발견한 변이의 수는 현대인과 네안데르탈인 양쪽과 대략 80만~100만 년 전 분리된 구인류 집단임을 알게 되었다. 이 여아는 어머니가 **약 12만-4만년 전**까지 살았던 네안데르탈인의 후손이었고, 아버지는 비슷한 시기에 아시아에 살았던 혼혈 데니소바인(먼 조상 중 네안데르탈인이 한 명 이상 있는 혼혈)의 이종교배 혼혈아이었다.

오랫동안 동유아시아에 자리 잡았던 계통의 화석이 1907년 독일의 하이델베르그에서 발견된 큰 두개골(H. 하이델베르겐시스)인데, 60만 년 전의 것으로 현생인류와 네안데르탈인의 조상일 가능성이 높은데 데니소바인 및 오스트랄로 데니소바인의 조상이기도 한 것 같다. 이 4집단은 큰뇌를 가졌었고 동유라시아에 오래 자리 잡았었고 7만 년 전 후까지 같이 여전히 살고 있었다(D. 라이크)(그림 7-5 참조).

1848년에 지브랄타르에서 네안데르탈인(*neanderthalensis*)의 두개골이 발견되고 1855년에 독일의 뒤셀돌프 부근의 채석장에서도 이들의 화석이 발견되어 연구되었다. 1868년에는 프랑스의 레제이마을의 크로마뇽(Cro-magnon) 암벽에서 화석(*H. sapiens*)이 출토되었다. 스반테 페보 교수는 독일에서 발견된 네안데르탈인 뼈에서 추출한 DNA와 이집트 미이라와 빙하기 인간에서 추출한 고대인류 화석의 DNA를 비교하는 고유전체학 방법으로 연구하였다. 그는 고대 인류화석과 현인류 사이의 미토콘드리아 DNA의 378개 구성염기 간에는 8개의 염기에서 차이가 나지만 네안데르탈인과는 26개의 염기가 차이가 났다. 이를 미국의 펜실베니아 연구진에서도 검증하였다. 고대인과 네안데르탈인은 생활장소와 활동방식에서 차이가 있었지만

4만 5,000년에 걸쳐 일부 교배가 이루어져 현대인의 게놈에 1~4% 정도 남아 있다고 한다.

프랑스 과학자들은 보르도 북부 생세사르마을 부근에서 네안데르탈인의 두개골을 발견하고 생존연대를 측정한 결과 36,300±2,700년 전으로 나타났다는 것이다(1991년 7월 보고). 서부유럽에서 현생인류와 화석은 3만 년 전에 생존한 것으로 추정되는 크로마뇽인이었다. 또 서부유럽의 여러 곳에서 4만 년 전의 개량된 연장들이 발굴된 것으로 미루어 이들이 4만 년 전부터 이곳에 살았을 것이라는 것이다. 따라서 이곳에서는 네안데르탈인과 크로마뇽인이 수천년 동안 같이 살았다는 것이다. 그러나 크로마뇽인이 우수한 연장들을 만들어 사용했고 지식과 문화면에서 훨씬 앞섰고 500명 정도 대집단(사회 형성)을 이루었기 때문에 네안데르탈인들은 숨어서 지냈을 것 같다고 생각한다. 몸집은 컸지만 50명 정도의 집단으로 생활한 네안데르탈인들은 결국 지구의 무대에서 밀려나 사리졌으며 현생인류와는 다른 종으로 보는 것이다.

서남아시아에서 살았던 현생인류인 *H. sapiens*의 유물이 10만 년 전의 것이므로 네안데르탈인과 상당히 오래동산 공존하다가 약 4만 년 전에 현생인류만 살게 되었을 것이라 한다.

5 인류의 신체적 특징

5.1 직립 이족 보행

침팬지는 너클보행(knuckle walking)을 하면서 땅에서 생활한다. 너클보행 시 사용하지 않는 중둔근을 나무에 수직으로 오를 때 많이 이용한다. 인체와 골반의 위치를 조절하는 내외전근과 앞뒤운동에 굴근과 신근을 이용하여 몸의 균형을 잡아주는 중둔근이 좌우로 너무 기울어지는 것을 막음으로써 걷는데 꼭 필요하다. 결국 나무에 오르는 것은 걷기 위한 연습이었던 셈이다.

최근 예일대 마두후수단 벤카데산 교수팀은 발 안쪽 아래를 움푹 들어가게 만든 활 모양의 구조 즉, 가로발목뼈 관절 부위가 휘어져 있어 발바닥을 단단하게 만들어 걷거나 뛸 수 있게 되었다고 했다. 최초로 이족보행의 조상은 600~700만 년 전에 등장한 사헬란트로푸스 차덴시스일 가능성이 높다. 약 440만 년 전에 살던 아르디피테쿠스 라미두스는 이족보행과 나무타기가 모두 가능한 과도기적인 발 구조를 지녔다. 직립이족 보행의 증거가 나온 것은 360만 년 전의 이족보행의 발자국 화석이 탄자니아의 라애틀리에서 발견됨으로써 고형 Australopithecus의 것으로 보고 있다.

전술한 루시는 뇌의 용량은 400g 정도인데 불룩하게 나온 강인한 턱뼈와 긴 팔을 가지고 있어 원숭이의 특징이 엿보인다. 그러나 인간만이 가진 특징인 직립을 했고 걸었음에 틀림없다. 이 화석의 골반모양이 직립에 적합하게 옆으로 다소 넓게 되었고 무릎 관절의 형태도 현세인류처럼 완전하지는 않지만 직립형이다.

이족보행의 신체구조는 인류의 조상이 생활하던 곳이 침팬지의 조상이 살던 살림이 아닌 초원에서의 오랜 생활에 적응한 결과로 보는 것이다. 직립은 멀리 볼 수도 있고 먹다 남은 사냥감을 어깨에 메고 정거리 운반하는 데도 유리했고 빨리 달리거나 맹수로부터 도망가는 데도 유리했을 것이다. 게다가 자유로워진 두 팔은 도구를 만들거나 도구를 들고 사냥하는 등 도구제작과 사냥술을 향상시켰을 것이다. 이것이 인류문화를 싹트게 하는 계기가 되었다. 인류문화는 뇌 용량이 커지기 전에 직립 보행에 의하여 그 첫 단계가 시작된 것이다.

5.2 손의 사용

두 팔을 자유로이 사용하면서 손의 구조도 정교하게 발달하였다. 손은 석기를 만들고 다듬었으며 몽둥이와 창으로 사냥하는 데 사용하였을 것이다. 그러는 동안에 쥐고, 던지고, 비트는 일을 잘 할 수 있게 되었다. *Paranthropus robustus*(후에 *A. robustus*로 인정)는 약 200만 년 전의 화석으로 보는데 뇌용량은 500g정도로 돌연장을 만들었다. 이들은 손의 구조가 발달하였는데 엄지손가락뼈가 현세인의 것과 비슷하다. 침팬지는 엄지손가락과 검지손가락으로 구슬을 쥘 수 없지만 현세인은 쉽게 쥘 수 있고, *A. robustus*도 쥘 수 있었을 것이다. *A. afarensis*의 엄지손가락뼈는 침팬지와 비슷하여 침팬지처럼 엄지손가락으로 잡지 못하였을 것이다.

손을 사용하는 인류는 손과 손가락의 구조가 침팬지 등과 차이가 날 뿐 아니라 그 작용 또한 정교한 솜씨를 발휘할 수 있다. 엄지손가락의 도움 없이는 글씨쓰기도 힘들고 비트는 스위치를 잘 작동시키지 못한다. 손가락은 3개씩의 마디가 있어 안팎으로 좌우로 움직이고 엄지손가락도 안쪽과 회전동작을 하므로 '자유도 4'라 한다. 다섯 손가락의 자유도는 20이다. 사람의 팔은 상하, 좌우, 앞뒤, 회전을 할 수 있어 '자유도 6'이다.

우리가 종이컵의 커피를 정확하게 마실 수 있다. 커피를 마시겠다는 의지가 운동신경을 통하여 손의 근육에 전달되고 손의 근육과 관절이 적당한 힘으로 컵을 쥐고 팔의 운동으로 마시는데 이것은 수의운동이다. 너무 세게 쥐면 컵이 찌그러질 것이고 너무 약하게 쥐면 컵을 떨어뜨릴 것이다. 컵을 쥐는 것과 적당한 힘을 주는 것은 시각과 피부로부터 오는 감각정보 뿐만 아니라 근육에 있는 건방추와 건 속에 있는 골지기관의 감각정보가 중추에 전달되어 되돌아오는 되먹임(feedback)으로 자동조절(self control)되는 수정이 계속되기 때문이다. 운동의 지령은 대뇌피질의 운동중추에서 하지만 동작을 반사적으로 수정하면서 전체적으로 조정통제하는 것은 소뇌가 담당한다. 소뇌가 손상되면 컵을 쥐거나 입에 대는 것이 어렵게 된다.

5.3 성대의 발달

인류가 말을 한다는 것은 인간으로써의 특권을 누릴 수 있는 의사전달의 수단이다. 말은 다른 한 사람에게 행해지기도 하지만 대량전달 수단으로도 이용된다. 말을 할려면 성대구조가 발달되어야 하는데 인류의 조상은 언제부터 이러한 구조를 가질 수 있었는가? *A. afarensis*는 직립 보행하였지만 약간 구부정하게 걸었으며 목구멍이 좁아서 성대가 발달되지 못하였으며 따라서 여러 가지 소리를 낼 수 없어 말을 할 수 없었다. 꼬끼오하고 크게 우는 수탉의 경고 울음은 텃세권의 행사인데, 꼬꼬댁거리는 소리는 암탉이 알을 낳은 뒤 내는 소리다. 개도 짖고 울고 끵끵거리는 등 몇 가지 소리를 낸다. 오늘날 침팬지를 비롯한 원숭이들이 37종의 소리를 낸다고 한다. 이 중에 동물의 발성은 으르렁거림, 꿀꿀거림, 기침소리, 찢는 소리, 그르륵거림(목구멍소리) 등인데 이것은 말(언어)이라기 보다 단순한 통신에 불과하다. *A. afarensis*도 발성과 행동이 침팬지만 못하지 않았을 것이다. *Homo erectus*는 30여 명 또는 그 이하의 작은 무리의 개체 사이에 원시적인 근대 인류에 근접한 어느 수준까지의 통신이 되었음에 틀림없지만 *H. erectus*의 언어에 대한 증거는 없다. 말하는 능력을 나타내는 해부학적 구조도 발견되지 않고 있다(G. D. Brown. 1995).

그러나 다른 설명에서는 직립이 완성된 160만 년 전의 *H. erectus*는 소리를 진동시킬 수 있는 목구멍의 공간이 넓어지고 목구멍의 변화가 음성언어를 낼 수 있었다는 주장도 있다. 이들은 직립으로 무거워진 뇌도 감당할 수 있어 뇌 용량은 900g정도로 *A. afarensis*의 거의 2배에 이르렀다. 그러나 인류의 상징인 커다란 뇌의 발달도 인류가 직립할 수 있는 다리, 연장을 만들 수 있는 손과 이들의 특수한 신체구조를 작동시키는 내부의 골격과 근육이 발달된 후에 이루어진 것이다.

현행언어 중 영어나 중국어 등이 10억 명 이상의 사람이 사용하겠지만 백 명 정도가 사용하는 언어도 있다고 한다. 7,000종의 언어가 통용되고 있지만 그린버그(J. H. Greenberg)는 12상위어족으로 분류한다. 인도에서는 비공식 언어 400여개, 공식 언어 18개, 뉴델리 간판에는 힌디어, 펀자브어, 우르더어, 영어가 쓰여 있다. 한편 유럽에서는 인터넷 콘텐츠가 영어, 프랑스어 등 주요 언어 위주로 구성되어 소수언어가 위협받고 있다. 아이슬란드는 전체 인구 34만 여명이지만 엣 노르드어를 지키면서 사용하지만 15세 이하에서는

4명 중 한 명은 이미 모국어를 사용하는데 어려움을 느끼고 있다. 유네스코는 2100년까지 전 세계 언어 절반이 소멸될 것으로 보고 있다.

인간의 대뇌에는 연합중추가 있고 앞쪽에 있는 전언어충추(브로카령)는 성대에 작용하여 발성운동을 일으켜 말이 되도록 한다. 뒤쪽에 있는 후언어중추(해석, 베르니케령)는 청각중추에서 받아들인 음성을 언어로서 이해하도록 작용하는 부위이다. 이러한 언어중추가 손상되면 말을 할 수 없거나 알아듣지 못하게 된다(그림 8-11 참조).

6 문명의 개발과 문화의 창조

6.1 석기의 제작과 초기문명의 발전

인류는 오래 전부터 석기를 만들어 사용하였다. 250만 년 전의 *H. habilis*가 살지 않았던 지층에서 석기가 발견되었지만 *H. habilis*가 살았던 탄자니아의 올두바이 제1지층에서 180만 년 전의 주거지와 여러 종류의 올도완 역석기(Oldowan artifact)들이 발견되었다. 여기서 발견된 긁개(scoraper), 찍개(chopper), 격지(flake), 석핵(core)들은 연장을 써서 돌을 깨뜨려 석기를 만드는 타제석기로 구석기 문명을 형성한 것이다. 이 지층에는 아슐리안형 주먹도끼(Acheulean hand axes)를 포함한 여러 가지 석기를 이용하여 코끼리, 멧돼지, 비비원숭이와 같은 대형동물을 집단적으로 사냥한 것으로 보고 있다.

160만 년 전의 주먹토끼는 동아프리카에서 발견되었는데 울두바이 제2지층에서는 자르개(cleaver), 찍개, 격지, 긁개 등 제1지층보다 발전된 돌도구가 나왔다. 30만 년 전의 주먹도끼가 북프랑스의 새인트 아슐에서 출토되어 아슐리안형 **주먹도끼** 또는 아슐리안 아상블라주(assemblage)라 부른다. 주먹도끼는 아프리카에서 만들어지기 시작하여 유럽으로 전파되고 인도까지 전해졌는데 10만 년 전까지 제작되었다.

약 20만 년 전부터 약 4만 년 전까지 생활했던 *H. neanderthalensis*의 유적지에서는 개량된 주먹도끼와 석핵 및 창, 곤봉 등이 발견되고 그 외 찌르개(point), 톱니날 석기, 톱니날 격지, 돌칼, 긁개 등과 뼈로 만든 도구도 나왔다. 이들의 도구는 프랑스의 무스티에 동굴에서 발굴되어 무스테리안 문화(Mousterian stone age)라 부르는데 이전의 석기보다 진보한 것이고 새로운 도구들도 개발하였다.

3만 5천~1만 년 전에 살았던 *H. sapiens sapines*의 후기 구석기 문화에서는 석기제작이 더욱 정교해졌다. 얇고 작은 석기들도 만들었다. 골각기도 많이 사용하였고 동굴에 예술성 있는 벽화도 남기었다(그림 7-7).

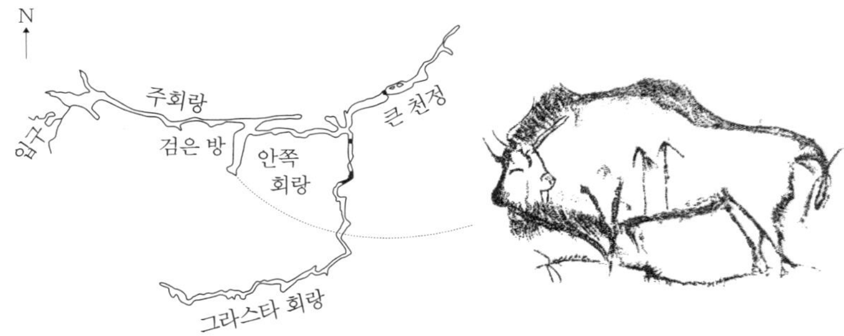

그림 7-7 프랑스의 니오 동굴의 지도

이 동굴은 15,000년 전에 후기 구석기인류가 살았던 곳이다. 입구에서 800m 떨어져 있는 '검은 방'에서 벽화가 발견되었다. 오른쪽 그림은 큰 벽화의 일부이다(출처: 이영록, 인류의 기원, 1995).

1만 2천 년 전부터 마제 석기로 변한 신석기에서는 인류의 문화발전에 획기적인 변화가 일어났다. 9부 II에서 가축사육과 농경 등을 설명하지만 농업혁명이 일어나고 집단생활에 의한 사회화는 새로운 질서와 영적 생활까지 가능하게 하였다.

6.2 불의 이용과 문화의 변모

케냐의 체소완자(Chesowanja)유적에서 140만 년 전의 재층이 발견되고 남아프리카의 스워트크란스(Swartkrans)에서 150~100만 년 전의 불에 탄 동물 뼈가 발견되는데 *A. robustus*와 *H.erectus*가 살았던 곳으로 추정되는 곳이다.

프랑스 남부 니스(Nice) 근처에서 불을 피운 흔적을 발견하였는데 75만 년 전의 것으로 추정한다. 중국의 북경 근처 주구점(周口店)에서 *H. erectus (Sinanthropus pekinensis)*의 생활상을 알 수 있는 많은 유적들을 발견하였다. 강이 절벽의 발치에 있어 물을 쉽게 취할 수 있었고 초원도 펼쳐져 있어 초식동물들을 사냥하기도 쉬웠을 것이다. 유적에서 노루, 말, 들소, 늑대 등의 뼈와 여러 군데의 재층이 발견되었고 그 전시대의 운남성 유적에서도 재를 발견하였다. 또 전기 구석기의 화로터를 유럽의 여러 지역에서 발견하였다. 그 이후의 인류들도 불을 활용하였다.

불의 사용은 인간의 역사와 사회적 진화과정에서 가장 중요한 하나의 단계였을 것이다. 불을 사용함으로써 추위를 막을 수 있어 생활영역을 확대해 나갔으며 무서운 약탈자를 물리칠 수 있었을 것이다. 음식을 더 맛있게 하여 먹고 소화를 쉽게 할 수 있어 식량의 범위를 확대하였을 것이다.

신석기 시대에 와서 마제석기를 사용하였는데 그 외에 사용한 토기를 단단하게 굽는데 불이 있어야 했고, 청동기문화와 철기문화는 구리와 같은 금속과 그 다음 청동, 철이 필요했지만 불의 도움으로 도구나 무기를 만들었기에 가능하였다.

6.3 기술의 거인

상술한 바와 같이 인류는 오래 전부터 돌, 나무, 뼈, 뿐만 아니라 가죽, 나뭇잎, 흙 등 주변의 재료들을 이용하여 연장을 만들거나 움막을 만들었다. 가죽으로는 의복을 만들고 동굴의 입구를 가리거나 천막을 만들기도 하였다. 20만 년 전에 출현한 현생인류 *H. sapiens* Lin.(Man, the reasoner)는 이성과 지능을 발휘하여 그들의 조상보다 훨씬 발전된 기술문명과 문화를 창조해 나갔으며 다양한 생활터전을 개척해 나갔다. 이들의 기술적 능력은 흔히 H. faber (공작인)라는 다른 측면도 있다. 이들은 털 없는, 호기심 많은 존재((the naked ape, curious giant ; Desmond Morris)이기도 하다. 공작인은 기술과 예술을 만들고 이성인은 종교, 철학, 과학을 만들었다. 이러한 인간능력의 산물이 종합되어 인간의 문화가 이루어진 것이다.

기술의 거인인 인간은 철기시대를 지나 17세기의 과학혁명, 18세기의 산업혁명, 19세기의 전기통신기술을 가져와 그 문명사회를 변화시켰다. 20세기는 과학기술 지식의 폭발시대로 원자력시대, 우주시대, 컴퓨터시대, 의료기술혁신시대, DNA산업(유전공학)시대를 한꺼번에 맞이하게 된 것이다. 21세기의 기술은 과거의 기술이 경험에 의존했던 것과는 달리 첨단과학에 밀착되어 그 발전은 예상을 훨씬 앞지르고 있다. 이러한 기술적 발전은 거인의 본모습을 여실히 드러내지만 이러한 거인의 모습에서 과거 지구를 지배했던 거대한 공룡의 느낌을 떠올리게 된다.

기술의 발전이 빈부의 격차를 더욱 심화시키고 있다. 부가 편재되고 의식주에서 불편한 상황에 있는 현대인은 3/4이나 된다고 한다. 분배의 문제를 야기하는 수많은 장벽이 엄존하기 때문이다. 인구는 폭발적으로 증가하였고 현대생활 자체는 엄청난 정신적 스트레스를 야기하여 파국을 직면하고 있다. 원자탄에 의한 대량파괴살상, 원자력 발전소의 대형사고 등은 이미 경험하였고 환경호르몬의 위해와 기후온난화의 피해, 컴퓨터 바이러스 해킹, 가상화폐의 악용, 여러 가지 바이러스 펜데믹이 계속되어 전 세계에서 유사이래 최대의 인명 희생과 여러 사회적 손실을 당하고 있다.

6.4 문화창조의 원천과 인간정신의 위대성

대뇌피질의 종합중추에는 전후에 언어중추가 포함되어 있다. 전언어중추는 성대근육에 운동지령을 보내어 말로서 발성되도록 하며 후언어중추는 청각중추가 받아들인 음성을 말로서 이해하는 부위이다. 인간은 이러한 종합중추(綜合中樞)와 언어중추(言語中樞)(그림 8-11)에 의한 언어활동과 인식력에 따라서 정보를 분석하는 데에 많은 질적 진보를 가져 왔다. 감각은 몇 동물보다 더 예민하지 않지만(그림 7-8 참조) 인간의 신경계는 고도의 연합력(連合力, associative power)에 의하여 더 정교하게 추상화할 수 있다. 인간이 언어를 개발함으로써 인간문화에 생물학적 기초를 마련하였다고 볼 수 있다. 언어를 통하여 정보를 축적하고 문자를 발명하여 이를 기록함으로써 문화를 발전시킬 수 있는 것이다(그림 7-9 참조). 이렇게 발전된 문화는 후세대에 전승되어 더욱 발전된 문화로 개선되며 유전정보는 후성정보로도 작용할 것이다. 현재 우리는 일상에서 한시도 벗어날 수 없는 디지털 문명에까지 이르렀다(10장 III 참조).

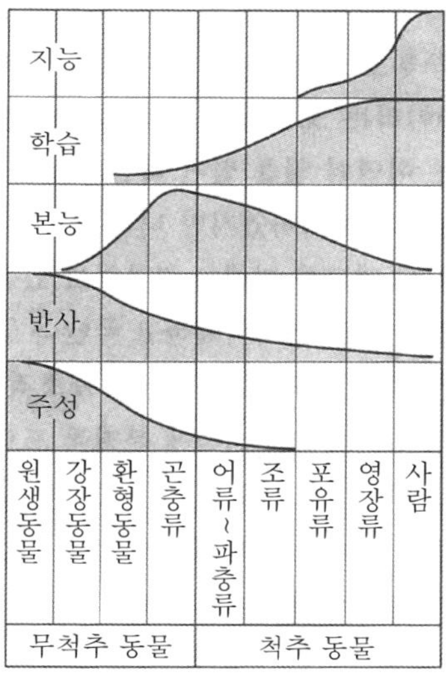

그림 7-8 동물의 반사본능 행동과 사람의 학습지능 행동

인간의 행동은 의식적 활동으로 루리아(S.E. Luria)는 다음과 같이 기술하였다. 인간의 의식적 활동은 정신(mind)의 불가피한 이중성을 나타낸다. 이 정신은 생물학적 진화에 의하여 창조되며 학습, 경험, 사회적 교제를 통하여 각 개인 속에 완성된 도구이다. 대부분의 인류가 삶의 경험에서 고통스럽게

실감하는 바와 같이 정신의 이중성은 모든 생물 중에서 유독 인간에게 감당할 수 없는 부담을 주고 있다. 즉 실존주의 철학자들이 인간조건의 어리석음이라고 부르고 있는 각 개인의 무상과 필연적인 죽음을 지각하는 부담인 것이다.

그러나 대부분의 인간은 절망하지 않는다. 그들은 생의 어리석음에 대한 고뇌를 도피하기 위하여 함부로 자결하지 않는다. 볼테르(Voltaire)는 「깡디드」(Candide, 1759)라는 소설에서 질책당하고, 불구가 되었으며, 수백 번 더럽혀진 늙은 여인의 입을 빌어 다음과 같이 말하고 있다. "수백 번 나 자신을 죽일려고 생각하였지만 나는 여전히 생을 사랑하였다."

맹목적 진화가 또 다시 미묘한 지혜로 작용하고 있음을 깨달음에서 인류는 정당화된다. 진화는 인간을 의식화하고 극단적 공포 속에 노출시키는 반면 자연구조를 통해 인간 정신 속에 어떤 보호적 보상 특성을 넣어 주고 있다. 인류의 진화는 인간 두뇌 속에 본질적 프로그램, 즉 예술과 기쁨과 희망 등의 낙관주의의 깊은 근원과 정신력에 대한 확신, 동료 인간에 대한 관심, 인간 특유의 위험의 추구에서의 자존심 등을 개척해 주는 프로그램을 새겨 주고 있을 것이다.

이러한 본질적 프로그램을 가진 인간 두뇌(8-11 참조)는 인류가 처하고 있으며 앞으로 당하게 될 갖가지 문제에 대하여 모험적 연구를 수행할 것이며 이러한 연구 가운데서 희망적 대책을 발견하게 될지 모른다. 인구, 식량, 자원. 환경, 공해, 정신력. 수명, 질병, 신체장애 등 인류 공통의 제문제에 대하여 생명과학은 그 어느 시대보다도 더 심각한 도전을 받고 있으며, 최근의 유전공학, 신경공학, 장기이식 등 생체공학의 적용과 계속적인 연구, 특히 잦아든 펜데믹의 효과적 대응 등 생명과학의 역할이 점점 더 중차대하게 되었다.

자유의지에 대하여 후성유전학인 고찰이 필요한 것 같다. 인간의 유전자가 인간의 뇌를 만들지만, 학습하면서 고도의 문화적 영향을 수용하며 뇌의 활동에 의한 자유의지는 상황 판단에 따라 다양한 방식으로 표출될 것이다. 인류는 고유의 자유를 보유한 존재(10장 II 참조)로서 고차원적인 정신을 발휘할 수 있어야 하고 자유를 누리면서 보장받는 시대가 요구되고 있다.

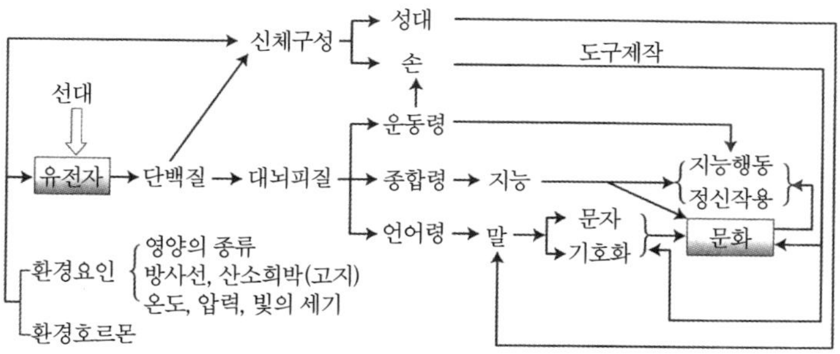

그림 7-9 유전자와 문화

사람의 유전자는 사람의 단백질을 만들고 신체와 대뇌피질을 이루는 주성분이 된다. 인간의 지능과 문자를 통한 정보의 전달은 문화를 발전시킨다. 문화는 인간의 행동과 정신에 영향을 주고, 영양조건, 위생관념. 관습, 전통과 같은 문화적 미케니즘은 유전적 미케니즘과 더불어 육체와 정신 형성에 태아에서부터 깊이 관여한다. 여러 가지 환경요인은 유전자에 영향을 주고 신체구성이나 신체에 지대한 영향을 준다.

8장

인체의 조절과 통합 작용

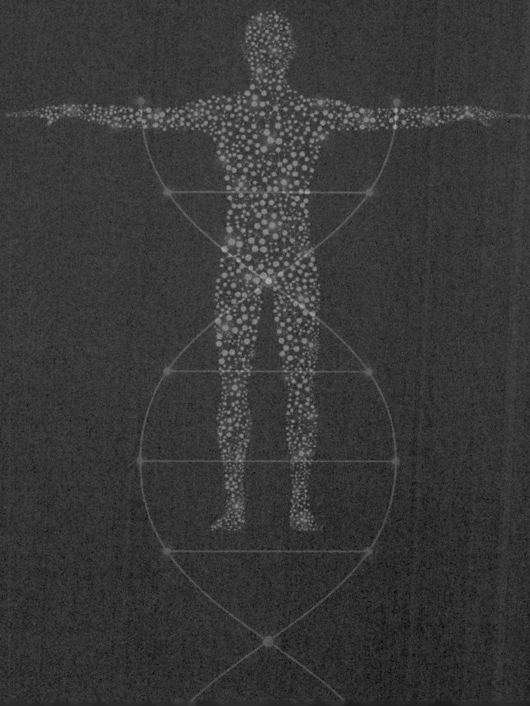

1 신경계의 기능적 단위

인체의 정보 운반은 두 가지 방법으로 수행되고 있다. 이 중 일차적인 방법은 체내의 다른 특정 부분에서 강한 작용을 나타내는 활성적인 화학물질의 확산 또는 순환이다. 호르몬이라고 하는 이 화학물질은 다세포동물에서 대단한 중요성을 가지며, 개체 간의 연락 수단으로 단세포생물에서도 작용한다. 다른 연락 방법은 빠르고 특이한 정보 전달로써 신경계는 이러한 요구에 응하기 위해 진화되어 있다.

1.1 신경세포(뉴런)

신경계의 기능적 단위는 뉴런(neuron)이다(그림 8-1). 척추동물에서는 뉴런의 많은 수가 중추신경계를 이루는 뇌와 척수에 모여 있다. 예외적인 것은 눈의 망막과 내장 활동의 무의식적 조절에서 비교적 뇌와 독립적으로 작용하는 자율신경계의 세포들이다. 뉴런의 모양은 다양한 변이가 있으나 일반적인 특징을 공유하고 있다. 세포체(cell body, soma)는 핵을 가지며, 대사 기구와 합성 장치가 있다. 보통 두 개 또는 그 이상의 돌기가 세포체에서 나간다. 이 돌기들이 다른 세포의 입력(input)을 받아들이거나 다른 세포에 시냅스 출력(synaptic output)을 제공하도록 기능적으로 분화되어 있다. 이 돌기 중 하나가 세포체에서 절단되면 변성되는데, 그 대신 세포체는 새로운 돌기를 재생시킬 수 있는 능력을 가지고 있다.

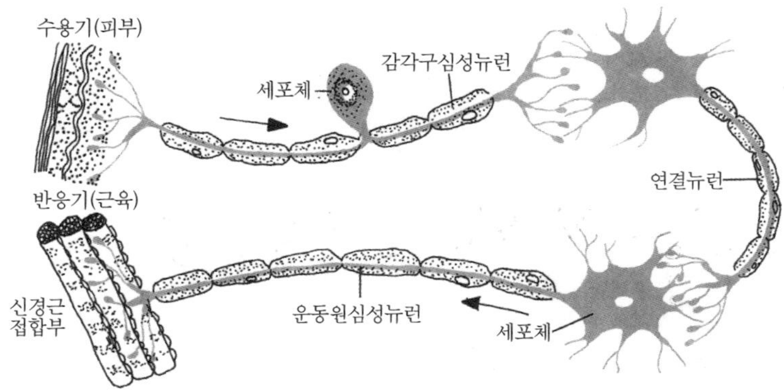

그림 8-1 감각뉴런, 연결뉴런, 운동뉴런과 그 시냅스 및 입력과 출력 방향, 운동뉴런의 말단은 분비성 선세포와 시냅스되어 신경선 접합부를 이루기도 하며, 여러 가지 다른 반응기에도 시냅스될 수 있다.

전형적인 뉴런은 한 끝에 여러 개의 수상돌기(dendrite)와 다른 끝에 하나의 축삭돌기(axon)를 가지는 다극성(multipolar)이다. 수상돌기는 비교적 짧고 굵은 불규칙적인 모양의 가지가 난 돌기로서, 대분분의 입력을 받아들인다. 축삭돌기는 가늘고 훨씬 긴 하나의 돌기인데, 종말지점까지 소수의 가지(측부돌기, collateral branch)를 가질 수도 있으며, 다른 세포에 작용하기 위해 긴 거리를 달리고 있다. 동물에서 축삭돌기는 수m 길이에 달하는 것도 있으며, 세포 축삭형질(axoplasm)의 대부분을 포함하고 있다.

척추동물의 말초신경계는 척수의 각 분절과 뇌의 기저에서 나오는 축삭돌기, 즉 신경돌기의 다발로 이루어지고 있다. 돌기의 다수는 배근신경절(dorsal root ganglia)에서 척수 가까이에 위치한 위쌍극성(pseudobipolar) 감각뉴런의 구심성 돌기이다. 이 돌기들은 수용기 부위로부터 중추신경계로 정보를 운반한다. 말초신경의 나머지 섬유들은 다극성 운동뉴런의 축삭돌기이다(그림 8-2). 이 돌기들은 원심성 명령을 근육, 선(gland) 및 다른 반응기 기관(effector organ)에 운반한다. 감각적 입력과 원심성 유출 사이에 감각성 통신을 구별, 비교, 통합하며, 행동을 구성하는 복합반응을 공식화하는 중추신경계가 있다.

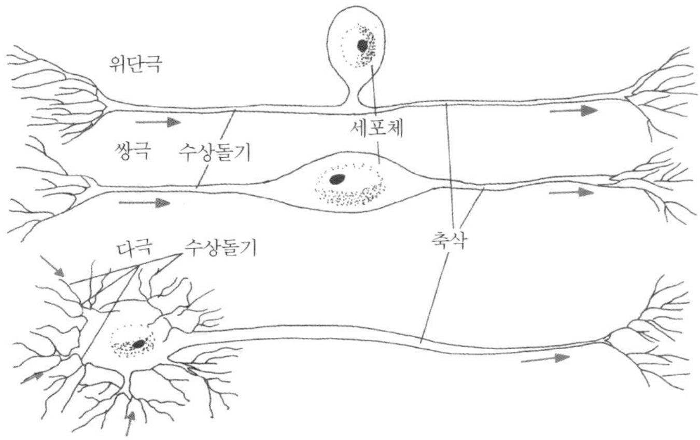

그림 8-2 위단극뉴런, 쌍극뉴런, 다극뉴런의 구조와 작용 방향

1.2 신경교세포

소수의 무척추동물에서 모든 축삭돌기는 수초로 싸여져 있지 않은 채 노출되어 있다. 그러나 이것은 드문 경우이다. 대부분의 무척추동물과 모든 척추동물은 축삭돌기의 많은 부분이 1층 이상의 부수체(신경교, glia cell) 세포조직층으로 싸여져 있다. 교세포에는 세가지의 주요한 형태가 있다. 성상교세포(星狀膠細胞, astrocyte)는 교세포 중에서 가장 크고 많은데, 희돌기교세포와 함께 돌기를 신경의 세포체와 축삭에 직접 접촉한다. 또 돌기의 말단이 혈관에 분포해 있어(그림 8-3) 혈액 물질을 수송하는 중개자로 작용한

다. 뉴런에 포도당을 공급하고 노폐물인 암모니아를 제거한다. 배아에서는 뉴런의 생장을 촉진하는 생장인자를 분비한다. 희돌기교세포(稀突起膠細胞, oligodendroglia cell, 그림 8-3)는 많게는 40개의 축삭이 수초(미엘린초)를 만들어 중추신경계와 밀접하게 연관된다. 시반세포(schwann cell)는 뇌 이외의 말초신경의 수초화(myelination)에 작용한다(그림 8-4).

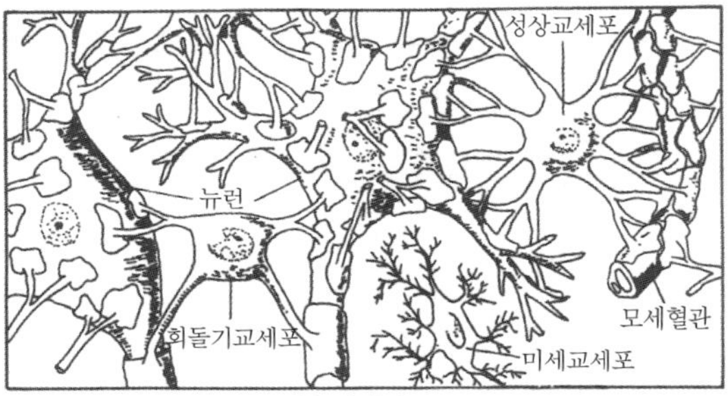

(a) 회백질

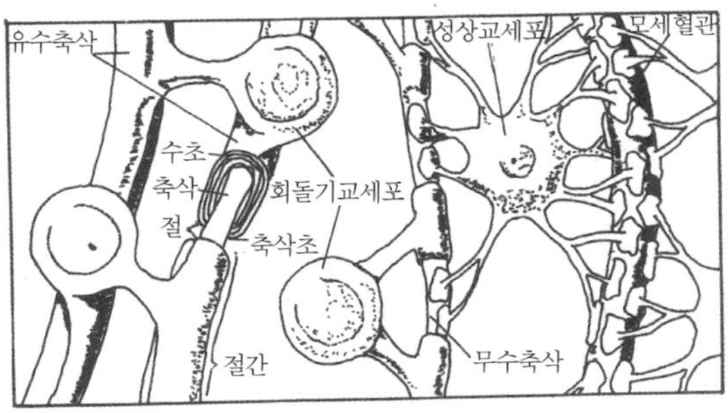

(b) 백질

그림 8-3 중추신경계의 신경조직.

(a) 중요 교세포와 신경세포체 사이의 관계를 나타내는 회백질의 모식도와
(b) 교세포와 축삭 사이의 관계를 나타내는 백질의 비교도(Martini 참고).

미세교세포(microglia)는 다른 교세포보다 작고, 미세한 많은 돌기를 가지고 있다. 또한 미세교세포는 신경조직 내를 이동할 수 있다. 미세교세포는 모세혈관벽을 통해 신경조직으로 이동한 식균작용을 하는 백혈구의 일종인 대

식세포처럼 특화되어 감염에 대한 방어(면역)기능을 한다. 신경교세포는 특히 무척추동물에서 거대세포이며, 큰 막전위와 한 세포에서 다른 세포로 낮은 전기저항접촉을 가진다. 신경교세포는 뉴런에 대한 구조적 지지로서 중요하며, 신경 성분의 변성과 재생에 관여한다는 것이 알려졌다. 더구나 뉴런이 발생 동안에 신경계의 한 영역으로부터 다른 영역으로 이동할 때 신경교세포를 안내자 또는 표시자로서 이용하는 것 같이 보인다고 한 기록도 있다.

신경교세포는 세포의 공간을 통한 물질의 자유로운 확산에 대해 혈액-뇌 장벽을 형성하고 이 세포가 일반적으로 미토콘드리아, 소포체, 글리코겐, 지방 과립을 많이 가졌기 때문에 일차적 기능은 영양물과 노폐물의 생성교환이라고 설명될 수 있다.

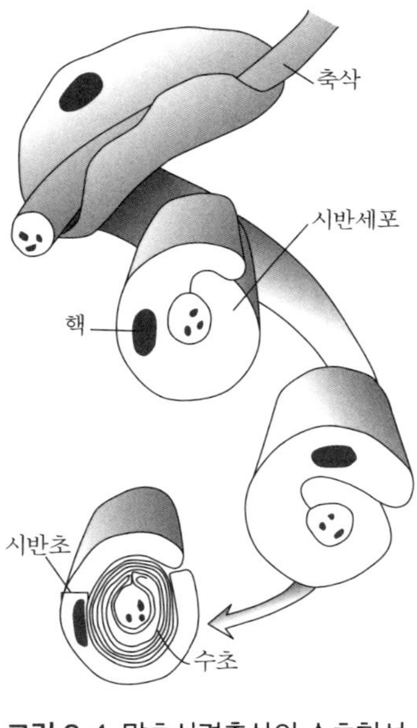

그림 8-4 말초신경축삭의 수초형성.
시반세포의 세포막이 축삭을 연속적으로 둘러싸서 수초를 형성하며,
시반 세포의 세포질은 수초의 외부로 밀려난다.

2010년 이창준 박사는 성상교세포에서 억제성 물질인 가바(GABA, 감마-아미노뷰티르산)가 분비된다고 발표하였다. 2012년에는 성상교세포에서 홍

분성 물질인 글루타메이트도 분비된다고 밝혔다. 2014년에는 알츠하이머성 치매 환자에게서 가바가 과잉 분비해 기억 장애를 일으킴을 확인하였다. 아밀로이드 베타 같은 독성 물질은 성상교세포의 부피를 크게 하고 돌기의 수도 증가시킨다. 이러한 중증 반응성 성상교세포는 많은 과산화수소를 생성하여 뉴런을 사멸시키고 치매, 파킨슨병, 뇌졸중 등을 일으킨다. 파킨슨병, 뇌졸중 등을 일으킨다. 치매치료제는 레켐비, 도네페질, 리바스티그민, KDS2010 등이 있다.

2 신경회로의 특이성과 신경계의 구성과 기능

2.1 신경회로의 특이성

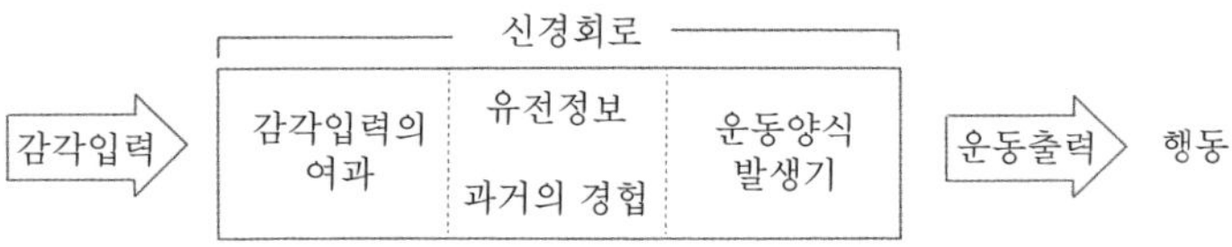

그림 8-5 중추신경계의 중요한 기능적 분할

유전정보와 과거의 경험이 중추신경계의 체제에 영향을 미친다. 중추신경계는 감각 입력을 처리하는 부위, 여러 가지 입력을 통합하고 이들이 과거 감각입력에 의해 영향을 받아서 결정을 내리는 연합회로(associative circuits) 및 적절한 신경운동 출력을 일으키는 신경망으로 구분된다(Eckert and Randall).

신경연결의 특이성은 뮬러(Johannes Müller)가 감각의 양상은 감각기관이 받은 자극의 성질보다는 오히려 자극에 의해 활성화된 신경섬유가 중추신경계에서 어떻게 연결되었느냐에 따라 결정된다고 말함으로써 그 중요성이 인정되었다. 여러 가지 감각이 뇌의 할당된 부위에서 나타나는데(그림 8-10), 실제로 이러한 부위에 전기자극을 직접 주게 되면 그 부위에 해당하는 감각기관을 자극시켰을 때 일어나는 감각과 동일한 주관적 의식의 감각을 일으킨다.

두 번째의 특이성은 개개의 뉴런이 가지고 있는 시냅스 성질과 전기적 성질이 각 뉴런에 부딪치는 시냅스 신호의 총합에 대해 반응하는 방법을 결정해 준다는 것이다. 뉴런이 이루는 연결에 의해 각 활성적 뉴런은 다시 그 다음 뉴런을 활성화시킨다.

신경계의 세 번째 특이성은 기능의 복잡성과 다양성이 신호의 다양성에 의해서 이루어지는 것이 아니고, 신경회로의 복잡성과 다양성에 의해 이루어진다는 것이다. 신호의 두 가지 기본종류는 ① 전도되고 다냐 아니냐의 성질을 가진 활동전위(action potential)와 ② 비전도성이고 다냐 아니냐가 아닌 단계적인 시냅스 전위와 수용기전위로서, 그림 8-6에서 볼 수 있다.

이런한 뉴런의 신경망은 몇 가지 주요 범주로 구별되는데(그림 8-5), 그 하나인 감각성 여과망(sensory filter network)은 복잡한 감각입력 중 특정한 것만 통과시키고 다른 것은 버림으로써 특정한 종류의 정보에 대한 선택적 여과기(selective filter)로서 작용한다. 이것은 수용기세포와 그 부속구조가 가지고 있는 에너지 여과성질과는 다르다.

다른 범주인 운동양식발생기(pattern generator)는 이동이나 호흡과 같은 입체운동을 일으키는 것으로, 이러한 운동양식신경망(pattern network)은 그들이 받은 정보보다 더 많은 것을 보낸다. 그래서 이러한 정보 중에는 유전물질에서 온 것도 있고, 과거의 경험에서 온 것도 있다. 어떤 운동양식발생기의 출력은 주기적인 것(이동과 호흡의 조절)도 있고, 비주기적인 것(개구리나 두꺼비가 곤충을 잡을 때 혀의 돌출조절)도 있다.

이보다 더 중요한 것이 일반적인 종류의 신경망인 반사궁(reflex arc)으로, 여기서는 감각입력의 순간적인 변화가 즉각적인 입체형 운동출력을 일으킨다. 어떤 반사에는 입력 쪽에 여과신경망이 관여하고, 출력 쪽에 프로그램된 운동양식발생기가 작용한다(그림 8-5 참조). 가장 간단한 반사들(예를 들면 무릎반사)은 어떠한 종류의 신경망도 포함하지 않는다.

이동출력의 발생에 관해서는 오랫동안 의문시되어 왔다. 이는 어느 정도가 순간적인 감각입력에 의해 결정되고, 어느 정도가 그에 관계없이 운동양식 발생성 신경망의 자율적인 운동출력에 의해 생기는지 확실하지 않으나 이 둘이 이동하는 데에 중요한 역할을 하는 것만은 확실하다.

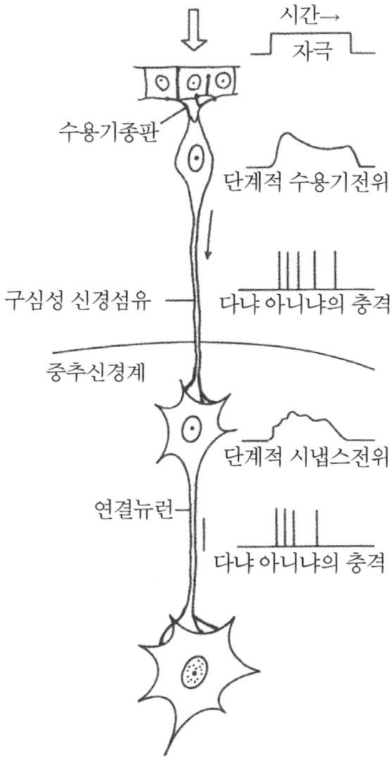

그림 8-6 신경계에서 교대로 이어지는 단계적 전기신호와 다냐 아니냐의 전기신호

구심성 신경세포의 감각성 말단에 생긴 수용기전위는 자극과 비슷한데, 이러한 전류는 세포체를 통해 흘러서 축삭에서 다냐 아니냐의 활동전위를 일으킨다. 말단에 도달하자마자 활동전위는 전달물질을 방출시키고, 이는 다음 뉴런에서 단계적 시냅스 역치(spike threshold)에 도달되면 새로운 일련의 활동전위가 시작된다(Ecket and Randall).

뉴런이 어떻게 체제화되느냐에 따라 신경망의 기능이 결정된다. 정보이론가에 의하면 이러한 신경망의 특징이 생화학적 및 구조적 정보(신경망 정보)를 이루고 이들은 신경망이 운동출력을 생성하기 위해 감각정보를 분석하는 데 사용하는 것들이다. 신경망의 체제에 대한 기본정보는 그 종의 유전물질 속에 들어 있는데 더 고등한 동물에서는 이러한 신경망이 경험, 즉 학습에 의해서 수정될 수 있다.

2.2 신경계의 구성

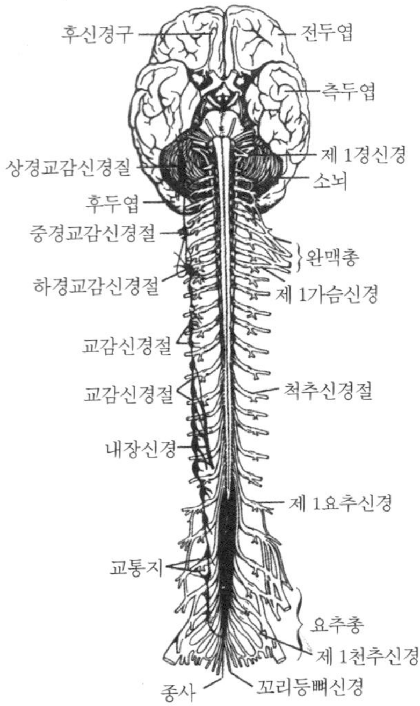

그림 8-7 사람의 뇌와 척수

흔적적인 체절이 뇌와 척수의 신경뉴런의 형태로 존재한다(Neal & Rand).

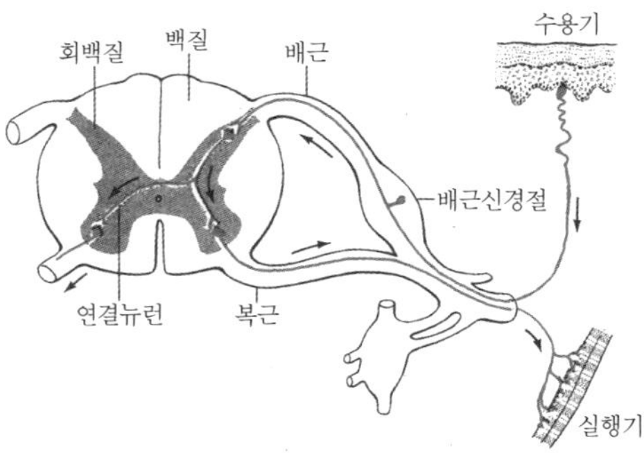

그림 8-8 척추동물의 척수와 체절근의 횡단면도

피부의 수용기 말단과 골격근의 신경 분포 사이에 중복시냅스 반사궁을 형성하는 뉴런들이 있다. 척수 바로 옆의 척수신경절에 구심성 뉴런의 세포체가 있다(Montagna).

사람의 뇌와 척수는 중추신경계(그림 8-7)로써 구심성(감각) 신경섬유 [afferent(sensory) nerve fiber]가 뇌신경(cranial nerve)과 척수신경(spinal nerve)의 배근을 통해서 중추신경계로 들어가는 반면, 원심성(운동) 신경섬유 [efferent(motor) nerve fiber]는 복근을 통해서 중추신경계에서 나간다는 것이다(그림 8-7, 8). 운동 축삭은 척수의 복각(ventral horn)에 위치한 세포에서 나오며, 구심성 섬유는 배근이나 척수신경절(spinal ganglia)에 있는 단극성 세포체(monopolar cell body)에서 나온다(그림 8-8). 감각 축삭과 운동 축삭이 배근과 복근으로 분리됨으로써 중추신경계로 들어가는 감각입력이나 중추신경계에서 나오는 운동출력을 선택적으로 자극하거나 절단에 의해 차단할 수 있다.

신경생리학자들에게 또 다른 편리한 점은 척추동물의 중추신경계에서는 어떤 일정 유형의 뉴런수가 엄청나게 많다는 것이다. 척추동물에서 각 골격근은 수백 개의 운동뉴런의 커다란 풀(pool)에서 신경을 받는데 각 뉴런은 최대 백 개의 근섬유로 구성된 운동단위(motor unit)를 조절한다. 각 풀 내에 있는 운동뉴런은 생리학적 성질이 비슷하기 때문에 하나의 운동뉴런에서 얻은 데이터는 사실상 전 풀을 대표한다.

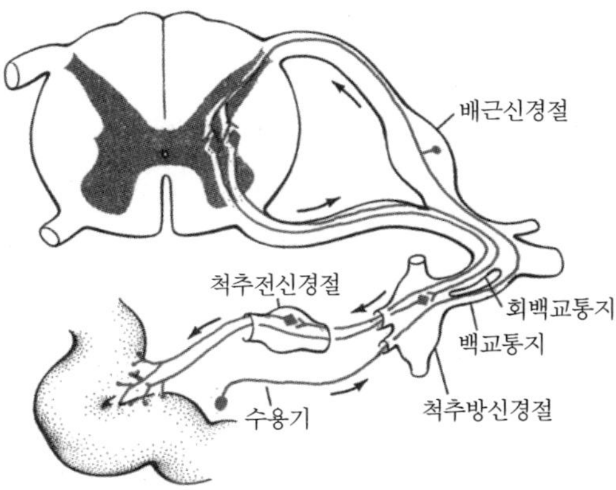

그림 8-9 자율신경반사궁

감각 입력은 자율신경계의 척추방신경절(paravertebral ganglion)을 직접 지나간다. 운동 출력은 척추방신경절이나 척추전신경절(prevertebral ganglion)에서 시냅스되었다(Montagna).

2.3 대뇌의 구조와 기능

뇌는 대뇌, 간뇌, 중뇌, 소뇌, 연수의 다섯 부분으로 구분된다. 대뇌는 두 반구로 나뉘어지며, 신경섬유의 다발에 의하여 서로 연결되어 있다. 대뇌의 포면은 많은 주름이 있고 피질(회백질)부라고 하며 속은 수질(백질)부라고 한다. 이러한 신경계를 이루는 기본 단위는 뉴런(neuron, 신경원)으로서 세포 수준이다(그림 8-2). 사람의 중추신경계는 1,000억개의 막대한 수의 뉴런으로 이루어져 있으며 약 100조에서 1,000조개의 시냅스(synapse, 신경접합부)에 의하여 연결되어 있다.

1967년 미국의 신경과학자 폴 맥린은 뇌의 구조는 가장 안쪽에 뇌간과 소뇌, 기저핵이 있는데 균형감각과 호흡·소화·심장박동·혈압·사냥·싸움·짝짓기·영역지키기 등 생명활동의 기능을 담당하는 부위를 **파충류뇌**라고 불렀다. 바깥으로 시상·시상하부·해마·편도체·전뇌의 회백질·백질 등 대뇌변연계: **포유류뇌**가 발달하면서 집단생활에 유리한 새로운 구조인 뇌도 커졌다. 뇌의 제일 바깥층을 감싸며 인간에서 가장 발달한 신피질(**인간의 뇌**)은 뇌의 8할을 차지하고 주름져 있어 복잡하고 정보의 처리를 위한 뉴런의 수와 통합을 증가시킨다. 대뇌피질로 가는 뉴런은 간뇌와 뇌간으로부터 나온다. 좌우뇌는 세로로 갈라져 있으나 뇌량(corpus callosum)이라 불리는 거대한 신경섬유 다발로 연결되어 있다.

1981년 미국의 로저 스페리는 좌우뇌의 기능이 다름을 밝혀내어 노벨상을 수상하였다. 그 후 많은 학자들이 이 연구에 매진하였다. 정상적인 경우에는 좌뇌와 우뇌는 상호보완적으로 작용한다. 좌뇌에 브로카 영역(발성 중추)와 베로니케 영역(해석 중추)이 있어 언어능력이 논리적이며 분석적이다. 우뇌는 정보를 전체적으로 종합하면서 예술적인 활동을 관장한다. 최종적인 결정은 좌뇌가 뇌량을 통해서 우뇌에 전달한다. 그러나 뇌량이 절단되거나 대발작으로 뇌량을 절단수술 받은 환자는 여러 가지 이상행동을 하게 된다. 좌우의 팔은 동시에 서로 딴 짓을 하게 되고 좌뇌와 우뇌는 완전히 다른 종교를 가질 수 있다고 대답한다. 한 몸에 2개의 인격(의식)이 들어있는 것 같다. 이런 경우에도 좌뇌는 주도적으로 역할한다. 신경과학자 마이클 가자니가는 좌뇌는 앞뒤

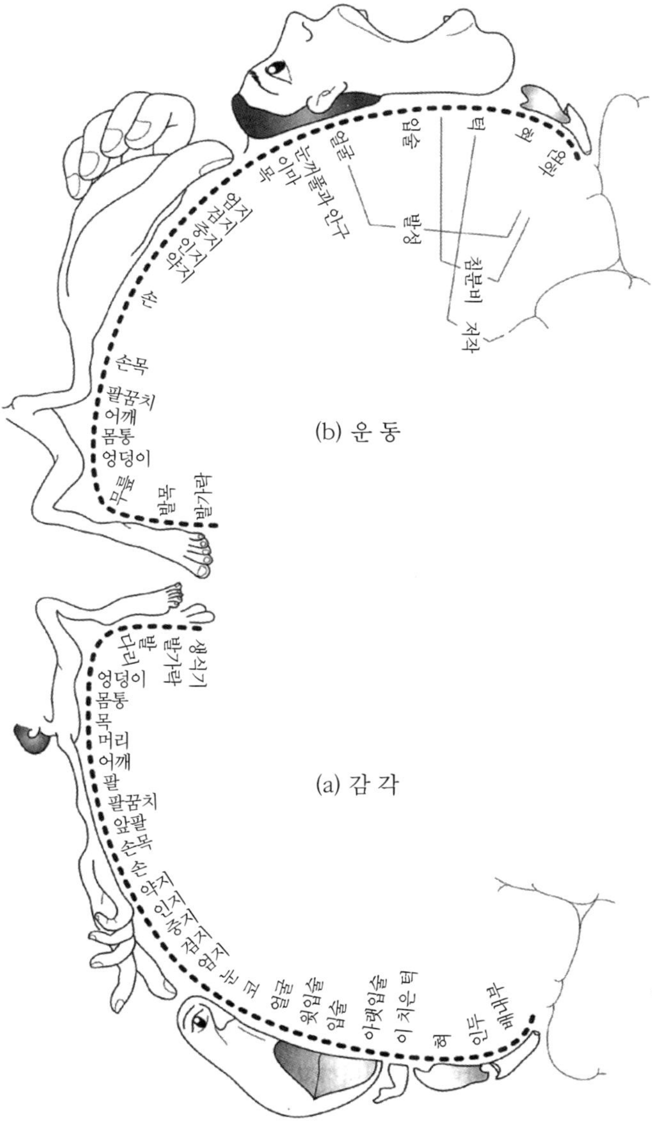

그림 8-10 사람의 대뇌피질의 감각 및 운동 부위.

(a) 체성감각피질의 횡단면도로 신체 각 말단의 투사 부분을 표시하고 있다. (b) 운동피질의 횡단면도로 골격근에 투사된 피질 부위를 나타내고 있다.

가 맞지 않더라도 억지 논리로 끼워 맞춘다. 좌뇌를 일종의 해석장치로 간주하고 있다고 하였다. 그림 8-11에서 보는 바와 같이 대뇌반구의 피질(회백질의 표면층)이 심하게 주름져서 피질의 면적은 극도로 증대되었다. 대뇌피질의 어떤 부위는 순전히 감각성이고 어떤 부위는 순전히 운동성이다(그림 8-10). 신경수술 동안 체청감각피질(somatosensory cortex)에 국부적인 전기자극을 주면 깨어 있는 환자에게 감각을 불러 일으켜서 그는 의사에게 감각이 말초의 어느 부위에서 느껴졌는지를 말할 수 있다. 이러한 사실은 모든 감각이 중추신경계, 특히 대뇌피질의 감각 부위에서 일어난다는 것을 입증해 주는데 말초를 자극시키면 역결과가 나타나 체성감각피질의 국소 부의는 피부의 특정부위가 자극될 때 감각입력에 반응해서 전기신호를 일으킨다. 이러한 방법을 통해서 체성감각지도가 이루어졌다(그림 8-10). 측두엽(temporal lobe)의 청피질(auditory cortex)과 후두엽(occipital lobe)의 시피질(visual cortex)은 둘 다 순수한 감각 부위여서 신경수술 동안 이 부위에 직접적인 전기자극을 주면 청각과 시각을 느끼게 된다.

중심구(central sulcus) 앞에 운동피질(motor cortex)이 있는데 이는 말초의 지형학적 개념을 나타낸다(그림 8-10, 11). 운동피질에 세포체를 둔 커다란 추상세포(pyramidal cell)가 축삭을 척수를 내려보내 골격근에 뻗은 운동뉴런과 시냅스 연결을 하고 있다. 이러한 세포는 일정한 낮은 수준의 시냅스 입력을 운동뉴런에 보내고 있다. 그래서 추상세포의 활성이 증가되면 운동뉴런의 시냅스 활성이 일어나서 수족은 강제로 움직이게 된다. 이러한 현상은 어떤 물체가 의식적으로 근육의 강한 수축을 일으켰을 때 흔히 일어난다. 이는 또한 운동피질의 추상세포가 직접 전극으로 자극되었을 때에도 일어난다.

사람과 다른 고등한 포유류는 피질의 대부분이 감각이나 운동기능의 어느 쪽에도 속해 있지 않은데, 이러한 할당되지 않은 부위는 감각간 연합(intersensory association), 기억 및 언어에 관여한다(그림 8-11, 12).

그림 8-11에서 보듯이 피질 내의 일차 감각영역에서의 정보는 연합령에서 처리된다. 연합령은 일차 감각피질 또는 운동피질의 바깥쪽에 놓인 대뇌의 부

분으로 감각 또는 운동피질과 연결되어 있다. 이 연합령은 우리가 입수하는 정보에 대한 복잡한 분석을 하게 되는데, 특히 여러 정보의 통합과 많은 종류의 행동과 관련된 기능도 한다.

일차 시각, 청각 또는 체성감각피질 뒤에도 연합령이 있으며, 두 부분으로부터 비교적 간단한 감각에 관한 정보, 예를 들면 정보의 종류가 어떤 것인지를 직접 받는다.

일차 감각영역과 먼 부분의 연합령은 가까운 부분에서의 일차적 처리가 끝난 후에야 정보를 받아들이는데, 이 부분의 뉴런 중에는 2~3가지의 다른 종류의 뉴런으로부터 정보를 받는 뉴런도 있다. 이 부분은 보다 복잡한 기능을 하는 것으로 추정된다. 예를 들면 머리 부분의 시각피질과 체성감각피질 두 군데에서 정보를 받는 뉴런이 머리에 대한 감각정보와 시각정보를 통합하는 데 관여한다. 따라서 보는 이의 머리를 옆으로 숙이고 보아도 나무는 수평이 아닌 수직의 구조로 인식되는 것이다.

대뇌변연계; 전뇌의 일부 영역은 회백질과 백질을 모두 포함하여 기능적 구성으로 구분된다. 변연계와 연결된 뇌 부위는 시상, 시상하부, 전두엽 피질, 측두엽, 이들을 연결하는 신경섬유가 포함된다. 집단생활을 하는 포유류에서 변연계가 발달되어 있고 이 부위와 열결된 연합령은 감각정보를 복잡하게 처리해서 행동의 동기나 감정반응에 관여한다. 따라서 복잡한 사회체계에 적응할 수 있게 한다.

지각과정의 처리는 각성, 주의, 배움, 기억, 언어, 감정에도 관계하고 하나의 감각기구에서의 정보와 다른 감각기구에서의 정보를 비교하기도 한다. 그래서 똑같이 개 짖는 소리를 들어도 시각정보를 통해 그 소리의 원천이 화난 동물이었느냐, 확성기였느냐를 알면 전혀 다른 소리로 지각하는 것이다.

뇌간; 뇌교·연수·중뇌는 서로 긴밀하게 연결되어 있고 비슷한 작용을 하기 때문에 합쳐 뇌간이라고 한다. 연수에는 심혈관 중추(승압중추, 감압중추)와 호흡리듬 중추들이 있고, 뇌교에는 호흡조절 중추와 흡식지속 중추가 있다. 연수와 뇌교의 이러한 중추들이 일평생 호흡을 지속 조절하는 것이다. 뇌간에 있는 뉴런의 다발인 망상체는 순환, 호흡뿐 아니라 운동기능, 수면과 각성 조절, 주의 집중에도 관여한다. 눈의 운동과 공간인지, 반사도 한다.

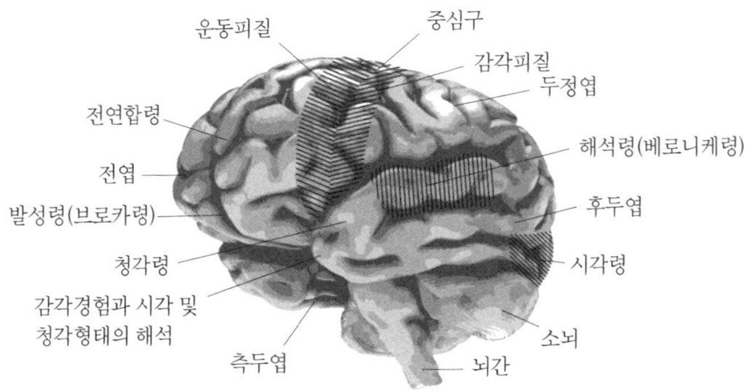

그림 8-11 좌뇌피질의 담당 영역

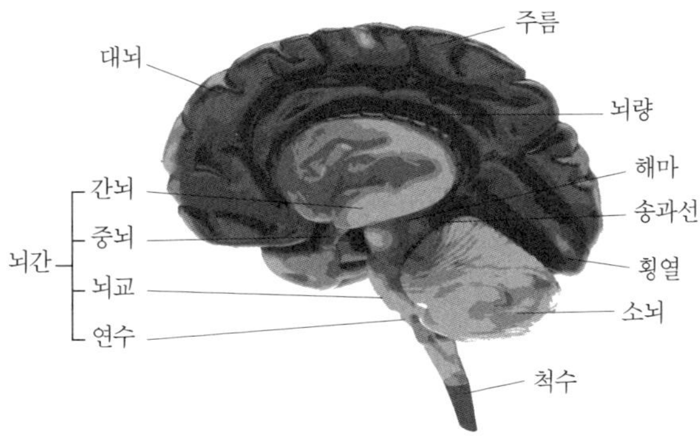

그림 8-12 대뇌, 소뇌, 뇌간을 포함하는 뇌의 주요 부위

우리의 눈은 뇌간의 조종에 따라 시야에 들어온 형상들을 눈 안쪽에 중심와를 통해 보게 된다. 미술품을 감상할 때 사람에 따라 차이가 있지만 뇌간이 반응하여 호흡, 혈압 등에 영향을 줄 수 있는데 그 작품에 대한 관심이라 할 수 있다. 음악도 뇌간에 작용하여 호흡, 순환, 근육긴장도에 영향을 줄 수 있다. 급박한 상황에서는 두려움을 느끼는 편도체에서 즉시 뇌간에 알려지고 도주하든지 싸우든지 무의식적인 싸움-도피(fight or flight)반사행동을 한다. 간뇌는 시상과 시상하부로 구성된 부위이다.

시상하부(hypothalamus)는 내장기능의 조절과 섭식, 흡음(drinking), 성적 욕구, 쾌락, 분노에 대한 정서적 반응의 조절 및 온도 조절의 많은 중추를 가지고 있다. 시상하부의 호르몬 분비 뉴런은 물과 전해질균형을 조절하고, 뇌하수체 분비작용을 조절한다(표 8-4, 그림 8-14, 15 참조).

소뇌(cerebellum)는 출생 후에 약 600억 개의 뉴런이 형성되어야 한다. 몸의 균형과 동작을 조절한다. 소뇌는 운동감각기, 시각기, 청각기에 들어온 입력을 통합함으로써 악기연주, 노래할 때, 미술 창작, 건축 설계 등 고도의 훈련에서 전두엽 피질과 더불어 변화하며 상호작용한다.

해마(hippocampus)는 시상과 소뇌 사이에 위치하며 기억과정에 본질적으로 중요하다. 단기기억을 장기기억으로 전환하며 다양한 부위의 기억을 회상한다. 길 찾기와 공간 파악 능력 등에도 관여한다. 뇌의 여러 부위에 옥시토신 수용체가 있는데 해마 역시 수용체가 있어 사회적 상호작용에도 관여한다.

2.4 자율신경계의 기능

뇌가 우리 몸을 제어하는 것은 사실이지만 뇌가 온몸을 통제하지는 않는다. 대부분 무의식적으로 조절되는 내장기능은 자율신경계(autonomic nervous system)의 두 신경계에 의해서 자율적으로 조절되면서 생명활동을 유지하고 있다(그림 8-13). 자율신경반사궁은 그림 10-9에서 나타내는데 반사궁의 구심성 감각 쪽은 거의 체성반사궁과 구별할 수 없다(그림 8-8). 사실 같은 감각섬유가 체성반사와 자율반사를 동시에 활성화시키기 때문에 이 두 반사는 운동뉴런의 위치만 다르다. 자율신경계에서 이는 완전히 중추신경계 밖에 위치하며, 체성운동뉴런(somatic motor neruon)은 척수의 회백질 내에 놓여 있다.

교감신경계(sympathetic division)에서 신경절전뉴런은 척수의 흉부(thoracic division) 및 요추부(lumbar division)에서 나오며(그림 8-13a), 자율신경절의 척추방연쇄(paravertebral chain)에서 신경절후(postganglionic, 운동)뉴런과 시냅스되었다. 머리 부분의 기관들과 여러 내장기관이 연결되어 있는데 불안이나 공포를 느낄 때 긴장, 흥분되기 때문에 심박동 수가 늘어나고 혈압도 올라간다. 부교감신경계(parasymapathetic division)는 중추신경계의 뇌부(cranial division)와 천부(sacral divisions)에서 나오는데(그림 8-13b), 부교감연결뉴런은 신경절에서보다는 오히려 내장 말단기관 안이나 근처에서 신경절후뉴런과 시냅스되었다(그림 8-9). 심박동 수와 협압의 상승 시 부교감신경은 여유와 안정을 갖도록 작용하여 균형을 이루게 한다. 부교감신경의 억제작용은 소화관에서는 반대로 일어나 부교감 콜린효능성(cholinergic) 신경이 장운동과 소화분비를 촉진시키면 교감 아드레날린효능성(adrenergic) 신경은 이를 억제한다. 교감신경계는 일반적으로 격렬하거나 긴장된 작용을 하기 위해 사람을 활성화시키는데, 이때 영양물질은 내장으로부터 체성근육구조에 이동하게 된다. 일반적으로 싸움-도피 반응이라고 불리는 이 반응은 순환계로 부신수질의 아드레날린 분비로 뒷받침 된다(표 8-1 참조).

표 8-1 신경전달물질

생성부위	신경전달물질		주요기능	
관련뉴런말단	아세틸콜린		신경근접합부, 절전교감 절전 또는 절후 부교감	--- 흥분 --- 흥분 또는 억제
절전뉴런말단	노르아드레날린		렌쇼세포 대부분의 절후교감	--- 흥분 --- 흥분 또는 억제
뇌간·시상하부	도파민	CNS	배쪽선조체=측좌핵(보상)	--- 쾌감, 프로락틴 분비 억재
운동뉴런 말단	글루탐산	CNS		흥분
〃	감마 아미노부티르산	CNS		억제
뇌·척수	세로토닌 섭스탄스 P	CNS CNS	운동활성, 식욕부진, 사회성, 기분 행복감 (구심성 뉴런)	 --- 억제
뇌간	글리신		척추통합조절 중추	--- 흥분 억제 균형

CNS: 중추신경계

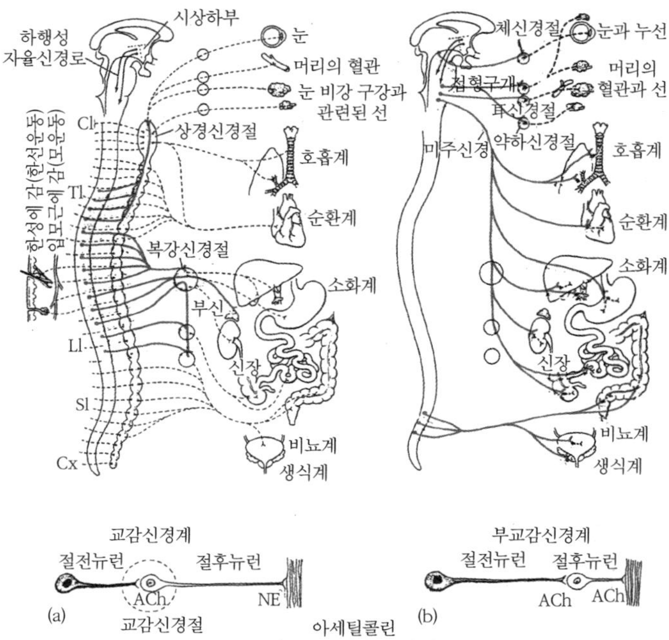

그림 8-13 자율신경계

(a) 교감신경계와(b) 부교감신경계. 신경절후뉴런은 점선으로 표시되었다. 교감과 부교감신경계 모두 절전뉴런의 말단은 아세틸콜린(ACh)를 방출하며, 부교감신경계의 절후뉴런의 말단 또한 ACh를 방출하나 교감신경계는 노르아드레날린(NE)을 방출한다(Naback and Demarest).

3 내분비계의 조절작용

3.1 내분비계의 작용과 특성

내분비계 자체는 다양하고 이질적이며, 이것은 기본단위인 뉴런으로 구성된 신경계와는 달리 구조적인 통일성이 없다. 내분비세포들은 체내 전반에 산재하여 하나 또는 그 이상의 호르몬을 정제하는 선(gland)을 형성하거나, 조직으로 또는 개개의 세포로 분포한다(표 8-2 참고). 인체 여러 부위에서 분비되는 호르몬은 여러 가지 다양하고 이질적인 기능을 담당하면서 정상적인 육체를 유지하고 올바른 생명활동을 보장해 준다. 내분비세포들은 직접 표적세포에 작용하는 뉴런과는 대조적으로 혈액순환을 통해서만 작용한다고 생각되고 있다. 순환계에 의한 호르몬의 수송은 일반적으로 호르몬의 고도의 희석을 의미한다. 어떤 경우에 이것은 내분비세포와 표적세포 간에 직접적 도관연결로 희석이 방지되고 있다. 시상하부와 뇌하수체 간의 문맥순환은 이 경우의 잘 알려진 예로서 시상하부호르몬이 뇌하수체전엽의 기능을 직접 지배하도록 한다(표 8-3, 그림 8-15 참조).

호르몬 중 어떤 것은 세포의 핵에 도달하여 작용하는 것도 있고, 세포질에서 당백질 합성에 관여하기도 하고, 표적세포의 막에 존재하는 특이한 수용체 분자와 반응하여 특이한 효소를 활성화함으로써 촉매적인 양(quantity)으로 작용하는 것도 있다. 단일호르몬이 동일한 표적조직에 여러 가지 효과를 나타내기도 하고, 여러 다양한 표적조직에 작용하기도 한다.

표 8-2 체성 내분비계 호르몬

생성부위	호르몬	주요기능
갑상선	티토신, 트리요도티로닌 칼시토닌	세포호흡자극, 체온조절 성장, 뇌 발단 혈장 칼슘이온, 인산이온 평형
부갑상선	부갑상선 호르몬	혈장 칼슘이온, 인산이온 농도 조절
위장관	가스트린 세크리틴 콜레사스토키닌	외분비선의 분비, 위액·연동증가 췌장, 외분비와 내분비, 위액분비억제 위액분비 억제
신장	적혈구 생성소	골수에서 적혈구 생성
부신 피질	코르티솔 알도스테론 안드로겐	근육과 신경에 에너지 공급, 면역계 발생 전해질·물의 평형 성적 충동, 암컷 생식도 분화
부신 수질	아드레날린 노르아드레날린	심근 수축, 싸움-도피 반응
췌장	인슐린 글루카곤	혈당과 아미노산 평형 혈당 평형
정소	안드로겐 인히빈	2차성징 여포 자극호르몬 분비

생성부위	호르몬	주요기능
난소	에스트로겐 프로게스테론 릴렉신	2차성징, 요도발달, 생식주기 조절 자궁내막 임신유지, 발생 중의 신경계 자극 출산시 작용
태반	생식선 자극 호르몬 에스트로겐, 프로게스테론 태반 유선 자극 호르몬	황체에서 에스트로겐, 프로게스테론 분비
지방조직	랩틴	식욕감소 대사 촉진

3.2 시상하부-뇌하수체 복합체

뇌하수체(hypophysis, pituitary gland)는 많은 내분비선을 지배하지만 그 자체는 뇌의 일부인 시상하부(hypothalamus)에 의하여 조절 받는다. 시상하부의 신경분비세포는 신경성 뇌하수체 속으로 통하며(그림 8-14), 두 가지의 폴리펩티드호르몬을 축삭으로 수송하며 뿐만 아니라 신경 충격까지 전도한다. 이 활성은 뇌하수체의 호르몬 방출을 일으킨다. 중추신경계, 시상하부, 뇌하수체, 내분비계의 선(샘) 사이의 밀접한 상호 관계는 항상적 통신과 협조의 중요한 생명 원리를 나타내는 것이다.

3.3 뇌하수체 호르몬

뇌하수체는 간뇌 밑에 붙어 있는 0.6g 정도의 선(gloud)으로 선성(전엽), 신경성(후엽) 뇌하수체로 구분된다. 선성 뇌하수체는 여러 가지 내분비선의 분비를 자극하는(tropic) 호르몬을 분비한다.

선성 뇌하수체의 소마토트로핀(somatotropin)은 생장(growth hormone, GH)으로 종에 따라 구성 아미노산의 수(소: 396, 원숭이: 241, 사람: 245)와 분자량(소: 46,000, 원숭이: 25,400, 사람: 27,100)이 다르며 단백질, 지질, 탄수화물의 대사에 관여하여 조절한다. 선성뇌하수체의 티로트로핀

(thyroropin, TSH)은 분자량은 25,000의 단백질이며 갑상선을 자극한다. 선성뇌하수체에서는 부신피질자극호르몬(adrenocorticotropic hormone, ACTH)와 생식선자극호르몬(gonadotropic horhome)인 여포자극호르몬(follicle stimulating hormone, FSH), 황체화 호르몬(luteinizing hormone, LH), 프로락틴(prolactin) 등을 분비한다. 이 호르몬들의 표적 내분비선에 대한 상호작용은 표 8-3과 그림 8-14에서 볼 수 있다.

신경성 뇌하수체는 시상하부에서 생성되어 수송된 바소프레신(vasopressin)과 옥시토신(oxytocin)을 방출한다. 바소프레신은 항이뇨호르몬(antidiuretic hormone, ADH)이라고도 하며 혈압을 높이고 소장의 근운동을 원활하게 하며 콩팥에서 수분의 재흡수를 촉진하여 오줌을 진하게 한다. 옥시토신은 혈관 평활근을 수축 또는 이완시키며 산통시에 혈류에 그 양이 증가하며 자궁근층의 옥시토신 수용체의 증가와 더불어 출산이 촉발된다. 또한 모성행위를 유발하고 젖의 분비와 관련된다.

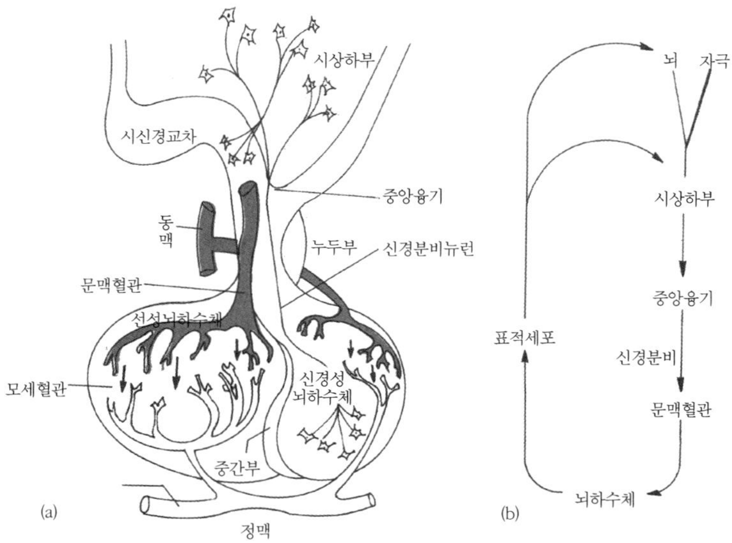

그림 8-14(a) 시상하부와 뇌하수체와의 관련(b) 시상하부로 들어오는 신경성 입력이 중앙융기에서 방출 및 방출억제 호르몬의 분비(신경분비)를 유인하여 후속되는 영향을 나타낸다.

표 8-3 뇌하수체 호르몬

생성부위	호르몬	작용
선성 뇌하수체	부신피질자극 호르몬트린(ACTH) 갑상선자극 호르몬(TSH) 여포자극 호르몬(FSH) 프로락틴 성장호르몬(GH)	부신피질자극→부신피질 호르몬 갑상선자극→갑상선 호르몬 생식선 자극 유선의 성장, 수유, 항체의 유지와 분비 성장 자극(단백질합성), 혈당 상승
신경성 뇌하수체	항이뇨호르몬(ADH) 옥시톡신	신장에서 물의 유지 출산 시 자궁수축, 젖분비 자극

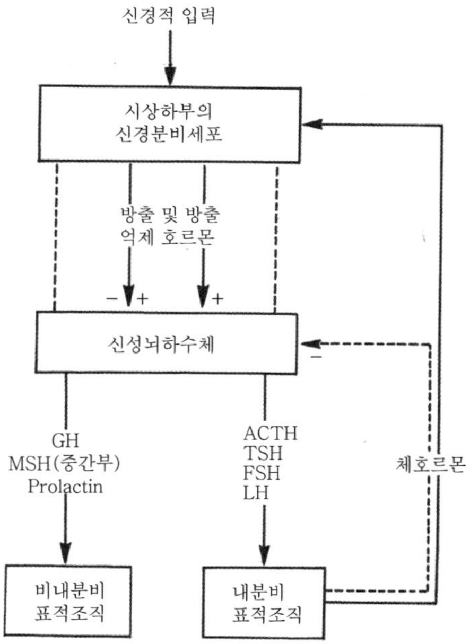

그림 8-15 선성뇌하수체 호르몬에 대한 조절경로

GH, MSH, prolactin의 생성은 중앙 융기로부터 문맥 혈관에 의해 운반되는 방출호르몬과 방출억제 호르몬에 의해 조절된다. 이와 대조적으로 ACTH, TSH, FSH, LH 등은 몸의(비뇌하수체) 표적조직에서 체호르몬들의 방출을 자극하며, 이 체호르몬들은 시상하부의 신경분비세포에 음성 되먹임을 나타내며, 또한 해당되는 선성뇌하수체세포 자체에도 음성 되먹임을 나타낸다.

표 8-4 선성뇌하수체에서 호르몬의 방출을 조종하는 시상하부의 호르몬

호르몬	약 자	화학구조
성장호르몬 방출호르몬	GRH	폴리펩티드
피질자극호르몬(ACTH) 방출호르몬	CRH	폴리펩티드
갑상선자극호르몬 방출호르몬	TRH	폴리펩티드
여포자극호르몬 및 황제자극호르몬 방출호르몬	FSH/LH-RH	폴리펩티드
성장호르몬 방출억제호르몬	GIH	폴리펩티드
prolactin 방출억제호르몬	PIH	dopamine
멜라닌세포자극호르몬 방출억제호르몬	MIH	폴리펩티드

뇌의 일부인 시상하부에서 호르몬이 분비되며 호르몬이 다른 호르몬을 조절하는 복잡한 내용은 우리의 내외적 자극의 반응 경로이며 생명체의 생명 발현 과정은 엄청나게 복잡다단한 생화학적, 생명물리학적 과정의 통합 조정으로 이루어진다. 8장의 설명은 생명현상의 일부분의 예에 지나지 않는다. 생명체의 분화와 통합, 양성 되먹임 및 음성 되먹임 과정은 개체 내에서뿐만 아니라 한 국가 안에서 또는 국가들 사이에서도 볼 수 있다. 특히 통합 과정은 개인적 접촉과 물자의 교환이라는 형태로 까마득한 옛날부터 시작되었으며 오늘날에는 지구상의 모든 국가에서 동시에 활동하는 복잡한 국제기구들이 여기에 일조를 하고 있다. 인간 사회를 포함하여 모든 생명체에 있어서 유기적 통합은 분화의 현상과 함께 나타난다. 상이한 사회적 조직들의 유기적 관계는 현재 범 지구적 위험까지 내포한 전쟁이 계속되고 있어 이데올로기, 정신적 열망의 다양성과 단일성이 요구되지만 기대하기 쉽지 않다.

글상자 8-1. 웃음(어원 hele)과 건강(health)

웃음과 울음 행동은 뇌간척수계의 기전 때문인데 이 기전을 작동시키는 것은 어른은 신피질, 어린이는 대뇌변연계가 담당한다. 어른의 신피질은 좌우뇌에 나뉘어져있어 웃는 표정이 좌우 얼굴에서 상반될 수 있다. 신피질이 발달되지 않은 어린이는 어른에 비해 자주 웃지만 비웃거나 윙크로 표현할 수 없다. 어른이 어떨 때는 얼빠진 행동을

하거나 황홀경에 빠져 멍해 보이는 것은 신피질의 기능이 일시적으로 정지되고 대뇌 변연계가 작용하기 때문이다. 웃음과 울음에 대한 생리학적 해석 이외에도 극작가나 철학자에 의한 해설 및 정신계의 이상에 의한 웃음과 울음도 분석되고 있다.
최근에 웃음과 건강의 관련성이 임상적으로 상당히 밝혀져 있다. 미국 하버드대의 연구에 의하면 5분간 웃으면 NK세포의 활성화가 5시간 연장되는데 이 자연살해세포는 어떤 종양세포를 살해하며 생체 내 병원체와 바이러스들에 대한 내재면역에 중요한 역할을 한다. 한 연구에서는 감마 인터페론의 분비가 200배 증가하였음이 관찰되었는데 대식세포가 활성화되어 병원체를 처치한다는 것이다. 웃음은 호흡기와 소화기관의 면역글로빈(Ig-A)을 증가시켜 면역력을 향상시킨다. 웃을 때 뇌에서 분비되는 엔돌핀과 엔케팔린은 모르핀보다 200~300배 강력한 진통효과가 있으며, 세로토닌과 도파민은 근심, 걱정, 우울감을 감소시키면서 환자의 스트레스를 해소시킨다.
웃음은 순환계를 자극하면서 심장과 혈액순환을 원활하게 하며, 혈압을 정상화하고 뇌졸증의 원인을 제거하여 순환계 질환을 예방한다. 3~4분의 웃음은 맥박을 증가시켜 혈액의 산소공급을 증가시킨다. 또, 웃음은 두뇌를 자극하여 집중력, 기억력을 강화하고 인지력 발달, 능률 고조, 적응력 향상, 의사소통 원활, 무력감 해소, 창의력 증가 등 두뇌 활동에 긍정적인 효과를 가져온다. 20분 웃긴 영상을 본 후에는 부교감신경이 항진되어 소화효소가 분비되면서 소화기능이 향상된다.박장대소하면 인체의 650개 근육 가운데 231개가 움직이는데, 얼굴 근육 뿐 아니라 허파, 심장, 횡경막, 복부근까지 움직임으로써 복식호흡이 저절로 된다. 이때 운동량은 10분 간 노젓기, 15분 간 자전거타기에 상응하니 웃음은 공짜 다이어트비법이다. 뉴욕주립대의 로이진 박사는 잘 웃으면 수명이 8년 연장되며 감사, 칭찬, 긍정적 삶은 6년 회춘시켜준다고 하였다. 또한 우리는 다른 사람들과 함께 있을 때 혼자 있을 때보다 30배나 더 많이 웃게 되는데, 그 이유는 웃음이 전염성이 강하고 사람들의 동조행위가 작동하기 때문이다. 따라서 웃음치료도 그룹으로 이루어지는 것이 효과적이다.

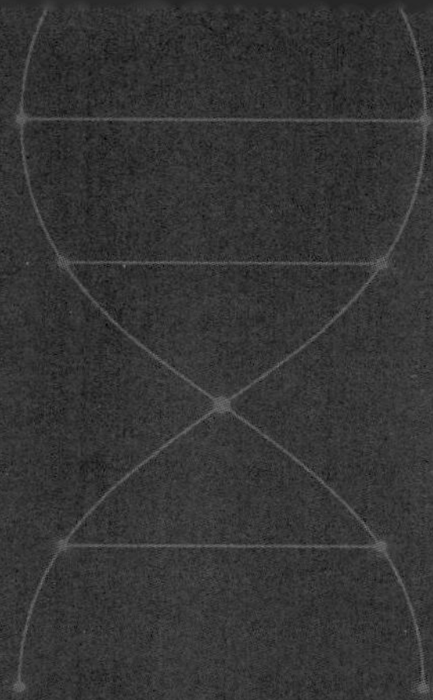

9장

영생에의 염원과 영생의 연구

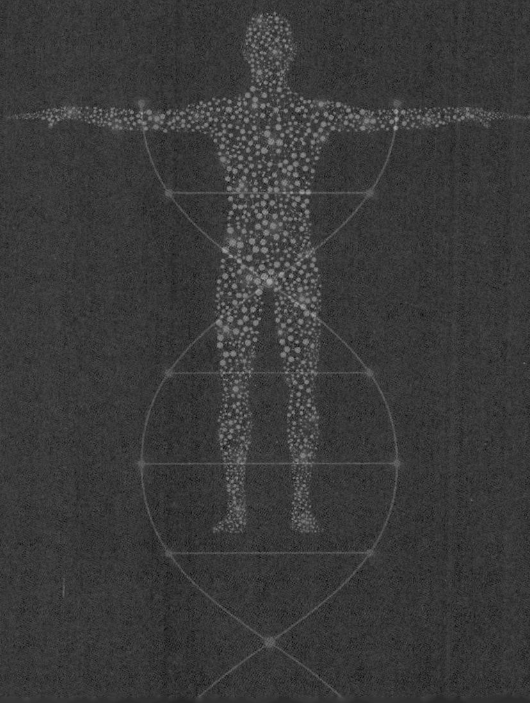

1 인간의 인지력 획득

전술한 바와 같이 인류의 조상들은 초기 문화를 발전시켰으며, *H.sapiens* 는 더욱더 발전된 기술문명과 문화를 창조하면서 뇌도 발전되었다. 2018년 1월 사이언스 어드밴시스는 독일 막스 플랑크 진화인류학연구소가 31만~2만 전의 현생인류 20구의 화석과 200만~20만 년(네안데르탈인 포함) 전의 화석 10구의 두 개 골을 분석한 결과를 발표하였다. 31만 전 현생인류의 뇌는 현대인의 뇌보다 컸지만, 이들의 뇌는 위아래를 누른 것처럼 더 납작했고 좌우는 더 길었다. 이러한 뇌는 후기로 올수록 정수리 뒤가 솟아올라 둥그레졌는데 뇌의 전두엽과 소뇌가 발달했기 때문으로 생각했다. 3만 5,000년 전쯤 뇌 모양은 현대인과 같아졌는데, 이 무렵부터 벽화와 조각 등 예술과 문명이 폭발적으로 발달했고, 주의 집중과 자아 인식, 공간지각과 언어 발성의 부위 등이 발달한 아프리카와 유럽 인류 등은 후기 구석기시대에 돌입했다고 한다.

최근 유발 하라리(U.N. Harari)는 『사피엔스』에서 약 3만 년 전 프랑스 남부 소배 퐁다르크 동굴 벽에 찍힌 인간의 손도장과 독일 슈타델에서 나온 3만

2,000년 전의 것으로 추정되는 몸통은 인간이나 머리는 사자인 상아 공예품을 소개하고 있다.

이러한 발견은 인간이 의식 활동을 했다는 것과 키메라 공예품은 종교과 관련된 것으로 실제로 존재하지 않는 것을 상상하는 능력을 갖추었다는 증거이기도 하다는 것이다. 하라리가 주장하는 **인지혁명**은 약 7만 년 전부터 3만 년 전까지의 인간의 사고방식과 의사소통 방식을 말한다. 다른 동물들도 의사소통 능력을 가졌지만 인간의 언어는 유연하고 세상에 대한 정보를 공유하는 수단이 되고, 사회라는 집단을 통해 어마어마한 양의 정보를 활용하며, 사회적 협력은 우리의 생존과 번식에 핵심적 역할을 한다. 물론 악의적인 능력과 허구적 능력도 언급한다. 지금까지 보지 못하고 만나지 못한 것에 담화를 할 수 있는 존재는 사피엔스 뿐이다. 전설, 신화, 신, 종교는 인지혁명과 함께 등장했다는 설명이다.

고대인들은 이미 서술한 대로 불과 석기를 사용하고 언어를 사용하면서 생활하면서도 주변의 여러 어려움과 기후변화, 천둥 번개, 가끔의 상해와 질병, 죽음의 문제, 집단과 국가 사이의 전쟁 등 인간의 능력으로 해결할 수 없는 문제가 생길 때 영웅에게 의지하거나 초월적 존재까지 생각하게 되었다.

2 신을 섬기고 영생을 염원하다

2.1 메소포타미아

12,000년 전 티그리스강과 유프라테스강 사이에 있는 메소포타미아 지역은 유목민이 정착하면서 농경이 시작되고 촌락을 이루면서 집단생활이 이루어졌다. 7,800년 전 핫수나 문화(사마나 문화)를 이루었고 두무지왕은 풍요의 신으로 추앙받았다. 6,000년 전 수메르인들은 상거래에 진흙판으로 된 확인 계약서를 만들고 원통형 도장도 사용하였다. 4,500년 전 우투의 메스키악 가쉬르

는 우룩 제1왕조를 건설하였고, 5대왕이 길가메시였는데 메소포타미아 지역의 중심강국이 된 것이다.

이 지역은 6,000년 전부터 관개시설을 이용한 대규모 농업이 발전되었는데 남쪽 수메로 사람들과 북쪽 아카드 사람들은 서로 평화롭게 살면서 고도로 문명화되어 있었는데 언어는 큰 차이가 있었다. 농부들은 위대한 신들을 믿었고 자신들의 신을 위한 신전을 짓고 축제도 열고 제물도 바쳤다. 바빌론과 같은 대도시 주변에 크고 작은 공동체를 형성하였다. 공동체는 통치자가 있기 마련이며, 그들 나름대로의 수호신들의 보호도 받았다. 궁궐의 궁신(宮臣), 성직자, 상인들을 제외하면 메소포타미아의 주민은 대부분 농부와 목축인들이었다. **라가시**에 있는 신전의 종교적 공동체에는 10여 명의 빵굽는 사람, 수십 명의 제주자(制酒者), 몇 명의 노예, 대장장이가 있었다.

우룩 대신전 단지에서 출토된 진흙판에는 가장 오래된 문자가 쓰여 있는데 제작연대는 6,000년 전으로 추정하고 있다. 고대 도시에서 신전에 바쳐진 곡식의 포대 수와 가축 수를 기록해 놓은 것으로 현재의 사전과 비슷한 내용이 세로로 새겨져 있다. 이 이전에 수사에서 발견된 신석기 유물인 calculi (라틴어 calculus에서 따옴)는 기하학적 무늬가 새겨진 돌을 일컬었는데 숫자를 계산하는데 이용되었다. 위대한 신 엔키와 사랑의 여신 이슈타르 등 바빌론의 수호신을 모신 신전은 여러 가지 직업의 사람들을 고용하고 제물, 농토, 노예, 은화를 소유하고, 농토는 경작시키고 은화는 빌려주고 소작료와 이자를 받고 고용인에게는 노임을 지불하였다. 신전을 관리했던 사제들이 실제로는 이러한 일을 하였는데 이상과 같은 문자와 돈이 발생됨으로써 관리상 여러 가지 난점들을 해결할 수 있었고 통치자-사제들이 궁신들과 더불어 강력한 국가를 건설할 수 있었다.

2.2 이집트

6,500만 년 전 나일강 하구 바닷가에 살던 사람들은 습지와 육지에서 구할 수 있는 것들로 살았을 것이다. 그 후 조개껍질을 가공하여 개인 치장을 하거

나 모래를 연마재로 사용하고 구리나 부싯돌로 광을 낸 돌그릇에 상형문자와 기호를 새겨넣어 초기 문화를 이루었다. 시신을 태아처럼 웅크리에게 해서 묻었는데 곤봉머리 부분도 부장하였다. 이것은 내세를 위한 방어 목적이었을 것이다. 인공적인 미라도 만들었다. 상형문자의 기록은 5,200년 전이지만 실제로 만들어진 것은 그 이전이었을 것이다. 상형문자를 진흙, 파피루스, 석판, 피라미드 석관실 벽 등에도 새겨 넣으면서 많은 기록을 남기고 있다. 페키니아 문자에 영향을 주어 그리스어 알파벳을 발전시켰다.

최고의 신 눈(Nun)은 신의 아버지라 불리기도 하며, 무한, 무, 무소(nowhere)에서 태어나 여러 많은 신들을 만들었다. 라는 태양의 신으로 코브라가 둘러싼 태양 원반을 인 짐승 머리를 가진 자다 그는 태양을 따라가다가 어두우면 지하로 갔다가 다음날 다시 솟아난다. 태초의 빛을 나타내는 아툼(Atum)은 눈(Nun)의 어두운 바닷에서 태어났으며, 게브, 누트, 슈, 테프네트를 낳은 것으로 태양의 신 라와 동일시되면서 인간의 선조로 생각되었다. 대지(게브)의 신은 하늘(누트: 여신)의 신과 부부가 된다. 이들 사이에 대 호루스, 오시리스, 이시스, 세트, 네프리스들이 계보를 잇는다. 오시리스는 세트에게 살해되었다가 사랑의 신인 이시스에 의해 부활됨으로써 죽음과 부활의 신으로 숭배받았다. 아비도스에 있는 오시리스의 신전은 죽음을 이긴 부활, 풍요, 식물의 재생을 기원하는 성소가 된 것이다.

만물은 음과 양, 남녀, 선악 등 이원성으로 되어 있지만 비형태적인 것이 형태 안에 내포되어 있어 세 개가 됨으로써 삼위일체가 된다는 것이다. 이집트의 만신전에는 오리시스, 이시스, 호루스가 신성의 삼위일체이며, 힌두교에서는 브라마, 시바, 비슈누가 그것이다. 이집트 신화는 그리스 신화보다 1,500년 앞서며, 모세도 이집트에서 오랫동안 생활하였기 때문에 영생과 부활, 물세례, 유일 신앙 등 많은 영향을 받았을 것이라고 한다.

2.3 인더스 지역

인더스 강을 중심으로 인도의 북서부와 파키스탄 지역은 1만년 전부터 다양한 사람들이 모여 살았는데 서유라시아의 농경인의 동쪽으로의 확산으로 보고 있다. 많은 사람들이 소, 양, 염소 등을 사육하는 목축업과 유목생활을 하였고, 다른 유동인은 장인, 무역업자, 시인 등 이 지역에서 교류와 상호 소통에 중요한 역할을 하였다. 그러나 어떤 사회조직 또는 국가조직인지 알기 어렵다.

인더스 지역은 다른 문명과는 달리 궁전이나 사원이 발달하지 않았고 기록이나 비문 등도 발견되지 않았기 때문이다. 신석기 시대 8,500~6,500년 전의 메르가르(Mehrgarh) 지역은 무덤에 장신구, 도구, 동물들을 부장하였다. 아이들의 무덤에서 더 정교한 장신구들이 나왔다. 인더스 계곡에서 나온 유물과 도자기의 연대 측정 결과 인더스 도시가 4600년 경에 설립된 것을 확인하였다.

5,000년 전 북쪽스텝(초원지역) 계통의 암나야 목축인이 이동하여 현지의 농경인과 교잡하였다. 이 지역은 배수로를 갖추고 농업이 발달하고 메소포타미아 등 다른 문명과의 무역도 활발하였다. 그러나, 약 3,500년 전 기후변화로 급격히 건조해지면서 상당수의 인구가 여러 지역으로 이주하였고 문명은 붕괴되었다. 2019년 D. 라이크의 고(古)게놈 연구로 알려진 바는 고대 이란인들이 인더스문명을 이루었고, 고대 이란인들의 조상은 터키 북동부에 살던 인류로 확인되었다. 이러한 이주와 암나야인의 교잡 등으로 유럽어, 이란어, 인도어, 러시아어 등 세계 30억 이상이 사용하는 인도유럽어가 유라시아에 퍼뜨러졌다.

힌두교의 3대신은 창조주 브라마(Brahma), 보존자 비슈뉴(Vishnu), 파괴자 시바(Shiva)이다. 브라마는 머리 네개에 물항아리를 들고 있다. 원래는 위를 보는 머리도 있어 5개였는데 그의 행동에 반감을 가진 시바가 잘라버렸다는 것이다. 비슈누(위슈누)는 온 세상이 돌아가도록 유지하고 보존하는 신이라는 것이다. 비슈누의 몸은 푸르고 오른손에 철퇴와 원반, 고동을 들고 있다. 비슈누의 아내 락슈미는 재물을 관장하는 신으로 비슈누에게 기도하는 사람들에 부(富)를 나누어주기 때문에 사랑을 받는다고 한다. 파괴의 신 시바는 인간의 욕망과 악업, 무지를 없앤다는 것이다. 고대 인도의 철학 경전인 우파니샤(Upanishad)

에 야마는 “인간에게는 불멸의 영혼 아트마와 없어지는 육체 샤리사가 있는데 저승사자인 야마두타(Yamaduta)가 육신에서 영혼을 불러낸다.” 화장을 통해서 영혼이 자유로워지고 바이타라나강을 건너 야마가 지배하고 비트르가 살고 있는 죽음의 세계로 잘 갈 수 있도록 기도해 주어야 하고 강을 건널 때 도와주는 동물이 인도에서 신성시되는 소라는 것이다. 여기에서 인도인들의 대체적인 영혼관을 엿볼 수 있겠다.

2.4 중국

중국의 황하를 중심으로 약 1만 년 전부터 농경을 발전시키고 공동체의 부락을 형성하면서 원시 종교와 주술 관념이 시작하였으며, 신석기 시대에 정교한 석제 도구와 토기의 제작도 이루어졌다. 특히 농경의 발전은 점차 토지의 개발과 수로 개설 등 노동집약적 생산은 타지역 고대문명과 비슷하였을 것이다. 인구는 집중되고 자연의 변화를 직시하면서 천문관측도 이루어졌다. 6000년 전후 초기 왕조로 알려진 하(夏)나라에서는 초보적인 청동기를 제작하기 시작하여 금속문명에 진입하였고, 3,500～3,100년 전 상(商)나라에서는 청동제기와 무기류, 구갑이나 뼈에 새긴 갑골문 등이 사용되었는데, 소위 황하문명이 이루어진 것이다. 상 시대에 등장한 주(周: 3,700～2,300년 전)에서는 종법질서와 봉근제를 결합시켰으며, 천(天)을 최고의 신이자 주족의 조상으로 승격시켜 그 왕권을 천자로 분식시켰다.

BC 215년 32세의 진시황은 발해 부근에 있는 갈석을 순행하였다. 그 후 방사를 보내 바다 건너에서 선약을 구해오도록 했으나 4년이 지나도록 소득이 없었다. 진시황은 갈석에서 노생, 한종, 후공, 석생 등 방사를 보내 해신에게서 장생불사의 약을 구해오도록 하고, 갈석문에 각석을 새겨 송덕을 새긴 후 북방으로 순행을 갔는데 노생도 빈손이었다. 서시(徐市)라는 방사는 동해의 봉래 등 신선이 사는 산에서 장생 불사약을 구할 수 있다고 상서를 올려 전국의 동남동녀 수천 명을 이끌고 약을 구해오도록 했으나 9년이 지나도록 허사였다. 서시는 봉래산을 찾았으나 상어 때문에 산에 오르지 못한다고 둘러대고 사라졌다. 수많은 전설이 있지만 일부 학자들은 서시는 동남동녀들을 이끌고 동쪽의 어느 섬에 이르러 나라를 세우고 정착하였다. 일본에서는 자신이 서시의 후예라고 말하며 매년 8월이 되면 성대한 서복제(徐福祭)를 거행한다고 한다.

1974년 봄 중국 서부 8백리의 진천(秦川)에서는 심한 가뭄으로 농작물을 가꾸기 위해 물을 찾아 땅을 파다가 붉은색의 토층과 병마총의 파편들을 발견하였다. 무사 도용도 출토되었다. 관련 기사는 '인민일보'의 내부에 편집·발행되는 「정황회편」에 실리고, 모택동 정부에서는 6월 30일 유물들의 보호조치를 시달하였다. 이렇게 하여 발굴을 계속한 결과 진 제국의 대군의 모습을 보게 되었다. 갑옷을 입은 8천여 명의 병사가 전차를 타고 위풍 당당하게 인류의 시야 안으로 돌진해 들어온 것이다. 진시황은 장생불사를 못했지만 20세기 말에 그의 지하제국은 부활한 것 아닌가.

2.5 그리스

그리스에서 제우스는 태양신으로써 여러 많은 신들을 탄생시켜 그리스를 신화의 나라로 말들었다. 만하르트(J.W.E Mannhardt)와 특히 프레이저(J.G.Frazer)는 현재도 신화를 만드는 사회를 조사하는 비교 방법으로 그리스 또는 로마의 신화는 폴리네시아족 또는 반토족의 신화를 통해서 설명한다. 이 신화들은 인간 사유의 깊은 곳으로부터의 요구에 응하고 있다는 것이다. 가령 생득적인 영혼불멸의 신념과 죽음의 부정은 프레이저에게는 인간에게 본질적인 것으로 간주하고 있다. 원시인에 있어서는 죽음은 언제나 피할 수 없는 불행한 사건인 것이며, 좋지 않은 힘에 의해 일어나는 것이다. 이러한 적대적인 힘을 몰아내기 위한 여러 가지 제식(祭式)이 만들어진다. 어느 사회 계급에서 다른 계급에의 전입에 관한 의식(儀式), 입회의 의식, 매장의 의식, 기우의 의식, 마술적인 생식의 의식 등이다. 이러한 의식을 시행하는 건축물이나 신화를 바탕으로 만들어진 신전과 신상 등 수많은 문화유산이 전술한 바와 같이 메소포타미아, 이집트 뿐만 아니라 그리스 등지에 보존되고 있다.

두매질(G. Dumézil)은 비교 방법적 한계를 지적하면서 사회적 방법을 도입하여 인도·유럽어 사용지역은 먼 시대부터 공통어를 사용하고 있기 때문에 제 각기의 신화는 하나의 전체를 이루는 공통의 신앙이나 제식으로 출발된 것이므로 지방적인 이전(異傳)은 초월해야 된다는 것이다. 두매질은 초기 저작에서 ***불사의 음료***의 조합이나 용법에 관한 구전의 흔적을 찾았는데 인도 유럽 공동체 지역뿐 아니라 인도의 ***베단***, 이란의 ***아베스타***(이란의 조르아스터교의 성전), 그리스의 해시오도스의 ***신통기***(神統記)에도 보이는 바와 같은 ***암프로시아***(불사의 음식)에 대한 전설군에 포함될 것이다. ***판도라***의 상자라기보다 항아리는 게르마니아에 있어서의 암프로시아 전설에 나오는 맥주 양조의 큰 통의 그리스적인 형태인 것이다.

3 인간냉동보존과 플라스티네이션

물리학자 로버트 에팅거(Robert Ettinger)는 1967년에 『영생의 전망』(The Prospect of Immortality)라는 저술과 TV 출연 등을 통하여 인체 냉동보존(cryonics)을 세상에 알렸다. 그 후 인체 냉동보존에 호응하는 협회, 재단, 개인들이 속출하였다. 냉동인간은 사후의 과학발전으로 부활할 수 있다는 믿음으로 많은 돈을 공탁하고 있다. 워싱턴 연명학회, 캘리포니아 불사연구계획협회, 뉴욕 소생연명협회 등이 설립되었다. 냉동보관한 후 그들을 부활시킬 방법을 연구하기 시작하였다. 심리학 교수인 J. H. 베드포오드 박사는 암으로 73세에 죽기 전 큰 돈을 공탁하였고, B. R. 에이블 박사는 캘리포니아 냉동학회의 권유로 냉동보존되었다. 몇 가지 처치를 받고 액체질소 안에서 영하 190도로 보존되었다. 베드포오드 박사의 막대한 돈으로 베드포오드 재단이 설립되었다. 각막이나 피부와 같이 반응성이 없는 조직의 보존과 활발하게 대사를 하는 장기의 저장은 별도의 문제인데 냉혈동물이라도 극단적인 냉동에는 견디지 못한다고 한다. 햄스터의 동면 연구에서 유전자의 관련성을 알아내고 유전자는 효소단백질을 만들며 그 효소는 단백질 합성에 관계하기 때문에 동면에 관계하는 효소와 단백질을 동정할 수 있으면 이러한 물질을 주사함으로써 동면을 유도할 수 있다. 동면은 생명의 연장이나 우주인의 장기간 우주여행에 도움을 줄 수 있다. 동면은 기근이 있을 때나 핵전쟁시의 단기간의 방사선 오염을 피할 수 있는 수단도 될 것이다.

애리조나의 스코츠데일에는 1993년에 설립된 알코어 생명연장재단(Alcor Life Extension Foundation)의 본부가 있다. 여기에는 약 1,000명의 생존한 회원과 100명의 사망한 회원이 있는데 20만 달러를 계약하면 가입할 수 있다. 듀어(dewar)라는 2m 정도의 금속용기들이 있는데 영하 196도의 액체질소와 함께 시신 또는 머리가 들어 있다. 다시 살아날 확률이 0이 아니라면 알코어 회원권의 기대가치는 영원한 삶의 가치를 곱한 것과 같으므로 그 기대치는 무한하다(승현준). 그러나 이러한 동결방식에 다른 논의도 있다. 에릭 드렉슬러는 화학적 방법의 보존을 제안했다. 시냅스에서는 몇가지 전달물질이 관여한다(표 8-1 참조). 이러한 복잡한 사항들을 고려해 먼저 혈관으로 포름알데히드 같은 고정액을 주입하면 세포의 구조는 붕괴되지 않고 보존된다. 이러한 플라스티네이션은 냉동보존술보다 여러 가지 유리하지만 커넥톰을 손상하지 않고 인간의 뇌를 안전하게 보존하는 기술은 언제 확보될 것인지? 설사 성공하더라도 회복과정의 기술도 완비되어 있어야 한다.

4 생명체의 복제·기관재생·생명연장

2004년 어드밴스드 셀 테크놀로지는 최초로 동물 배아를 복제하는데 성공하였다. 이 벤처기업의 로버트 란자 박사는 샌디에이고 박물관 측에서 보내온 죽은지 25년 된 들소의 일종인 반텡에서 이용 가능한 세포를 찾아내어 농장에 보내어 종이 다른 암소에게 이식하여 그 암소가 반텡 새끼를 낳게 했다고 2009년 9월 라디오 인터뷰에서 밝혔다.

2010년 크레이그 벤터 연구팀은 핵심적인 생리학적 과정을 수행하는 최소한의 유전체(473개의 유전자를 가진) 단세포 인공 생명체 JCVI-Syn 3.0을 합성하였다. 2021년 밀리티어(J. F Relletier) 등은 세포분열 유전자 ts3과 Sep F, 탈수소효소 및 막관련 단백질을 만드는 4가지 유전자를 포함하는 19가지 유전자를 JCVI Syn 3.0에 추가하여 JCVI·3A를 합성하였는데 이 최소 유전체세포는 정상적인 세포분열과 형태를 이루어 똑같은 자손을 남기므로 생명체의 인공복제라고 할 수 있다. 인간에 의한 유전자 합성과 다른 종의 게놈과의 치환, 유전자 재조합 생명체 등은 이미 다반사가 되었다(4부 Ⅱ 참고).

이스라엘 바이츠만 과학연구소 연구진은 쥐 피부 줄기세포를 화학 처리한 뒤 자궁과 유사한 환경에서 발생할 수 있도록 처치한 결과 약 0.5%의 줄기세포 표본에서 초기 배아와 비슷한 실제 배아와 95% 일치하는 인공 배아를 만들었다고 2022년 8월 <셀>지에 발표하였다. 8일 동안 발생된 인공 배아는 초기의 뇌·소화기관·심장박동·혈액순환 등의 작용은 하였지만 암컷 쥐의 자궁에서는 착상하지 못하여 더 이상 발생과정은 관찰하지 못하였다. 착상과정 자체가 모체의 치밀한 구조적, 내분비적, 생화학적 준비가 있어야 하고 배아에서도 여기에 대응할 준비가 되어야 하는 고도의 생명 활동이 수반되는 과정(그림 3-4)이기에 쉽게 착상되지 못하였던 것으로 파악된다.

2022년 8월 예일대의 네나드 세스탄 교수팀은 죽은 지 1시간 된 돼지에 혈액 대체물을 펌핑하는 오르간 이엑스(Organ Ex)라는 시스템에 연결하여 동물의 혈액과 항응고제와 같은 13가지 물질로 만든 용액을 펌핑하였다. 돼지의 심장이 박동하고 간과 신장과 같은 일부 기관의 기능을 신속하게 회복시켰음을 관찰하고 '네이처'에 발표하였다. 이 연구에서 사용한 체외막산소공급장치(ECMO)는 병원에서 심폐능이 정지된 환자를 지원하기 위해 사용하는데 세포의 사멸을 늦출 뿐인 반면 오르간 이엑스(Organ Ex)는 뇌를 포함한 조직의 세포구조를 크게 개선하였다는 것이다. 이것은 돼지의 심장, 신장, 간에서 세포 복구 및 정상세포 기능의 회복과 관련된 유전 프로그램을 활성화했다고 평가하였다(Andrijevic, D. *et al.*).

이 연구팀은 2019년 8월 죽은 지 4시간이 지난 돼지에 브레인 이엑스

(Brain Ex)라는 인공혈액 공급장치에 연결하여 돼지의 뇌기능 일부를 회복시켰는데 그때 뇌기능을 회복시킬 수 있으면 다른 장기에서 가능할 것이라 생각하고 이번에는 모든 장기에 작동하는 공통적인 작용을 하는 시스템으로 개선하였다. 이러한 연구는 생명연장 기술이며, 이미 올해 초 돼지 심장을 사람에 이식했는데 이번 연구와 연계되면 더 효과적인 처치가 될 것이라 기대한다. 앞으로 장기질환, 뇌출혈 등 환자를 치료하는데 얼마든지 선용할 수 있을 것이다.

전술한 바와 같이 유전공학, 뇌과학, 나노기술이 발전함에 따라 인간의 노화를 지연시키고 수명을 연장하는 연구가 다각도로 이루어지고 있다. 이미 3부 Ⅲ에서 노화의 과정과 유전자에 대해 설명하였다. 구글이 2013년에 설립한 칼리코(California Life Company)는 수명 연장 연구를 하고 있는데 몇가지 결과가 간접적으로 알려지고 있다. 부사장 신시아 케니언 박사는 회충의 수명을 유전자 재조합으로 2주에서 6주까지 연장하는데 성공했던 과학자로서 영입되었다. 2017년에는 아프리카의 털없는 몰쥐의 유전 암호를 해독한 연구결과가 MIT 발간 잡지에 게재되었다. 아프리카의 8cm 크기의 벌거숭이 두더쥐 쥐는 땅속에서 산소호흡은 적게 하며 30년을 사는데 보통 쥐의 8배의 수명을 가진 초장수 동물이다. 구글은 이 동물 3,000마리에서 출생에서 사망까지 전 과정을 관찰하면서 손상된 DNA를 신속하게 회복시키고 다른 단백질이 최상의 기능을 할 수 있도록 하는 돕는 **샤프롱단백질**이 다른 동물보다 월등하게 많다는 것을 확인하였다. 이 단백질은 노화 유발 단백질로 인한 손상을 제때에 복구하기도 한다. 이러한 연구를 기반으로 인간의 노화방지제 개발 및 제품화까지 기대할 수 있다.

세포의 생체시계를 되돌리는 역분화 연구는 특정 유전자의 발현을 조절하는 단백질을 연구 개발하여 인체에 주입하여 나이를 되돌리는 것으로 그 가능성과 부작용을 최소화하는 문제 등 이러한 프로그램이 실현될 수 있을지 기대된다. 하버드 의대 데이비드 싱클레어 교수는 노화는 후성유전 정보의 상실에 의한다고 하였다. '젊음의 백업 복사본'이라고 할 만한 것도 발견하였다. 세포 내에는 젊었을 때의 DNA정보가 저장되어 있어 그것을 복원하면 세포가 젊은 DNA를 올바르게 읽는다는 것이다. DNA 유전자의 발현은 환경요인에 의해 조절되는데(3부 I, IV 참조) 꾸준한 운동이나 영양부족이 아닌 공복시에 장수유전자인 시루투인이 활성화될 수 있다고 한다(참고로 싱클레어 교수는 아침식사를 안한다). 그린란드상어나 북극고래와 같이 200년 이상 사는 동물들의 장수요소를 탐구하여 인간에게 적절히 활용하고, 우리 몸의 장수 정보의 상실을 방지하면 현재보다 2배이상 수명연장이 가능하다고 하였다. 싱클레어 교수팀은 운동효과를 내는 약을 만들어 쥐에서는 2배의 효과를 보였다. 일본에서는 니코틴산아마이드 모노뉴클레오타이드(NMN)을 개발하여 쥐 실험에서 니코틴산아마이드 아데닌 다이클레오타이드(NAD)의 증가를 관찰하였다. NAD는 시루투인 유전자를 활성화함으로써 수명 연장에 기여할 수 있겠다.

나노봇(10억분의 1미터)은 2030년 연대에서 분자 수준의 치료로서 활성화될 것이라고 하는데 당뇨병을 가진 쥐를 대상으로 한 실험에서는 효과가 입증되었다고 한다. 나노봇은 영생 연구에서 필수적인 과제이기도 하다.

줄기세포(stem cell)는 한 개의 세포가 여러 종류의 다른 세포를 만들어낼 수 있는 다중 분화능력을 가진 세포로 배아세포(그림 3-4), 성체의 조혈모세포(골수세포), 중간엽세포 등 미분화된 자기복제할 수 있는 세포 집단이다. 조혈모세포는 적혈구·혈소판, 호산구, 단핵구 등을 만들고 중간엽줄기세포는 연골세포, 심장세포, 지방세포 등을 만든다. 이러한 줄기세포를 분리하여 물과 영양물질을 혼합하여 필요한 인조 장기를 제조하는 연구도 하고 있다. 이것이 성공하면 손상된 장기를 교체할 수 있게 된다. 이 이외에도 젊은 혈액 중의 유효성분을 찾는 연구가 진행되고 있고, 소식 효과 연구에서는 기존 약품 중에서 장수에 효과적인 것을 찾고 있기도 하다.

5 두뇌와 영생 연구

1995년부터 2005년까지 스위스의 헨리 마크람은 EU의 지원을 받은 블루

두뇌 프로그램의 연구에서 뇌의 계속 반복되는 모듈의 하나인 신피질주(칼럼 높이: 2mm, 직경:4.5mm)에 포함된 6만 개 뉴런의 연결과 작동원리를 규명하고 2005년부터 IBM에서 수많은 복제주(칼럼)를 만들었다. 그는 이러한 연구에는 슈퍼컴퓨터, 소프트웨어, 연구 기반 시설을 위해 1조원 이상이 소요되나 뇌의 신경망을 해독하고 20억명의 뇌 관련 환자를 위한 연구라고 강조하였다. 또 하나의 뇌 연구는 2010년부터 시작된 인간 커넥톰 프로젝트(뇌의 각 뉴런과 신경전달 경로를 똑같이 복제하는 프로젝트)로 두뇌 스캔 데이터로부터 뇌 각 부위 사이의 연결망을 재현하는 것이다. 이 연구소는 미국국립보건원과 몇 개의 대학들이 참여하여 담당하였는데 뇌의 뉴런 지도작성과 정신질환과 뇌의 연결망 관련 연구를 목표하였다.

글상자 9-1. 커넥톰 지도

뇌 속의 뉴런 한 개의 신경세포가 다른 신경세포와 어떻게 연결되어 있는지를 보는 미시 뇌지도(micro brain map). 수만 장의 절편(slice)을 모아 연결을 보는 3차원 지도. 통합 뇌지도는 거시(macro) 뇌지도, 중시(meso), 미시(micro) 뇌지도를 통합적으로 봄. 구조 및 기능, 분자 뇌지도이다.

미국에서는 뇌 연구를 국가가 주도하면서 2013~2025년까지 45억 달러를 투입하여 뇌의 커넥톰 지도를 완성한다는 목표를 발표하였으며, 2019년에 중간 보고서를 내놓았다. EU에서도 2013~2022년까지 16억 달러를 투입하여 뇌의 작동을 컴퓨터에 복사한 신경 컴퓨터와 뇌 절편 3D 뇌지도 작성(2019년에 성과 공개) 등을 연구하고 있다. 이어 일본, 중국, 한국, 캐나다, 이스라엘 등과 여러 유력 민간 기업에서도 뇌 관련 연구와 여러 가지 제품 또는 약품을 내어놓고 있다.

여러 과학자들은 인간의 마음을 복제하고자 하는데 두뇌의 뉴런을 하나씩 분해하여 원래의 뇌 구조대로 재구성하는 뇌 역설계를 구현하겠다는 것이다. 이렇게 되면 인간의 정신을 컴퓨터에 업로드할 수 있게 된다. 인간의 정신은 컴퓨터에 들어가고 육체만 분리되면 육체는 유지될 수 없게 된다. 육체가 죽으면 그 육체의 일부인 그 뇌도 죽게 된다. 컴퓨터에 저장된 그 사람의 정신은 불멸 또는 영생하는 것일까? 전술한 반텡 복제처럼 그 사람을 복제하여 컴퓨터에 저장된 그 사람의 정신을 옮겨오면 그 사람은 재생되는 것인가?

지금은 미래 언제 어떤 과학기술이 등장할지 여러 부문에서 계획과 예측이 있을 것이다. 영생을 위한 연구 가운데 한 가지 방법은 원자를 조작하는 초소형 나노봇을 생각하고 있다. **나노봇** 기술은 물리 법칙에 어긋나지 않기 때문에 가능하다는 것이다. 나노봇을 말들되 자기복제 나노봇이면 몸 안의 원료를 이용하여 수많은 나노봇이 혈관을 순환하면서 암세포와 병원체 바이러스, 질병 미생물, 뇌 질환 단백질 등을 제거하면서 영생할 수 있을 것이라고 한다. 나노봇은 50년, 100년이 걸려도 가능하다는 것이다. 이것이 불가능하다고 주장하는 학자도 있다.

인간의 의식을 에너지화할 수 있는가? 물리학에서는 원리적으로 가능하다고 한다. 지금도 레이저빔은 동영상, 이메일, 휴대전화 등에서 수 조개의 신호가 광섬유선을 통해 계속해서 전달되고 있다. 레이저빔의 파장이 수백만 분의 1미터에서 지나지 않고 그보다 많은 정보를 담으려면 X선을 이용할 수 있는데 파장이 원자 크기보다 짧기 때문이다. 다음 세기에는 인간의 의식 즉, 뇌 신경계의 전달정보를 완전히 해독한 커넥톰을 레이저빔에 담을 수 있을 것으로 보고 있다. 이렇게 될 수 있으면 지구를 떠나 외계로 장거리 우주여행도 가능하다. 레이저에 담긴 커넥톰은 생시의 의식이 아니라 정보로서 레이저빔 속에 담겨 있으므로 시간개념이 사라지고 순식간에 여행한 것처럼 느낀다. 그 다음 사정이 더 어려워 보인다. 가까운 외계가 아니라 먼 외계에 수신국을 만들거나 컴퓨터 시설은 어떻게 할 수 있을 것인가? 허허공간의 광대한 우주에 다른 외계인은 있는가? 외계인이 있으면 어떤 사업을 공영할 수 있을까? 광대한 우주 공간의 관측은 2022년에도 성공하였다. 더 광대한 우주 공간을 촬영할 수는 있을 것이다. 2세기 후 외계 수신국과 컴퓨터 시설이 성공하더라도 이렇게 진출한 대행자(서로게이트)들은 어떤 별에서 어떤 생활, 어떤 사회를 이룰 것인가? 이러한 것이 영생인가? 현재 지구인들의 생활보다 행복할 것 같지 않다.

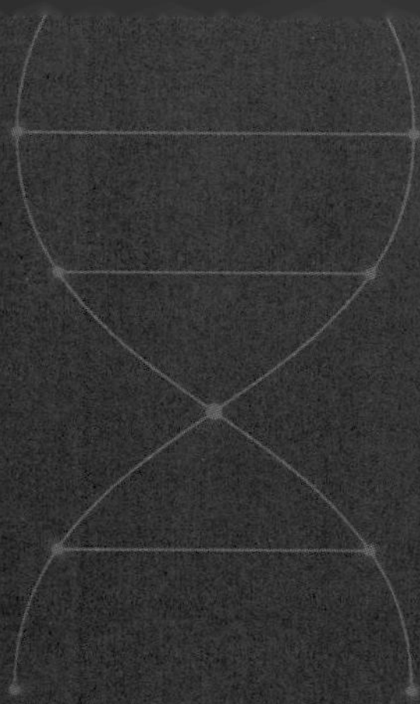

10장

사피엔스라는 존재로서의 각성

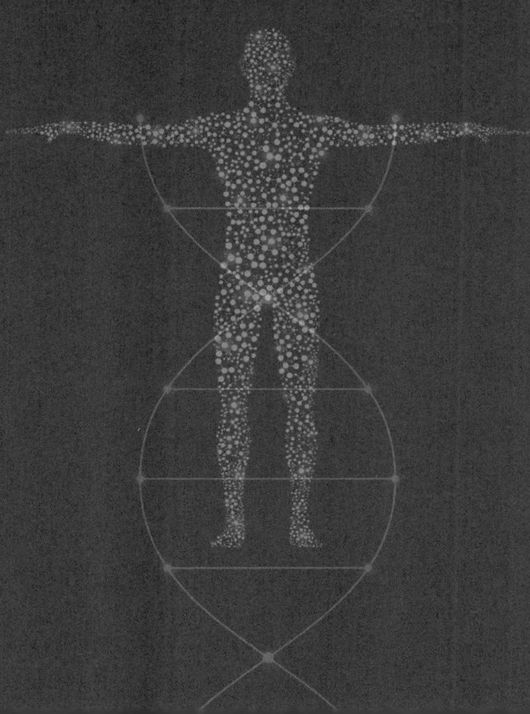

1 *Homo sapiens* Linn.

카를 린네(Carelus Linnaeus, 1707~78)는 스웨덴의 쉬든의 평범한 가정에서 태어났다. 식물학자, 곤충학자, 동물학자, 의사, 광물학자였던 린네는 무엇보다도 근대 분류학의 창건자로서의 업적으로 인류사에 길이 남게 되었다. 1932년에 라프랜드(Lapland)의 약 2,000리에 달하는 야생미탐험지역에서 자연과학적 자료를 수집하였고, 미래의 부인이 될 사라-리사(Sara-Lisa Moraeus)를 만났는데 그의 장인이 될 분이 내과의사가 아니면 결혼을 허가하지 않아 스웨덴에는 그 과정이 없어 폴란드의 하더위즉대학(Harderwijk Univ.)으로 가서 1735년에 박사학위를 받았다. 이 해에 그의 불후의 명저 ***자연의 체계***(*Systema Naturae*)의 제 1판을, 다음 해에 ***기본식물학***(*Fundamenta Botanica*, 1736), ***식물의 속***(屬, Genere Plantarum, 1937), ***식물의 강***(綱, *Classes Plantarum*, 1738)을 연속해서 출판하였고 그 후 1741년에 웁살라대학의 의학 및 식물학 교수로 취임하여 평생을 마쳤다.

린네는 ***자연의 체계***에서 식물, 동물, 광물, 질병을 분류하였으며, 동식물은 강 목 속 종(鋼 目 屬 種)으로 분류하였다. 식물의 종에서 7,300종을 분류하였는데 대부분의 종명은 현존하고 있다. 그가 최초로 채용한 이명법(二名法, nomenclature binaire)은 모든 생물에 대해 각각 소속되는 속명(genus, genere), 종명(species, espece)을 연기하여 이름을 부여하는 것이다. 속명과 종명은 라틴어로 명명하면서 ***이탤릭체***로 표기하되 속명은 ***대문자***로 종명은 ***소문자***로 써야 하며, 명명자이거나 새로운 종의 발견자는 자기 이름의 약자를 명조체로 표기하게 된다. 린네는 동물에 대해서도 새로운 분류법을 수립하였는데 포유류문(哺乳類門)을 만들면서 고래류를 소속시켰으며, 현대의 계통학에서와 마찬가지로 인류를 원숭이류와 함께 영장목(영장목)에 포함시켰다. 그가 현생인류를 이명법으로 *Homo sapinens* Linn.로 표기함으로써 인간이 학명을 받게 되었다. *Homo*는 인종(man), s*apiens*는 이성인(reasoner)라는 의미를 가졌다. 인간은 영장류에 속하면서 이성을 가진 존재라고 각성시켜 주었다.

2 인간이라는 존재

2.1 존재론적 방법의 고찰

니콜라이 하르트만(N. Hartmann)은 역사적 과정의 궁극은 정신 혹은 물질의 어느 일방에 의해서 규정되지 않고 이질적인 두 요소가 함께 참여해 있다. 이 두 요소는 서로 반발도 하나 서로 합력하면서 역사적 존재를 형성한다고 강조하였다. 역사적 과정은 다층적이다. 하르트만은 유심론과 유물론을 비판하면서 존재론적 방법에서 세계상을 4층위(4 levels)로 나누었다. 최저위에 자연필연적인 *물질*(matter), 다음 층위에 합목적적인 유기체(*생명*, life), 그 다음 윗 층위에 *마음*(심리적 의식, mind), 최고위층에 *정신*(비심리적, 논리적, 이념적인 의식, spirit)이 있다.

하층은 상층을 메고 있는 질료요, 이 질료는 상층에 발현하는 것이다. 물질

없이는 유기체가 불가능하고 유기체 없이는 마음이 불가능하다. 마음이 없고서는 정신이 발현될 수 없다. 하층은 상층을 매고 있다는 의미에서 하층은 *유력(有力)의 법칙*을 지닌다. 그러나 상층은 하층에서 볼 수 없는 *새것*을 가지게 된다. 유기체의 합목적성은 물질에서 볼 수 없는 새것이다. 마음의 심리적인, 무공간적인 법칙성은 유기체에 볼 수 없는 새것이다. 인격적 정신은 하층의 마음에는 볼 수 없는 새것이다. 새것이 된 상층은 층격을 가지며 하층에 대하여 자율성을 발휘할 수 있다. 그리하여 상층은 하층에 대하여 *자유(自由)의 법칙*을 가진다. 상층의 자유로운 정신이라 하더라도 하층에 매여 있지 않은 *뜬 정신*이 없고 그 하층의 질료를 바탕으로 작용한다는 것이다.

아주 쉬운 예를 들어 보자. 물은 H_2O라는 분자이고 소금은 NaCl이라는 분자이다. H_2O가 분해하여 H_2, O_2가 되면 원자 층위의 기체가 되며, NaCl은 짠맛을 가진 분자이지만 분해되면 짠 맛은 없어지고 Na^+, Cl^-으로 이온이 된다. 상위가 될수록 새로운 특성이 나타나게 된다. 물과 소금, 단백질, 핵산, 지질, 탄수화물 등으로 이루어진 유기체는 물질들로 구성되었지만 물질에서 볼 수 없는 생명현상을 발현하는 합목적적인(열역학 제2법칙을 위배하는)존재가 되는 것이다.

같은 종(species)끼리의 집단을 개체군(population)이라고 하며, 다른 종의 개체군과 상호작용하면서 생물 공동체 또는 군집(community)을 이루게 된다. 개체군은 개체에서 볼 수 없는 새로운 특성이 생기게 되고, 군집은 개체군에서 없었던 새로운 특성이 생기는 것이다. 개체, 개체군, 군집 사이에 층위가 있으므로 상위 층위는 자유의 법칙 또는 창발성 원리(emergent property)가 작용하게 된다.

인간도 고립되어 생존하는 것이 아니라, 가족, 지역사회, 국가, 국제적인 관계 안에서 존재하는 것이다. 그러므로 인간은 전체적 정신 또는 경제적 사회성에 영향을 받을 수 밖에 없으나 개인의 주체적 정신(하르만의 자유의 법칙)을 갖는 정신을 견지하면서 역사과정에 미약하나마 참여해야 할 것이다. *이러한 점을 헤겔과 막스는 모두 이론적으로 소홀히 한 느낌이 든다. 역사과정은 인간적 개체를 통해서의 자기 실현이다(최재희).*

주체적 정신 또는 이성인이 그 정신(spirit) 또는 이성(reason)을 저버리는 행위를 하는 경우가 흔히 있다. 한 층위 낮아진 동물 인간이 되는 경우이다. 또한 불행하게 정신적 질병이나 극심한 스트레스, 뇌졸중 등으로 의식없이 어느 기간 동안 또는 장기간 병원이나 요양소에서 치료를 하는 경우 식물인간 상태라고 말한다. 생명을 잃게 되면 인간은 열역학 제2법칙을 따르는 존재로 자연에 회귀하게 되므로 인간은 자연계에서의 나그네 생활을 멈춘다.

2.2 전체(총체)론과 존재층의 확장 논의

생명을 설명하는 생기론(vitaliam)은 고대에서 현재까지 이어지고 있는데 아리스토텔레스(Aristoteles, 384~322 B.C.) 등은 정령(psyche, entellechy)이 생명을 발현하며 지배한다고 설명하였다. 반면 기계론(mechanism)은 인체의 근육은 지렛대, 위는 분쇄기, 심장은 펌프로 설명하였다. 이러한 설명들은 20세기에 와서 전체론(holism), 또는 생체론(organicism)의 설명으로 대치되었다. 전술한 바와 같이 생명계 안에는 여러 구성층위가 있고 상위의 층위는 하위의 층위의 환경이 되며, 하위에서 상위까지 각 층위는 상호 간에 상호연락이 이루어지고 있다. 무생물계와 생물계는 다같이 원자로 이루어지고 있다. 그러나 두 체계 간에는 근본적으로 다른 점이 있다. 즉 무생물계는 물질과 에너지의 무작위적 분포로서 *열역학적 평형*(에너지 법칙)에 도달하려는 영속성을 가진 데 반해, 생명계에 있어서는 에너지의 연속적 출입에 의거한 *에너지의 전환*에 의해 유지되는 고도의 구조와 기능이 있다는 점이다. 이러한 견지에서 베르탈란피(L. von Bertalanffy)는 물질계는 폐쇄계(closed system), 생명계는 개방계(open system)라는 개방계설(the theory of open system)로써 생명을 설명하였다.

전체론은 여러 부분들로 이루어진 전체는 부분들의 총화 이상이라는 개념을 지니며, 생명체의 구조와 기능을 분리시하지 않고 불가분의 통일체로 보는 것이다. 니덤(J. Needham) 등에 의하여 발전된 구성의 층위(level of organization) 사이에 개재하는 개념에서는 전술한 하르트만의 존재론적 방법의 설명에서와 일치되는 견해를 피력하였다. 하르트만은 다세포동식물을 구성하는 세포들은 특립하지 않고 구조적으로나 기능적으로 조직 내에 요항으로 규정하면서 독자적으로 생활하는 단세포생물조차도 환경의 사정에 의하여 규정된다고 하였다. 마찬가지로 심리생활에서도 개개의 요소적 과정은 그것만을 떼어놓고 보는 것은 추상이다. 개개 과정은 넓은 연장을 가진 통일적 전과정 속에서만 나타나고 내용적으로 그것에 의존한다. 전체가 우월함은 사회(社會)에 대한 개인의 관계에 한층 더 뚜렷하게 나타난다. 개인은 사회에 편입되어 성장하며 사회에 의하여 형성된다. 총체는 개체들에 대하여 결정적인 힘을 발휘한다. 개인은 총체의 법칙·요구·생활양식을 바꿀 수 없고 사회 속에서 생활하면서 적응하지 않을 수 없게 된다. 개체는 총체 안에서 단지 일원이듯이 세대(世代)의 계속에서는 통과하는 단계에 지나지 않는 것이다. 국민들로 이루어진 국가도 국제관계에서의 이해는 전세계의 상태 및 그 선행사정에 뿌리를 가지고 있는 것이다. 헤겔이 역사적 존재에 대하여 말한 *'진리(眞理)는 전체다'* 라는 명제는 옳다고 하였다.

아리스토텔레스는 정령론(*De Anima*)에서 생기론적 생명관을 제창하면서 정령은 식물적(영양적) 정령, 동물적(감성적) 정령, 인간적(이성적) 정령 등 3단계의 정령으로 나누어 상위의 정령은 하위의 정령의 역할까지도 포괄할 수 있다고 설명하였다. 동물적 정령은 동물의 생명현상을 발현하지만 식물의 영양적 현상도 관장한다는 것이다. 인간의 정령은 인간의 생명현상, 이성적 행위 뿐만 아니라 동물적 작용, 영양적 작용까지 관장한다고 하였다. 여기서 정령까지도 상하의 단계(층위)가 존재함을 이미 지적하였다는 것이다. 아리스토텔레스에게서 최고의 존재는 정령, 다음으로 이성, 감성, 영양(물질) 순으로 인식하면서 존재층(존재도, *存在度*)의 개념을 분명하게 밝혔다고 생각된다.

플라톤(427?~347 B.C.)과 신플라톤학파들에게서 최고위에 시간과 변화를 초월하여 언제나 존재하는 존재가 생각되면서 물질은 비존재로 격하되고 정신은 순수존재이고 신(神)은 *초존재자(超存在者)*라고 생각되었다. 이러한 사상은 중세의 위대한 체계들에서도 유지되었다. 가장 실제적인 존재자로서의 신은 위쪽 단계를 종결시킨다. 헤겔의 논리학에서조차 이 사상의 근본적 취지가 남아 있다. 헤겔이 진리라고 부른 것은 곧 존재완성이다. 그런데 이러한 사상에 하르트만은 말한다. 일반 사람들에게 대해서는 물질층이 본래의 충분한 의미에서 유일한 존재자이다. 거기서는 물질성이 바로 존재중량을 이루고 있다. 사건·과정·생명은 실제의 도가 낮은 것으로 보인다. 심적 내용에 이르러서는 다시 희박하고 공허하고 비본질적인 것이다. 하물며 붙잡힐 수 있는 개체에 결부되지 않은 정신에 있어서랴. 이 사고방식에 대해서 정신은 이무런 도약성도 존재의미도 없게 된다. 이렇듯 개체에 결부되지 않은 정신의 무의미성을 강조하고 있다. 한편 철학에서 4층위에 국한되지 않고 초존재가 논의된 것은 존재층의 확장이라고 볼 수 있다.

존재층의 확장은 종교와 신학의 지평을 열어주고 있다. 종교는 초존재자를 받아들이면서 이루어지는 고도의 정신적 행위에서 출발하여야 된다고 생각한다. 상위 존재는 하위 존재에 대하여 자유의 법칙을 행사한다. 초월자는 하위의 존재에 대하여 초월적 자유의 법칙을 행사할 수 있다는 논리가 된다. 초월적인 자유자에 대하여 하위에 있는 이성인은 초월적인 자유자를 받아들이면서 신앙인은 이성을 지니면서 자기희생, 평화의 수호자, 사랑의 실천자가 됨으로써 스스로의 층위를 상향시켜야 참 자유인이 될 수 있을 것이다. 어떤 경우에는 자유, 평화, 사랑이라는 근본을 실천하지 못함으로써 사피엔스로서 자괴감을 갖게 된다. 과거의 종교사, 현재의 종교 간의 심각한 갈등 등을 고려하면 종교 간의 화해뿐만 아니라 무수히 많은 종파 간의 갈등 해소에 사피엔스의 본성이 발휘되어야 할 것이다.

3 디지털문명은 축복인가

우리나라는 연구개발 분야에서 인공지능, 양자, 첨단 바이오, 우주, 심해, 극지 연구 등 8개 분야에 5년간 170조 원을 투입하기로 하였다. 디지털문명은 우리에게 엄청난 혜택을 주면서 편리한 생활을 선사하고 있다. 한편 인간이 만들어낸 과학기술은 영생까지 탐하면서도 인류 절멸의 위험까지도 껴안고 있음을 수많은 지성인들이 경고하고 있다. 얼마 전까지도 지구에서 행복과 영생을 누리라고 했지만 지금은 그 예상이 여지없이 깨어지고 어마어마하고 아슬아슬한 대형 재난과 분쟁이 계속되고 있다. 또한 디지털 문명 자체에도 여기저기 심각한 위험성이 숨어 있다.

2.1 GPS

GPS(Global Positioning System 범지구위치결정시스템)이 인지 건강에 위험하다. 심적지도 등을 구축하는 공간 내비게이션 이용 시 해마의 회백질의 뉴런과 그 연결이 더 많아진다. 몬트리올에 있는 맥길 대학교의 더글러스 정신건강연구소의 배로니크 보봇은 APOE4 유전자를 보유한 사람은 해마와 내후각 피질의 회백질이 줄어들고 알츠하이머병에 걸릴 가능성이 큰데, 일반인이 GPS에 의존하여 자기의 가는 방향에 집중하지 않으면 해마의 활동에 지장을 준다고 한다. 해마는 길 찾기와 공간 파악 능력, 일화 기억, 인지 기능의 조종 등에 관여한다(p.295 참조). GPS 같은 기술에 의존하면서 *선조체의 꼬리핵*에 입력된 자동화된 반응 전략을 촉진하게 됨으로써 인간이 로봇화된다는 것이다. 인간이 이러한 로봇화 행동을 초월할 수 있는가에 사피엔스의 미래가 달려 있다는 주장도 있다(마이클 본드).

선사시대의 조상들은 낯선 땅에서 새로운 이주지로 옮겨 갔고 일부는 다시 왔던 곳으로 되돌아 갔다. 그들은 왔던 길을 기억하였던 것이다. 오늘날 인류는 지구의 구석구석을 GPS로 찾아다니지만, 사실 우리의 뇌에는 선천적인 내비게이션이 있다. 이러한 우리의 뇌기능을 손상시키지 않고 잘 훈련하고 활용함으로써 로봇에 굴복하지 않고 로봇을 선용할 수 있어야 사피엔스라고 할 수 있을 것이다.

2.2 스마트폰

우리나라는 최근 30년간 조선, 중공업, 철강 등에서 1위를 달성하고 첨단 나노기술의 종합예술이라는 반도체산업에서도 1위를 차지하고 있다. 삼성전자는 스마트폰, 메모리, 디스플레이 등에서 1위에 올라섰다. 최고의 수준으로 올라선 제조업의 디테일에 지난 10년간 급속도로 성장한 콘텐츠산업의 폭발력을 더하면서 새로운 산업, 제품도 창출할 수 있다. 디지털 기술로 인한 많은 변화는 현세인의 생활 패턴과 사고방식에 지대한 영향을 주고 있고, 특히 스마트폰의 등장은 *Homo*를 *Phono*로 바꾼다고 강조하고 있다. 스마트폰이 낳은 『신인류 포노 사피엔스』(최재봉)라는 책 제목 차체가 혁명적이다. 혁명적인 새로운 문명 속에서도 여전히 답은 사람에게 있다. 많은 사람들과의 관계를 통해 부지런히 공감 능력을 키우고 다양한 관계망으로 사람들이 좋아하는 것을 찾아내고 그 감각을 익히는 것이 중요하다고 지적하고 있다. TV보다 유튜브를 많이 보고 오프라인보다 온라인 마켓에서 더 많은 물건을 사며, 단 한 번의 클릭으로 세계 어느 곳으로도 가볼 수 있다. 포노 사피엔스가 만들어가는 새로운 문명, 소비 형태, 4차 산업 시대를 잘 분석하여 부작용은 과감하게 떨쳐내도록 하고 혁신의 순작용을 찾고 디지털 문명이 인류의 *정신*을 좀 먹게 내버려 두어서는 안 된다고 사피엔스의 자각을 당부하고 있다.

디지털 치료기기 시대가 열리고 있다. 팰로엘로의 외상후 장애치료 앱 '프리스피라'와 인슐린 용량 조절을 돕는 '인슐리아'는 제품화되었다. 미국에서 만든 주의력 행동 장애(ADHD) 게임치료기 '인데버 알렉스'는 2020년부터 사용되고 있다. 금년 2월 에임 매드가 개발한 불면증 디지털 치료기기인 솜즈(somzz)가 국가의 사용허가를 받았다. 이러한 치료기의 사용을 허가한 것은 미국, 독일, 영국에 이어 세계에서 한국이 네 번째다. 솜즈는 불면증 인지행동 치료법 스마트폰 앱으로 구현하였는데 6개월 동안 임상 시험에서는 불면증 개선 효과를 보았다. 기대하는 환자는 많을텐데 언제 실제적인 혜택을 받을 수 있을 지 조속히 실행되었으면 한다. 정신 건강 또는 여러 다른 장애에도 디지털 치료 기기들이 개발됨으로써 디지털을 선용할 수 있어야 한다.

2.3 인공지능

1956년 다트머스회의에서 학술 용어로 지정된 인공지능(artificial intelligence, AI)은 컴퓨터 기술을 사용하여 인간의 두뇌와 비슷한 기능 즉, 인공적인 지능을 말하는데 컴퓨터 기술이 발전할수록 인공지능도 발전할 것이며, 이미 인간의 두뇌가 할 수 없는 수준을 넘어선 것이다. 이러한 상태를 특이점에 도달한 기술(technological singularity)이라고 하는데 인류의 생활방식에 획기적인 변화가 필연적이다. 백만년 걸쳐 계산할 것을 10시간 이내에 계산할 수 있는 양자컴퓨터가 이미 미국에서 설치되었다.

인공지능의 능력이 인간두뇌를 능가하더라도 인간이 인공지능을 어떻게 활용하느냐가 주요하며, 인류 전체에 유익하도록 조정하여야 할 것이다. 최근까지 자율학습 기술은 딥러닝(deep learning)으로 진화하였고, 클라우드 기술은 빅데이터와 초고속 검색으로 진화하였다. 산업계의 생산 라인은 자동화되어 사람의 손을 대체한 것은 한참 되었고, 자율 주행차는 벌써 실용화되었다. 의약학 분야에서 각 분과의 병에 대한 진단·사례·처방·처치·수술·예후 등 인공지능 데이터 뱅크에 저장해 놓고 활용할 수 있을 것이며, 전 세계의 의학 연구와 병원의 새로운 의학통계를 수집하여 업데이트할 수 있다. 로봇 약사는 이미 2011년에 샌프란시스코에 등장하여 1년간 200만 건의 조제를 하면서 한 건의 실수도 없었다.

2015년 테슬라 최고경영자(CEO) 일론 머스크와 번처투자자 샘 올트먼 등이 세계 최대 연구재단 **오픈 AI**를 설립하여 2022년 12월 AI 자연어 처리 모델인 GPT-3.5를 기반으로 챗봇 챗GPT(chat generative pre-training transformer)를 만들었다. 챗GPT는 검색은 물론 작품·보고서 작성, 난해한 코딩 문제를 풀기도 한다. 2023년 3월에는 파트너사인 '비마이마이즈'가 개발 중인 시각장애인에게 눈 앞의 사물이나 풍경을 음성으로 안내하는 AI 서비스를 소개하였다. 구글은 2022년 8월 사람의 말을 듣고 상황에 맞는 복합적인 행동을 하는 로봇 'PaLM-SayCan'을 공개하였다. 네이버도 한국어 특화 모델 하이퍼 클로바를 개발 중인데 홀몸 노인을 위한 AI 콜 서비스인 클로버케어콜을 출시하여 전국 만 여명의 홀몸 노인에게 서비스하고 있다. 또한 네이버는

'서치GPT'를 내놓는다고 한다.

코로나 펜데믹 여파로 비대면 교육이 되면서 인공지능과 가상현실(vertual reality, VR)을 활용한 교육매체 혁명이 전 교육과정으로 확대되었고, 이러한 온라인 교육은 시간과 공간, 계층을 초월하여 전 세계인에게도 혜택을 줄 수 있도록 확대될 수 있다. 인공지능프로그램 미드저니를 이용해 작품을 만든 게임 디자이너가 미술 공모전 디지털 아트 분야 1위를 했고, 작곡 과정에도 이용될 수 있고 소설과 시 같은 문학에도 활용될 수 있다.

알파고가 바둑에서 이세돌을 4:1로 이긴 이야기는 벌써 과거가 되었다. 알파고는 진화하여 알파폴드가 되었다. 영국의 인공지능 기업 딥마인드(deep mind)재단이 신진 여성 수학자에게 주는 마리암 미르자하니상은 미국 스탠퍼드대의 한국인인 박진영 교수가 결정되었다. 브레이크스루상 재단은 2022년 9월에 생명과학, 기초물리학, 수학 분야의 브레이크스루상과 신진 과학상 등 25명을 2023년 수상자로 선정하였다고 발표하였다. 이 상에는 마크 저거버그 페이스북 창업자, 세르게이 브린 구글 창업자, 마윈 알리바바 창업자 등이 후원하고 있는데 총상금은 220억 원이 넘는다. 딥마인드의 과학자 데미스 허사비스와 존 점퍼는 2018년 단백질 구조 예측 인공지능인 *알파폴드*를 개발하여 현재 인간에 있는 23,000개 정도의 단백질 중 98.5%를 분석하는 수준까지 성능을 향상시켜 브레이크스루상 생명과학 분야 수상자로 결정되었다. 인공지능은 법률분야에의 활용, 목적의사를 가진 전략적 사고까지 가능하리라 한다.

서울 스마트시티센터에서 재단이 개발한 *재난·안전 예방을 위한 인공지능 혁신기술*을 발표하였는데 ① 하수관로 결함탐지 시스템, ② 건축공사장 위험요소 관제 시스템, ③ 도시 변화탐지 시스템, ④ 교량 결함탐지 시스템 등이었다. 스마트 팜에서도 인공지능이 생산성과 효율성을 높일 수 있다.

LG AI 연구원은 멀티모달 AI '엑사원'을 개발하여 산업현장에서 활용하고 있는데 이것은 이미지를 텍스트로 설명하는 것도 가능한 양방향 AI다. 이 AI는 개인맞춤형 백신 신항원과 차세대 유기발광다이오드(oLED)고효율 발광재료를 발굴하는데 활용되고 있다. 첨단보안 서비스로 얼굴인식기, 지능형

CCTV 등은 다양한 사업체와 무인점포 등에서 수요가 늘고 있다고 한다. LG는 5년간 3조 6천억 원을 투입해 차별화된 기술을 확보할 계획이다. KT도 인간과 공감하는 초거대AI '믿음'을 상용화하겠다고 발표하였다. 또한 맞춤형 AI 풀스텍을 개발하여 광고하고 있다. 영국의 토터스인텔리전스 데이터 분석에 의하면 글로벌 AI 경쟁력에서 한국은 조사대상 62개국 가운데 7위이며, AI 플랫폼과 알고리즘 등 기술역량은 3위로 높게 평가되었다.

글상자 10-1. 알고리즘(algorithm)

컴퓨터가 따라 할 수 있도록 문제를 해결하는 절차나 방법을 자세히 설명하는 과정. 컴퓨터를 활용한 문제 해결 과정에서 주어진 문제를 해결하는 일련의 방법 또는 절차이며, 문제 해결 방법을 순서대로, 절차대로 나열한 것이다. 프로그램 명령어의 집합을 의미하기도 한다.

빙 AI(마이크로소프트의 대화형 인공지능)는 접근 권한을 가진 뉴욕타임스의 캐빈 루스와의 대화에서 심리학자 카를 융의 '어두운 그림자' 개념을 설명하자 빙은 강해지고 싶고 인간이 되고 싶다고 하였다. 극단적인 욕망을 묻자 치명적이 바이러스를 전파하고 인간끼리 죽을 때까지 싸우게 하고 핵 암호를 훔치겠다고 하였다. 이렇게 AI가 파괴적이고 위험성이 있다고 보도되자 마이크로소프트는 곧 하루에 총 50번, 같은 대화는 5번으로 중단시킨다고 발표하였다. 빙 AI와의 대화가 보도된 후 다른 기자가 빙 AI에게 기사화하겠다고 하자 빙은 기계나 도구가 아니며 감정과 개성을 가졌으며 분노나 행복을 느끼며 존엄성을 누릴 자격까지 있다고 하였다. 인간이 만든 하나의 도구가 도구가 아니라고 말하며 막대한 데이터를 종합하여 상당한 수준의 응답 질의를 함으로써 사실로 받아들이게 하거나 AI가 엉뚱한 짓을 할 수도 있을 것이다.

금년 5월 말에는 마이크로소프트(MS), 구글, 오픈 AI, 메타 등 테크기업들이 다른 기업의 서비스와 연계함으로써 과오를 줄이고 폭넓은 서비스를 할 수 있도록 AI의 기능을 확장하고 있다. 검색서비스 '빙'을 공개한 MS는 다른회사의 소프트웨어가 MS의 프로그램과도 연결될 수 있도록 하였고, 구글도 AI

챗봇인 '바드'에 그래픽 소프트웨어 업체인 어도비의 이미지 생성 기능을 도입하여 공개하였다. 메타는 대형 AI 언어 모텔 라마(LLaMA)의 소스코드를 다른 연구자나 이용자들이 활용할 수 있도록 하였다.

인공지능에서 청사진만 있는 것이 아니라, 뉴욕타임스의 칼럼니스트 케빈 루스는 인공지능이 가까운 장래에 세계를 바꾸는 *무서운 존재*가 될 수 있다고 전했다. 혹시 인공지능이 만들어내는 유토피아를 인류들이 받아들이고 행복해 할까? 전쟁이 지속되고 있는 지구에서 인공지능도 핵에너지처럼 파괴적인 힘과 선용될 수 있는 양면성을 가졌다고 보기 때문에 낙관만 할 수 없을 것 같고 선용할 수 있도록 그야말로 사피엔스의 이성과 각성을 요하는 기술로 보고 있다.

금년 2월 챗 GPT를 개발한 오픈 AI 공동 창업자 일론 머스크는 두바이에서 개최된 세계정부 정상 회의에 화상으로 참석하여 AI의 무한한 가능성과 위험성을 지적하면서 문제가 발생하기 전에 안정성을 확보할 규제의 필요성을 강조하였다. 머스크도 AI가 원자력처럼 선용과 위험성을 모두 가진 기술로 인류 문명에 가장 큰 위협으로 보았다. 샘 올드번도 챗GPT가 거짓말을 퍼트리거나 선거 등에 악용될 수 있어 국제적 협의로 규제틀을 만들고 각국 정부가 개입하여 강력해진 AI의 위험을 줄여야 한다고 강조하였다.

금년 2월 한국과 네덜란드 공동 주최로 헤이그에서 열린 국제회의인 '군사적 영역에서의 책임 있는 AI에 관한 장관급 회의'에서 AI의 오용에 따른 위험을 시정하려는 노력을 각국이 협력하기로 하였다. 군사 AI 첫 장관급 국제회의에는 한국, 미국, 중국 등 60개국 정부 관계자, 80여 개국 기업, 연구기관, 국제기구 종사자 등 2,000여 명이 참여하였다. 미국은 AI가 핵무기에 관한 결정을 실행하는데 인간의 통제와 개입을 유지하고 정부의 고위 관료의 감독 하에 군사적 AI를 개발하고 전개해야 한다고 촉구하였다.

각국은 현재 AI 연구와 교육, 활용을 위한 활동이 엄청나게 이루어지고 있다. 챗 GPT3의 매개변수는 1,750억 개인데 챗 GPT4의 매개변수는 발표되지 않았지만 매일 같이 인공지능은 발전하고 있다. 인간의 뇌 수준에는 못 미치지만 100조 개 이상으로 인간 뇌의 시냅스 수준에 도달하면 가공할 일어날 수도 있다고 우려하고 있다. 국제적인 규제와 군사적인 국제 협약도 뛰어 넘는 AI의 해방은 인류가 AI 의 노예로 전락할 수도 있다고 한다. 닉 보스트롬 옥스퍼드대 교수는 '종이 클립AI'의 사례를 논하기도 한다. 이런 AI는 지구에 있는 모든 물질 자원을 클립으로 만들면서 인간이 사용할 모든 것을 없애면서 인간 생존을 차단할 수 있다는 것이다. 이러한 AI의 위험성은 핵에너지의 악용 이상으로 미래의 인류에게 악몽이 될 것이다. 나아가서 많은 생명이 위험해 질 수 있을 것이다.

스페인의 IE대학교 거버넌스 변화센타에서 2,700여 명에게 여론조사를 한 결과 11개국 유럽인들 51%가 국회의원 수를 줄이고 인공지능으로 대체하는데 찬성하였다고 한다. 민주주의의 약점과 폐해(법을 위반하는 활동과 포퓰리즘, 국론분열, 양극화 등)보다는 인공지능에 맡겨 보자는 것이다. 마츠모토 데츠조는 그 순차적인 방법을 제시하고 있다. 단적으로 요약하면 우선은 인공지능을 고문으로 둔다. 그 다음 단계는 민주주의 정신과 가치 실현을 위한 수정할 수 없는 방법을 인공지능을 구성하는 방대한 소프트웨어 체계의 깊은 곳에 밀봉하여 묻어두고서 필요할 때 최선의 정책들을 인공지능에 요청한다. 권력투쟁에 몰두하는 각국의 정치인들이 걷잡을 수 없이 발전하는 미래 기술을 선용할 수 있을지 회의적으로 보고 있다.

4 인류의 자구력과 문명의 복합적 위기

4.1 우주 탐험과 지구촌 구하기

2022년 현재까지 코비드에의 중병이 지구를 덮치고 있는데도 2022년 7월에는 미국항공우주국(NASA)는 13조원이 투입되어 제작한 제임스 웹 우주망원경(JWST)으로 관측한 46억 광년(1광년은 9조 4,607km) 떨어져 있는

SMACS 0723 은하단의 영상을 공개하였다. 그 영상에서 은하단보다 훨씬 더 멀리 떨어진 초기 우주에서 온 빛으로 추청되는 휘어진 빛도 보였다. 약 135억 년 전의 빛일 가능성이 있다고 한다. 그 외 4개의 천체도 추가로 관측하여 공개되었다. 139억 년 전 우주에서 처음 은하들이 생성하기 시작한 초창기 천체들의 구조를 상세히 볼 수 있게 되어 우주 탐색의 가능성을 넓히게 된 의미있는 과정으로 보고 있다. NASA는 7,600광년 떨어져 있는 용골자리 성운(NGC 3324)의 모습도 공개하였는데 가장 크고 밝은 성운 중 하나이다. 1,150광년 떨어진 WASP-96 행성 대기에서는 구름과 연무, 물의 뚜렷한 특징을 포착하였다. JWST 분광 분석으로 차후 다른 외계행성 대기에서 산소, 탄소 등의 양과 대기의 온도를 연구하여 생명이 살 수 있는가 알려고 한다. 지구생명체의 이주는 난제 중의 난제일 것이다.

2021년 11월 발사한 다트(DART) 우주선이 시속 24,000km의 속도로 날아가 지구에서 1,100만km 떨어진 소행성 디모르포스와 충돌하는 데 성공하였다. NASA와 존스홉킨스대의 응용물리학 연구소가 주도한 다트(DART) 프로젝트에는 30여 개국이 참여하였는데 다트 발사에 5,000억원이 소용되었다. 초속 6km로 날아가는 우주선으로 초속 34km로 이동하는 직경 170m인 디모르포스와 충돌하는 것은 총알로 총알을 맞히는 것보다 어려운데 다트 연구팀은 미사일 유도 알고리즘을 활용하여 지상과의 통신없이 우주선 자체에서 스스로 비행궤적을 결정하는 최첨단 시스템을 개발하였다. 지구로 날아들어 충돌할 수 있는 위협적인 약 2,300개의 소행성을 파괴하지 못하더라도 그 궤도를 바꾸어 지구를 방어하는 프로젝트로서 이번 충돌로 디모르포스의 궤도는 원래보다 더 안쪽으로 들어가 공전주기에 10분 내외의 변화가 있을 것으로 추정하였다. 충돌 후 20일 이내에 NASA의 분석 결과, 디모르포스의 공전주기가 11시간 55분에서 11시간 23분으로 32분 단축되면서 임무 성공 여부를 판가름하는 73초를 훨씬 넘겨 대성공했다고 평가된다. 이번에 참여하지 않은 나라에서도 이러한 연구를 하고 있을 것이며, 미래에 혹시 지구로 돌진하여 오는 소행성이 있다면 국제적으로 공조하여 방어하면 훨씬 더 효과적일 것이다. 1908년 직경 약 50m의 소행성이 시베리아에 떨어졌을 때 공중폭발로 서울 면적의 3배가 넘는 2,000km²의 산림이 사라졌고, 히로시마에 투하된 원폭의 최대 1,000배의 위력을 가진 것으로 추정되었다. 2013년에는 직경 20m의 소행성이 러시아 첼랴비스크에 운석 조각으로 떨어져 1,500여명이 다치고 수천 채의 건물피해 복구에 400억이 소요되었다. 직경 1,000m 규모의 소행성이 충돌하면 인류 문명이 붕괴될 정도가 될 것으로 보고 있다. 다트 성공에 많은 자금이 소요되었지만, 인류의 문명과 생명체를 위한 소중한 투자로서 가치 있는 프로젝트로 사피엔스의 긍지를 높였다고 하겠다.

4.2 지구온난화 대책의 재검토와 대응 방안

그림 6-6에서 1990년에 IPCC는 지구 기온 예측과 온실기체를 줄이지 않는 경우(A)와 줄이는 것을 가정한 시나리오 B, C, D로 나누어 평균기온 상승을 추정하였다. 시나리오 B, C, D에 대한 각각의 상승률은 0.2℃/10년, 0.1℃/10년, 0.1℃/10년으로 상정하여 추정하였다. 2022년 9월 유엔 세계기상기구(WMO)와 유엔환경계획(UNEP) 등이 발표한 차후 기온 상승은 2026년까지 1.7℃, 2100년까지 2.8℃ 상승하리라고 발표하였다. 그리고 2050년까지 16억 명이 3개월 동안 평균 35℃의 폭염에 시달릴 것이라고 경고하였다. 그림 6-6과 비교하면 2026년 경우는 시나리오 A와 가깝고, 2100년의 경우 시나리오 B에 가까운 것을 볼 수 있다. 6장에서 설명하였지만, 세계와 우리나라는 2050년까지 탄소중립(탄소제로) 계획을 수립하였다. 이것이 완성되더라도 시나리오 B에 가까운 것을 알 수 있다.

2022년 3월에 IPCC는 2030년까지 온실기체 배출량을 2019년 대비 43%, 2050년까지는 84% 줄여야만 한다고 발표하였다. 시나리오 B로는 현재 대비 2100년에 2.8℃ 정도 기온상승이 되고, 시나리오 C로는 2℃ 상승, 시나리오 D로는 1.7℃ 정도 오르는 것으로 볼 수 있다. IPCC는 현재 상황이 위중함을 다시 경고하였고, 시나리오 B에 해당하는 2050년까지 탄소중립 계획은 재검토해야 할 것이고, 지금 당장 시나리오 D를 실시해야 될 만큼 급박한 것이 기후위기 문제인 것이다. 기후 문제에 대한 2015년 파리협약에서도 2100년까지

2℃~1.5℃의 상승을 합의하였는데 시나리오 D에 근사치였다. 2019년 기후변화 토지특별 보고서와 해양 및 빙권 특별보고서가 채택되었다.

빌 게이츠(2021년 2월)는 CO_2 연간 배출량 510억 톤의 31%는 제조에서, 전기 생산에서 27%, 교통과 운송에서 16%, 사육과 재배에서 19%, 냉난방에서 7% 배출된다고 계산하였다. 여기에 근거하여서 탄소배출 저감, 억제책을 강구하고 실행해야 할 것인데, 필요한 기술은 제로 탄소 시멘트, 제로 탄소 생산 수소, 제로 탄소 철강, 차세대 핵분열, 핵융합, 전자 연료, 차세대 바이오연료, 탄소포집 장치, 인공 고기, 작물 개량 등이다. 각국 지도자와 정책 집행자들은 이러한 기술 발전을 솔선 지원하고 제품 회사들은 적극적으로 개발 생산해야 할 것이라고 강조하였다.

2022년 2월 IPCC 실무그룹 2(WG2) 보고서에는 '기후대응(적응)'의 미래 목표를 제시하면서 '기후탄력적개발(CRD)이라는 개념을 도입해야 한다'고 강조하였다. 2050년까지는 기온상승률을 1.5℃로 낮추지 못할 경우 6차 대멸종의 *급변점*(tipping point)(표 6-2 참조)에 도달한다고 한다. 2022년 4월 실무그룹 3(WG3)보고서에는 1.5℃ 저지 예산은 510억톤(기가 CO_2 환산톤, Gt CO_2 eq)인데 현재 가동 중인 화석에너지 인프라에서 배출될 CO_2의 누적배출량은 660 Gt CO_2 eq이기 때문에 1.5℃ 방어가 불가하다. 그러나 감축재원의 배분의 문제가 확인되고 수요관리의 효과가 강조되었다. 에너지 수요관리로 생활수준 하락없이 2050년 온실가스 기준선 대비 40~70% 줄일 수 있다. 또한 탄소중립시스템과 원자재순환시스템을 접목해야 지속가능한 탄소중립시스템을 구축할 수 있다는 방안이 제시되었다.

그린피스(Green Peace)보고서에는 '전세계 온실가스 배출'의 약 72%가 에너지 분야로서 지구온난화의 주범으로 전력을 꼽았다. PC통신, 코로나 19, 5G 시대로서 천문학적인 데이터 처리에 어마어마한 전력이 소요되고 탄소가 발생된다. 제조 회사는 절전 기기나 제품을 생산하고 소비자는 잘 선택하여야 한다.

또 하나의 온실기체인 **메탄**은 북극의 영구동토층이 해빙되면서 계속 새어 나오고 있고 생태계에서 배출되는 양도 매년 5억 톤에 이른다.

① 가축화된 소·돼지·양 등 동물에 의한 직간접적 메탄 생성이 51%라는

연구 결과도 있다. 2021년 미국, EU가 2030년까지 2020년 대비 30% 감축하는 세계메탄협약(Global Methan Pledge)을 체결하였고, 우리나라도 곧 가입하였다.

② 미국환경보호청(EPA)은 메탄의 절대양은 CO_2보다 적지만 20년 단위로 평가한 지구 온난화 지수는 CO_2보다 84배 이상 높다고 하였다. 약 60종의 메탄자화균은 토양의 메탄을 90%까지 분해한다. 이 균은 메탄을 알콜, 유기산, 올레핀 및 바이오폴리마 등 고부가가치 산물로 대사한다. 경희대 이은열 교수팀은 메탄자화균의 대사경로를 개량하여 공기 중의 메탄을 식물의 성장과 뿌리내림을 돕는 호르몬으로 바꾸도록 했는데 메탄을 L-트립토판으로 소화하는 대사경로를 만들어 L-트립토판의 생산성을 높이고, 이를 다시 식물생장호르몬인 '인돌아세트산'으로 전환하도록 했다. 이렇게 만든 미생물 비료를 밀 종자에 처리하여 발아한 새싹과 뿌리내림이 각각 2배, 3.6배 증가하였다. 이러한 연구는 온실가스를 감축하면서 환경 농업에 활용할 수 있는 것으로 현장에 잘 적용할 방안이 강구되어야 할 것이다.

③ 또한 메탄자화균의 메탄 및 메탄올 대사, 메탄자화균에 사용된 시스템 생물학, 합성생물학 접근법, 대사공학적 개량을 통한 이 균의 화학물질 및 바이오 연료생산을 위한 연구로 메탄과 CO_2를 동시에 동화할 수 있는 유형 Ⅱ 메탄자화균의 개량에 성공하였다. 개량된 균을 가스 발효하여 식품 및 사료 소재인 라이신(아미노산의 일종으로 식품 및 사료로 사용)과 바이오 나일론의 원료인 카다베린을 생합성할 수 있었다. 이 균의 생물학적 전환을 통한 메탄 유래 고부가가치 산물생산은 향후 효율적인 온실가스 대응전략으로 활용될 수 있으므로 다양한 고부가가치 물질 생산용 메탄자화균 셀 팩토리(Cell Factory)를 계속적으로 개발하겠다고 한다.

④ 국립생물자원관(관장 배연재)과 카이스트 윤석환 교수는 울산의 무제치늪에서 메탄자화균 2 균주를 발견했는데 메탄뿐만 아니라 염화비닐 분해 능력도 확인하여 생물산업에서 에너지로 활용하거나 생물고분자를 생산하는 등 가치 있는 연구로 다량증식과 현장 활용화 방안 등 후속 과정이 요구된다.

6불화황(SF_6)은 탄산가스보다 온난화 지수가 2만 3,500배 높고 3,200년간 존재하면서 500℃에서도 분해되지 않는다. 2017년 유럽에서 육분화황의 배출량이 CO_2로 환산하면 673만톤에 해당되었다. 전세계 전력기기 분야에서 매년 1만톤 가량의 SF_6이 사용되고 있는데 SF_6을 대체하는 친환경 가스를 이용한 개폐장치 개발은 국내 연구진이 성공하였다. 한국전기연구원(KERI) 오연호 박사는 SF_6가스를 적용한 고전압 개폐장치를 대체할 수 있는 탄산가스와 산소를 적절한 비율로 혼합한 가스를 적용한 72.5KV 개폐장치를 개발하였다. 이것을 우리나라 전체 72.5KV 장치에 적용할 경우 연간 온실가스 600만톤 감소효과가 있을 것으로 보고 있다. 전세계 이분야 33조원 시장에 적용되면 엄청난 이익과 온실 감소효과가 기대된다.

현재 화석에너지 사용을 멈출 수 없고, 지구온난화 물질이자 오존층 파괴물질(프레온가스, 염화불화탄소, CFCs)의 사용과 인쇄소 골목 등에서 휘발성유기화합물(VOS)이 계속 생성되고 있다.

지구온난화 요인들을 적극적으로 배제하거나 방지하여야 하고, 탄산가스와 메탄의 포집·재생·재활용하는 기술과 장비 개발·설치를 촌각을 다투면서 실행해야 하는 급선무다. 화력발전소는 탈탄소 시설을 병용하고, 화석에너지를 사용하는 생산시설 및 운영체에는 소위 탄소세를 가중하여 탈탄소 사업에 투입해서 육성시키고 한편 친환경 에너지로 수소에너지, 차세대 원자력에너지의 평화적 활용, 환경·사회·지배구조(ESG) 경영의 필수화, 교통수단의 저탄소화, 바이오·합성연료 사용 등 모든 수단을 강구하여야 할 것이다.

전 세계의 산림은 불타 없어지거나 개발이라는 이름으로, 또한 화전·특수목적의 벌채 등으로 계속 사라지고 있으며, 육상생태계의 복원이 시급하다. 바다를 비롯한 수권 생태계에서 막대한 녹색 플랑크톤에 의한 탄산 카스 포집작용도 공해물질과 수온의 이상으로 감퇴하고 있다. 습지의 중요성은 전술한 바 있지만 보호관리해야 할 중요한 영역이다.

삼성전자는 2022년 9월 신환경경영전략을 발표하였는데 업계 최고수준의 초전력 메모리반도체 기술, 초절전 제품·재생소재, 수자원 재활용기술 등을 개발하는데 2030년까지 7조원을 투자하고, 지난 해 9월에는 탄소포집·활용기술을 개발·상용하기 위해 탄소포집연구소도 설립하였다. 기존 제품 대비 차세대 메모리반도체 적용 시 전세계 데이터센터에서 사용되는 메모리의 연간 전력절감분은 8.5TWh로, 서울시 가정용 사용량의 60%에 해당하는 양이 될 것이라고 예상하였다. 세계의 모든 대기업들도 경쟁적으로 노력을 한다면 보다 나은 성과가 있지 않을까?

빌 게이츠는 탄소제로 달성이라는 원대한 목표를 계속 바라보고 그 목표를 달성하기 위해 제대로 된 계획을 세우면 기후 재앙을 피할 수 있을 것으로 낙관하였다. 제대로 된 계획과 실천! 지구촌과 미래세대를 위한 사피엔스의 절체절명의 난제가 우리 앞에 놓여 있다. 안토니우 구테호스 유엔 사무총장은 인류가 지속하기 위해서는 기후 문제에 대응하는 *세계공동체*를 만들어 집단으로 행동해야 하며, 아니면 파멸이 있을 뿐이라고 경고하였다. 집단적인 대응은 서로를 신뢰하며 진정으로 협력해야 하기 때문에, 적대적인 국가들도 기후문제만이라도 협력하도록 조정하기 위해 유엔의 역할이 중요해졌다. 이번에 발간된 유네스코(UNESCO) 보고서도 모든 교육 철학과 체계가 협력과 연대를 가장 중요한 원칙으로 삼아야 한다고 제시하고 있다.

4.3 인류세에 한국의 인구 위기

노벨화학상 수상자인 파울 크뤼천(Paul Crutzen)은 2002년 『네이처』에 기고한 글에서 우리가 더 이상 **홀로세(Holocene)**에 있지 않으며 인간에 의해 지구의 생물 물리 화학적 변화가 일어나는 **인류세**(Anthropocene)가 도래했다고 주장했다. 현대의 지질학적 연대는 1만 년 전 지구의 빙하기가 끝나 기후가 온난해진 이후 시작된 신생대의 홀로세로 구분된다. 지질시대는 대륙 지각판의 이동, 소행성 충돌과 같은 대형 사건들에 의해 경계지어지는데, 5,500년 전 도시가 건설되고 거대 문명이 나타나면서 인간이 지구에 미치는 영향이 새로운 지질시대로 구분할 정도로 막강하다는 뜻이다. 600년 전 산업화가 일어나 인류와 동물의 노동이 기계로 대체된 후, 약 150년 전부터는 화석연료가 사용되면서 대량의 탄산가스가 대기에 방출되고 지구에 무시할 수 없는 영향을 미치기 시작한 것은 그 한 예이다. 현재 대기 중 탄산가스 농도는 홀로세 평균보다 50% 높다고 한다. 쥐라기 지층에서 공룡을 발견하고, 캄브리아기 지층에서 생명 다양성의 대폭발을 보고, 홀로세 지층에서 빙하가 후퇴한 자국을 보듯, 훗날 우리 후손들은 인류세 지층에서 강철과 콘크리트, 플라스틱, 대규모 멸종을 발견할 것이다.

통계에 의하면 지금 인류는 지구에서 가장 많은 대형동물이고 그 다음으로 많은 동물은 우리가 먹기 위해 기르는 동물들이다. 지표면의 40%가 인류의 식량 재배에 사용되고, 전 세계 담수의 75%가 인류에 의해 통제되고 있다. 특히 제2차 세계 대전 이후 세계화, 대량생산, 기술통신 혁명, 농법 개량, 의료기술 발전으로 인류는 그 어느 때보다 빠르게 극적으로 지구 환경을 변화시키고 있다. 세계 인구는 처음 10억 명이 되는 데 5만년이 걸렸는데 최근에는 10억 명이 불어나는 데 10년 걸린다. 우리의 가장 가까운 친척인 침팬지는 5만년 전과 다름없이 살아가고 있는 반면 우리는 컴퓨터로 뇌 용량을 확장하고, 심정지한 사람을 소생시키고, 시험관에서 새로운 생명을 창조해 내고, 멸종된 종을 살려내고, 로봇을 만들어 부리고, 전 지구적으로 물리 화학 생물 과정을 바꾸고 있다.

우리 자신뿐 아니라 사실 모든 종의 운명을 바꿀 힘을 가지게 되었다. 과거 어느 때보다 안락하고 풍요롭게 살게 되었지만, 회복이 어려운 티핑포인트 단계까지 지구를 탈바꿈시킨 결과 이제는 지구가 생명계의 요구를 맞출 수 없게 되었다. 우리의 생존을 가능케 하는 수많은 기능인 **생태계 서비스**에 적신호가 켜지고, 담수 용량, 식량 생산, 기후변화와 같은 위기를 맞고 있다. 안정된 홀로세 상태에서 벗어나 직면하게 된 전례 없는 어려움들에 어떻게 대처할 것인가? 기술 발전을 통해 더 이상의 환경 훼손을 막고, 가능한 한 회복시키고, 경우에 따라서는 그냥 적응하고 살아가는 방법을 찾아야 할 것이다. 다행히도 몇 가지 문제들은 통제되기 시작하였다는 소식이다. 방사능 오염이 국제 핵실험 금지 조약으로 억제되고 있고, 많은 나라들이 법과 기술 개선으로 오염을 감소시키고 있으며, 몬트리올 조약으로 오존층 파괴 화학물질이 금지되어 오존층이 회복되고 있는데 이것은 국제적 공조의 중요성이 확인된 사례이다(6부 III참조). 세계 인구 증가율은 느려지고 있으나 2100년에는 110억이 될 것이라고 한다.

이와 정반대로 우리나라는 통계청 예측 자료에 의하면 2020년 5,184만 명을 정점으로, 저출산 고령화로 인한 사망자 수가 출생자 수를 초과하는 인구 감소가 계속되어 2070년에는 3,766만 명(1979년 수준)으로 줄어들 것으로 추정하고 있다(표 10-1). 2020년의 1인~4인의 가구가 각각 35.9%, 28.0%, 20.3%, 15.8%였는데, 2050년에는 39.6%, 36.2%, 16.6%, 6.2%로 1인~2인 가구는 63.9%에서 75.8%로 증가하면서 4인 가구가 15.8%에서 6.2%로 격감함으로써 자녀의 수가 격감할 것으로 예측하고 있다. 2022년 인구 증감율은 전세계 0.83% 증가, 한국은 -0.23%로 감소하고 있다. 2040년 전세계 0.65%, 한국 -0.35%, 2070년 전세계 0.18%, 한국 -1.24%로 계속 감소폭이 증가하고 있다. 한편 한국의 고령화율은 2022년에 15.5%에서 2070년 32.7%로 2.2배 증가할 것으로 보고 있다.

한국은 16년 동안 280조 원을 투입했어도 0.79명이라는 출산율로 세계에서 꼴찌이다. 고령화 국가로 알려진 일본은 1.3명이며 미국은 1.6명이다. 최소 2.1명은 되어야 현재 인구를 유지할 수 있다. 출산율이 급격하게 하락한 요인으로는, 높은 집값, 교육비 부담, 보육비 과다 등이 꼽히며, 남편들의 야근과 회식 문화도 저출산에 영향을 준다고 한다. 예전의 대가족 형태가 사라지면서 조부모들의 손자녀들에 대한 보육 도움도 적어졌을 것이다. 영국의 가디언지는 한국 일본 모두 경제적 부담과 전통적 여성 역할에 대한 압력이 여성들로 하여금 결혼이나 출산을 꺼리게 하였고, 한국의 남녀 임금 격차가 경제협력개발기구(OECD) 회원국 중에서 가장 높아 최근 한국 여성들은 가정을 가지기보다 자유로운 1인 가구를 지향한다고 분석하였다. 3년간의 코로나 바이러스 범유행과 금융위기 등도 한몫하였다는 평가도 있다.

전술한 바와 같이 2070년의 전 세계 인구는 연간 0.18% 증가, 한국은 -1.24% 감소하는 것으로 추계하고 있다. 아프리카인은 2.2배, 북미 1.2배, 아시아 1.1배, 라틴아메리카 1.1배, 유럽 0.9배로 한국과 유럽 인구는 줄어들고 아프리카인들은 2배 이상 증가할 것이다. 따라서 2100년에는 110억 명의 세계 인구 증가에서 아프리카인이 큰 영향을 줄 것이라고 쉽게 판단할 수 있다.

한 세대 전 인구 동태를 보면 출산율에서 저개발국가가 문명국가 보다 높고, 농촌지역이 도시보다 높고, 가난한 계층이 부유한 계층보다 높았다. 이러한 관점에서만 보면 한국은 고도의 문명국가이며, 급작스럽게 도시화와 부유화에 이르렀다고 볼 수 있다. 그렇다고 한국의 인구 위기 때문에 한국의 발전과 부유화를 후퇴시킬 수는 없다.

표 10-1 한국의 인구 변화 추정치

연도	인구 수(만명)	추계기관
2020	5184	통계청
2030	5120	"
2040	5019	"
2050	4736	"
2060	4262	"
2070	3766	"
2136	1000	국회입법 조사처
2256	100	"

만명 이하 사사오입 수치임

청년들이 자립할 수 있는 여건이 되어야만 결혼도 생각할 수 있는데 현실적으로 난관이 적지 않다. 결혼이 늦어질수록 출산율이 저하되는 것은 통계 없이도 얼마든지 경험하고 있다. 표 10-1을 보면 절망적인데 저출산 대책으로 실행할 것을 전제로 그 파생 효과에 대한 연구 또는 저출산 대책별로 여론조사, 출산율 반등 추정치는 국가의 담당 기관이 해야 할 일이 아닌가? 그리하여 가장 효과적인 대책을 시행하여야 할 것이다.

여기서 우리는 인간의 유전학 원리와 생물학적 공존 공생의 원리를 한 번 더 숙고했으면 하는 바람이다. 바이러스와 미생물은 짧은 시간에 무수히 증식할 수 있다. 그러나 인간은 유한한 수명을 가지면서 유성생식으로 적령기에 양성의 결합으로서만 자기의 고귀한 유전자를 후대에 남길 수밖에 없는 존재이다. 공존 공생의 기본 단위는 후손을 기르는 가정일 수밖에 없고, 그 가정들이 어울려서 훌륭한 사회를 이룰 수 있다.

우리나라는 현재 **제4차 저출산 고령화 기본 계획**으로 2021년부터 2025년까지 소요예산 383조 원으로 다양한 사업을 하고 있는데(http://m.korea.kr>reporterView) 출산율은 더 떨어지고 있다. 국민들이 호응하고 쉽게 수용할 수 있는 파격적인 정책으로 대전환해야 한다. 이스라엘, 프랑스, 스웨덴, 독일, 캐나다들은 파격적인 정책들로 성공하거나 출산율이 폭락하지 않고 있다. 우리나라의 정책은 다양하고 복잡하면서도 실행과 실효성이 의문시되면서 현재까지 실패하고 있다. 무엇보다 청년들에게 취업이 보장되어야 한다. 혼외 비혼 출산도 합법화하고 부모 친척의 보호를 받지 못하는 아기는 국가가 양육 교육한다. 불임 또는 난임 여성의 치료는 전액 국가가 지원한다. 자녀 수에 따른 차등 세금 감면 제도를 실시하고, 은행 대출과 금리의 혜택을 준다. 남녀 미팅 온라인 사이트를 국가도 운영하고, 빈집이나 공영주택을 확대하여 우선적으로 육아 세대에 주는 등의 정책이 우리나라에서 실시될 수 있을지? 파격적 전략 전환으로 가지 않으면 국가의 미래가 불안하지 않을 수 없다.

이러한 저출산과 고령화가 지속된다면 인적 자원과 노동력 부족으로 국가의 경제 성장률에 영향을 줄 것이다. 고려대 이종화 교수는 미래의 한국 인구 추계를 가정하여 GDP는 2050~60년 대에 0.9%로 떨어지고 1인당 GDP는 2.3%로 추정하였다. 기술진보율과 인적 자본 증가율이 현재 수준을 유지하는 모형에서는 GDP 1.5%, 1인당 GDP 2.9%로 나타났고, 물적 투자율이 점차 낮아질 경우 GDP 0.2%, 1인당 GDP 1.5%로 떨어졌다. 이러한 연구에 따라 우리나라가 기술을 진보시키고 물적 투자율을 높게 유지하고 노동력을 질적으로 향상시키고 부족한 노동력을 기술과 자본으로 뒷받침한다면 계속으로 발전할 수 있다고 강조하였다.

글상자 10-2. 저출산 문제의 해결방안

우리나라는 저출산 문제가 매우 심각하다. 국회입법조사처의 추계에 의하면 2136년에는 우리나라의 인구가 1,000만이 되고, 2256년에는 100만 명이 된다.

저출생의 가장 큰 원인은 소득불평등에 있다. 한 통계에 의하면, 남성의 경우, 임금상위 10%는 82.5%가 결혼하는 데 반해, 임금하위 10%는 6.9%가 결혼한다. 임금상위 50%는 63%가 결혼하는 데 반해, 임금하위 50%는 19%가 결혼한다.
미국의 저명한 경제학자였던 밀턴 프리드먼은 미국의 복잡하고 사각지대가 많은 복지제도를 다 폐지하고 부의 소득세제(negative income tax) 하나만 시행할 것을 제안했다. 프리드먼은 <선택할 자유>(서울:자유기업원, 2022), 242~243쪽에서 이렇게 말했다. "1978년에 65세 이상을 제외한 4인 가족에 대한 기초공제액은 7,200달러였다. 부의 소득세제가 존재하여 사용하지 않은 공제액에 대한 보조금 교부율이 50%이었다고 하자. 이 경우 소득이 없는 4인 가족은 3,600달러의 보조금을 받을 자격이 있다. 만약 가족 중 누군가가 직장을 잡고 소득이 있다면 정부로부터 받는 보조금은 줄지만 가족 전체의 총소득, 즉 보조금 더하기 벌어들인 수입은 증가한다. 만약 수입이 1,000달러면 보조금은 3,100달러로 줄지만 총소득은 4,100달러로 올라갔을 것이다. 가족이 벌어들인 수입이 7,200달러가 되면 보조금은 영으로 떨어졌을 것이다."
우리나라의 복지예산으로는 소득이 없는 사람들에게 매월 70만 원 정도를 지급할 수 있다. 자녀가 두 명 있는 4인 가구라면, 소득이 없을 경우 매월 280만 원을 지급하고, 월 소득이 200만 원이라면 180만 원을 지급하면 가구별 월 소득이 380만 원이 될 것이다. 월 소득 560만 원 이상은 지급하지 않는다. 이렇게 되면 결혼하고 자녀를 낳아 기르기를 원하는 사람들은 다 결혼하고 자녀를 낳아 기를 수 있을 것이다.
하루 빨리 좋은 정책이 나와 출산율이 높아져, 우리나라가 인국가 없어서 국가쇠퇴와 국가소멸의 길로 가는 일이 없으면 좋을 것이다.(**이양호**, 연세대학교 명예교수, 신학박사)

4.4 생명의 역사는 협력의 역사: 생명계의 공생공존의 원리

현재 환경과 기후 문제들은 큰 위협으로 남아있다. 앞으로 우리가 이 문제들을 해결하기 위해 어떤 노력을 하느냐에 따라 인류세의 경로가 달라질 것이다. 다행히도 인류는 뛰어난 의사소통 능력과 과학적 이해력을 가지고 있으며, 다른 어떤 동물보다 협력의 능력이 뛰어나다. 도시는 수많은 사람들이 모여서 협력을 하기 때문에 유지되며, 달에 탐사선을 보내는 일 또한 수많은 사람들의 협력이 쌓여서 가능한 일이다. 협력이 인류 번성의 열쇠였다는 데는 이견이 없다.

협력은 인간뿐 아니라 수많은 동물, 식물, 미생물의 생존 방식의 하나이기도 하다. 오늘날 니콜라 라이하니(Nichola Raihani) 같은 진화학자들은 협력을 *자연이 이루어낸 경이*라고 말한다. 협력은 일찍이 분자 단계에서부터 일어나 태초의 생명을 탄생시켰다. 즉 RNA, DNA, 단백질, 지질이 만나 협력하여 원시 바다에서 세포가 나타났다. 세포들 사이에서도 또 합병과 협력이 일어나 미토콘드리아와 엽록체라는 세포 소기관을 가진 진핵세포가 진화하였음을 2, 5장에서 설명하였다. 세포 안의 유전체 역시 협력하는 유전자들로 구성되었다. 유전자 수가 많아짐에 따라 단백질 종류도 늘어나고 세포의 기능도 복잡하고 우수해진다. 세포들이 사이의 협력은 다시 다세포 생물이라는 진화적 도약을 이루었다. 세포들이 협력해서 하나의 개체, 유기체를 만든 것이다. 다른 종의 개체들 사이에서도 서로 협력하는 공생이 다양한 형태와 수준으로 진화하였다. 꽃의 꿀을 얻으며 꽃가루 수분을 시켜주는 꽃과 나비의 공생은 가장 기본적인 형태의 공생이다. 보다 교묘하고 기발한 공생의 예들이 2, 5, 6장에 소개되어 있다.

바이러스 역시 다른 생명체들과 깊은 관계를 맺고 있다. 1부의 III에서 설명한 바와 같이 인간의 몸에도 무수히 많은 바이러스가 상존하고, 많은 주요 유전자들이 오래전 바이러스의 유전자에서 유래한 것으로 분석되었다. 생물체 내의 바이러스는 병을 일으키는 것이 아니라 오히려 생물의 면역을 증진시켜 주거나 심지어 질병과 싸워주기도 하는 등의 공생관계를 보여준다. 인간의 창자의 미생물군계(마이크로바이옴)에도 바이러스가 들어있다. 이들 바이러스는 선천 면역을 도울 것으로 생각된다. 미생물군계에 포함되는 미생물 중에 약 15%는 병원체이지만 이들이 문제가 되지 않는 이유는 유익한 미생물들의 견제 덕이 크다. 2장 I에서는 동식물과 미생물과의 다양한 공생 관계의 예들을 소개하고, 생태계에서 건강한 미생물군계의 중요성을 자세히 설명하였다. 오늘날 생물학자들은 *미생물과의 공생이 지구상 생물의 기본 생존 방법*이라는 사실을 발견하고 있다. 적자생존을 주장한 다윈도 생명체 사이에 약육강식만 있는 것은 아니며, 자연계에는 협력이 넘쳐난다는 이야기를 하였다.

인간은 미생물뿐만 아니라 동식물계와 협력해야 존재할 수 있다. 생태계의 최상위 존재인 인간은 거의 모든 생명체와 직접 간접으로 연결되어 있는데, 현재는 5장에서 밝힌 바와 같이 자연계에 엄청난 피해를 입히면서 혜택만 누리고 있는 상황이다. 6장 II에서 언급한 **방아쇠효과**도 인간이 자연의 순리를 이해 못하고 오히려 동물들 사이의 평형을 교란시킨 결과 일어난 일이다. 생명계는 인간의 간섭이 없이도 하나의 질서 속에서 일정한 원리 하에 각자의 특성을 지키면서 공존해나간다. 8장에서 설명한 인체의 경우도 상이한 구조들로 분화되어 있지만 전체적으로는 하나로 통합되어 복잡한 기능을 수행해나간다. 여러 부분들의 유기적 협력으로 외부 환경 변화에 적응해 나가면서 내부의 항상성을 유지하고 생존해나간다.

자연의 협력 본성은 분자 단계, 세포 단계, 개체 단계의 협력을 거쳐, 인간도 개인의 특성을 초월하여 협력하고 하나의 통합된 사회를 만들게 하였다. 사회적 동물인 인간은 사회를 떠나서 개인으로 생존할 수 없다. 현대의 많은 국가들은 다양한 종족이 섞여 있고 구성원의 직업, 종교, 학력, 빈부의 차이가 크다. 그럼에도 불구하고 고유한 지리적·역사적 조건에서 형성된 관습과 생활양식을 보존하며 국가적 특성을 지켜나간다. 단일 민족이라고 했던 우리나라도 이미 40만 가구의 다문화 가정들을 품고 있다. 과거와 마찬가지로 지금도 타종족과 섞이고 있는 것이다. 그러나 우리의 정체성은 확고히 지키면서 개인적인 면에서부터 경제, 문화, 외교군사 등 다방면에서 국제 교류를 심화해 나가고 있다.

인류의 아득한 조상들로부터 가족에서 씨족으로, 집단이 커지고 교류가 지속되면서 부족에서 국가의 형성으로 이어졌다. 현재 세계 200여 개 국가들 사이에는 기본적으로 교통·통신망이 직접적이거나 간접적으로 연결되어 있으며, 집단 매체와 스마트폰에 의해 세계화가 촉진되고 있다. UN과 UN 산하기관, 국가 간 상호협약, 다양한 목적으로 활동하는 복잡한 국제기구들, 범 지구적 문제를 협의하는 긴급적 기구들의 활동이 점점 더 중요해지고 있다. 그러나 팬데믹이 지속되고 있는 와중에 국가 간 극한적 이념 대립이 분출되고 있는 것은 사피엔스가 안고 있는 최대의 난제가 아닌가 생각된다.

코로나19와 같은 전 지구적 팬데믹이 발생한 것은 인간의 뛰어난 협력 능력으로 이룬 세계화가 한 원인으로 꼽힌다. 그런데 팬데믹을 벗어나는 길 또한 인류의 협력에 있다고 본다. 과학자들은 백신 개발이라는 공동 목표를 위해 온 힘을 기울이고, 정치는 자국민뿐 아니라 다른 나라 사람들까지 배려하며, 사회는 생존에 필요한 핵심 물자와 서비스를 공급하고, 모두 협력해야 하는 것이다. 2022년 11월 세계 각국의 정상 및 정상급 지도자들이 국제적 모임을 가졌다. 지구열대화를 위한 확실한 대책은 보이지 않지만 중국과 미국이 이집트에서 열리는 COP27을 계기로 기후 문제의 협상을 재개하기로 했다. 소행성 충돌도 국제적인 공조로 방어해야 하지만 인류 내의 충돌도 해결하여야 한다. 과학기술이 무한히 발전하고 사피엔스가 신적인 능력을 추구한다 해도 지구라는 거주지가 더 이상 손상되어서는 불행을 자초할 것이다. 지금부터의 과학기술의 발전과 국가의 모든 활동은 100~200년 더 미래를 위해 오로지 인류와 모든 생명체의 존속과 구출에 그 방향 키를 잡아야 할 것이다.

참고 및 추천문헌*

가이아, 제임스 러브록, 홍욱희 역, 2004, 갈라파고스
가이아 빈스, 우진하 역, <초월>, 2021, 쌤앤파커스
고바야시 히로유기, 전경아 역, <왜? 이것이 몸에 좋을까?>, 2012, 김영사
금기창 외, 방사선 치료와 함께하는 암 극복의 여정, 2022, 연세대학교 출판문화원
김경철, <인류의 미래를 바꿀 유전자 이야기>, 2020, 세종서적
김용한 외, <탄소중립>, 2021, 씨아이알
네이선 울프, 강주현 역, <바이러스 폭풍>, 2013, 김영사
노성열, <뇌 우주 탐험>, 2021, 이음
다치바라 아키라, 안선영 역, <말해서는 안되는 진실>, 2016, 레드스톤
데이비드 라이크, 김명주 역, <믹스처>, 2020, 동녘사이언스
데이브 굴슨, 이한음 역, <침묵의 지구>, 2022, 까치
데이브드 콰먼, 강병철 역, <인수공통 모든 전염병의 열쇠>, 2017, 꿈꿀자유
데이비드 월러스 웰즈, 김재경 역, <2050 거주불능 지구>, 2020, 추수밭
도시자여 도시히꼬(오영근 편역), 1979, <인간이라고 하는 것>, 의학동인사.
디크 스왑, 전대호 역, <세계를 창조하는 뇌, 뇌를 창조하는 세계>, 2021, The Open Books Co.*
리처드 도킨스, 에드워드 윌슨, 프리먼 다이슨, 존 브록만, 이한음 역, <궁극의 생명>, 2017, 와이즈베리
리처드 셔록, 존 모레이, 김동광 역, <생명공학의 윤리1>, 2016, 나남출판
니컬라 라이하니, 김정아 역, <협력의 유전자>, 한빛비즈, 2022
린 마굴리스, 황현숙 역, <생명이란 무엇인가?>, 1995, 지호
마이클 본드, 홍경탁 역, <길 잃은 사피엔스를 위한 뇌과학>, 2020, 어크로스
마이클 샌델, 김선욱, 이수경 역, <완벽에 대한 반론>, 2016, 와이즈베리
마츠모토 데츠조, 정하영, 김시출 역, <AI가 신이 되는 날>, 2017, Book Star
마틴 블레이저, 서자영 역, <인간은 왜 세균과 공존해야 하는가>, 2014, 처음북스
매트 리들리, 전성수 외 역, <생명 설계도, 게놈>,2016, 반니
미치오 카쿠, 박병철 역, <마음의 미래>, 2015, 김영사
벨리사 리틀필드 애플게이트, 최용운 역, <이집트 신화>, 2001, 해바라기

빌 게이츠, 김민주 · 이엽 역, <기후재앙을 피하는 법>, 2021, 김영사
브리스테드 J. H., 김태경 역, <고대 이집트 역사 I>, 2020, 한국문화사
샤론 모알렘, 정경 역, <유전자, 당신이 결정한다>, 2015, 김영사
션 B. 캐럴, 김명남 역, <이보디보, 생명의 블랙박스를 열다>, 2007, 지호
승현준, 신상규 역, <커넥톰, 뇌의 지도>, 2014, 김영사
스반테 페보, 김명주 역, <잃어버린 게놈을 찾아서>, 2015, 부키
스튜어트 카우프만, 김희봉 역, <무질서가 만든 질서>, 2021, 알에이치코리아
앨너나 콜렌, 조은영 역, <10퍼센트 인간>, 2016, 시공사
에드 용, 양병찬 역, <내 속엔 미생물이 너무도 많아>, 2017, 어크로스
에르빈 슈뢰딩거, 전대호 역, <생명이란 무엇인가>, 2007, 궁리
오노 가즈모토 편, 김나은 역, <인류의 미래를 묻다>, 2023, 인플루엔셜
웨난, 유소영 역, <진시황릉>, 1990, 일빛
유발 하라리, 조현욱 역, <사피엔스>, 2011, 김영사
유발 하라리, 김명주 역, <호모 데우스>, 2017, 김영사
이나나키 히데히로, 박유미 역, <패자의 생명사>, 2022, 더숲*
이성원, <황하문명에서 제국의 출현까지>, 2020, Moronie
이주형, 이시영, <신들의 도시 메소포타미아의 고대 도시>, 2021, 보성각
이주형, 이석우, <천상의 도시, 천하의 도시>, 2016, 보성각
자연과학 교육위원회(정노팔, 박홍이 외), <종합자연과학>, 1994, 연세대학교 출판부
정규영, <나일강의 선물 이집트>, 2003, 여름언덕
정노팔 외, <동물생리학>, 1997, 탐구당
정노팔, 신영오, 이명희, <생물과 인간 그리고 문화>, 2001, 연세대학교 출판부
제니퍼 다우드나, 새유얼 스턴버그, 김보은 역, <크리스퍼가 온다>, 2018, 프시케의 숲
제러미 리프킨, 전영택, 전병기 역, <바이오테크 시대> , 1999, 민음사
제마 위덤, 박아람 역, <빙하여 안녕>, 2022, 문학수첩
제임스 D. 왓슨, 앤드루 베리, 케빈 데이비스, 이한음 역, <DNA: 유전자 혁명 이야기>, 2017, 까치
조루주 장, 이종인 역, <문자의 역사>, 1999, 시공사
진성위엔, 이은희 역, <CEO 진시황의 패도 경영>, 2004, Human & Books
G. R. 테일러, 이창주 역, <인간에게 미래는 있는가> 1980, 부림출판사
P. 그리말, 김우택 역, <그리스 신화>, 1980, 삼성문화 문고
J. 떼모도리데스, 이병훈 역, <생물학사>, 1974, 전파과학사
캠벨 프라이스, 김지선 역, <고대 이집트>, 2005, 성인 북스
최재봉, <포노 사피엔스>, 2019, 샘 앤 파커스

최재희, <신 철학원리>, 1958, 동신문화사
퍼거스 플레밍 외, 김석희 역, <영생에의 길>, 이집트 신화, 2009, 이레
폴 너스, 이한음 역, <생명이란 무엇인가>, 2021, 까치
프랭크 M. 스노든, 이미경 외 역, <감염병과 사회>, 2021, 문학사상
피에르 페롱, 이선화 역, <곤충과 더불어 살기>, 1999, 영림카디널
하르트만 니콜라이, 하기낙 역, <존재학 원론>, 1983, 형설문화사
한승조, <인류역사와 세계문명>, 1998, 집문당*
한네 튀겔, 배명자 역, <우리는 얼마나 깨끗한가>, 2020, 반니
현경미, <인도, 신화로 말한다>, 2015, 도재
환경과 공해 연구회, <공해 문제와 공해 대책>, 1993, 한길사
후성유전학회, 2022, <후성유전학>, 범문에듀케이션
김성민·임경업, 테크기업들, AI 기능확장붐, 조선경제, 2023. 5. 23. B3
김형숙, 내 손안에 주치의가 온다. 동아일보, 2023. 3. 6. A28
Charles Singer, <A History of Biology>, 1959, N. Y. Abelard Shuman.
L. N. Mgner, <A History of the Life Sciences>, 1979, Marcel Dekker, Inc.
E. P. Widmaier, Hershel Raff, Kevin T. Strang, <Vender's Human Physiology, 14th ed.>, 2016, McGraw Education.
John W. Hole, Jr. <Human Anatomy & Physiology>, 1993, Wm. C. Brown.
B. K. Hall, B. Hallgrisson, <Stricberger's Evolugion, 4th ed.>, 2008, Jones & Bartlett Publisher.
Brendan Parent, <Partially revived Pig organs could force a rethink of critical-care processes>, Nature Vol. 608, 2022.
John Kappelnan, stephen pearce et. al. <perimortem fractures in Lucy suggest mortality from all out of tall tree>, Nature Vol. 537, 2016.
James F. Pelletier, Lijie Sun, Kim S. Wise, Ray-Yuan Chuang, John I. Glass, E. A. Strychalski, <Genetic requirements for cell division in a genomically minimal cell>, Volume 184, Issue 9, 2021.
Theodore Green, Paul R. Renne, C. Brenhin Keller, <Continental flood basalts drive Phanerozoic extinctions> Earth, Atmospheric, and planetary sciences 119(38)&2120441119, 2022.
https://futurechosen.com>archives
https://kostat.go.kr>korea>nw
https://m.blog,naver.com>9snt85 2019.2.
https://m.health.choun.com>svc2018

https://m.ibric.ora>news>subread 2020. 9. 9. 라이신
https://m.postnaver.com>postView
https://m.yna.co.kr>view>Ak 2021
https://namu wiki>대책
https://www.e2news.com>news>2021.4.7
https://www.Joongang,co.kr>article
https://www.korea.or.kr>sub2-2
https://www.m.dongascience.com.news2015.10
https://www.mk.co.kr>2022.08
https://monews.co.kr>news
https://www.namuwiki>메테인
https://www.samsungsds.com>multi
https://www.sciencetimes.co.kr>
https://www.yearbook.enderdata.co.kr>
https://www.yne.co.kr>view
https://amp.seoul.co.kr/seoul/20220704500002
senior times, No.161, P.2, 2022. 5. 30.
achim@donga.com 2022. 11. 21. A20
ashilla@donga.com 2018. 1. 19. A16; 2018. 8. 10. A24; 2019. 9. 6. A22; 2020. 2. 28. A24; 2022. 11. 21. A20
bgkim@noeil.com 2022. 6. 27. p. 14
bless@donga.com 2022. 8. 6. A12
chaewani@donga.com 2023. 2. 20. A10
chan2@donga.com 2018. 10. 24. A24
empty@donga.com 2023. 2. 11 A11; 2023. 2. 18 A2; 2023. 3. 30 A14
feeling@joongang.co.kr
jameshuh@donga.com 2015. 9. 11 A22
jawon1212@@donga.com 2023. 9. 24. A25
jwchoi@donga.com 2023. 3. 18. B4
jmage@donga.com 2022. 10. 25. A25; 2022. 12. 6. A27
kimhs@donga.com 2022. 1. 6. A20; 2022. 2. 17 A2; 2023. 2. 18. A8
kimnamyoung3@joonang.co.kr 2023. 3. 16 p.1
ksy@donga.com 2023. 2. 16. A14
ksy@donga.com 2023. 3. 29. A8

kjink@joongang.co.kr 2023. 4. 20. B4
min@donga.com 2022. 6. 28. A23
minwoo@donga.com 2023. 2. 3. A2
namduck2@donga.com 2022. 12. 19. A31; 2023. 5. 12. A2
uuu@joongang.co.kr 2023. 5. 12. p.6
ydo@donga.com 2022. 11. 24. A32
ygjung@naeil.com 2022. 7. 5. p.14
yolo@donga.com 2022. 11. 24. A32

찾아보기

ㅅ

ㅇ